实|战|开|发|大|系

20多年软件开发和培训名师倾囊相授
带你系统深入进阶Web前端开发

U0183038

Vue. js 3.0
从入门到实战

微课视频版

孙鑫◎编著

中国水利水电出版社
www.waterpub.com.cn

·北京·

内 容 提 要

《Vue.js 3.0 从入门到实战（微课视频版）》是一本系统而深入地讲解 Web 前端开发框架 Vue.js 3.0 的实战教程。全书共分两篇：知识篇和进阶篇。知识篇循序渐进地介绍了 Vue.js 前端开发的各项知识，包括准备开发与调试环境、ECMAScript 6 语法简介、Vue.js 模板语法、指令、计算属性、监听器、class 与 style 绑定、表单输入绑定、组件、组合 API、虚拟 DOM 和 render () 函数等，在知识的讲解中贯穿了实例代码分析，便于读者掌握基础知识，为实战开发做准备。进阶篇介绍了绝大多数前端 Vue 项目开发中用到的功能，从 Vue CLI 创建脚手架项目开始，到使用 Vue Router 开发单页应用、使用 axios 与服务端通信、使用 Vuex 进行全局状态管理、部署 Vue.js 项目到生产环境，以及 Vue.js 3.0 全新的 Web 开发构建工具——Vite 应用，并通过网上商城项目开发的完整案例来演示使用 Vue.js 3.0 进行前端开发的完整过程，让读者充分领略 Vue.3.0 前端项目开发的魅力。

《Vue.js 3.0 从入门到实战（微课视频版）》适合希望或正在从事 Web 前端开发的初学者、Vue.js 前端开发人员。具有 HTML、CSS 和 JavaScript 基础但毫无前端开发经验的初学者、具有传统 Web 程序开发经验但没有从事过前后端分离开发的读者、具有其他前端框架（如 React、Angular）开发经验的读者，均可以选择本书学习。本书内容详尽、完整，不仅可以作为学习用书，还可以作为开发工作中的参考手册。

图书在版编目（CIP）数据

Vue.js 3.0 从入门到实战 : 微课视频版 / 孙鑫编著
. -- 北京 : 中国水利水电出版社 , 2021.5（2022. 3 重印）
ISBN 978-7-5170-9474-6

Ⅰ . ① V… Ⅱ . ①孙… Ⅲ . ①网页制作工具－程序设计 Ⅳ . ① TP393.092.2

中国版本图书馆 CIP 数据核字 (2021) 第 046949 号

书　　名	Vue.js 3.0 从入门到实战（微课视频版） Vue.js 3.0 CONG RUMEN DAO SHIZHAN
作　　者	孙鑫 编著
出版发行	中国水利水电出版社 （北京市海淀区玉渊潭南路 1 号 D 座　100038） 网址：www.waterpub.com.cn E-mail：zhiboshangshu@163.com 电话：（010）62572966-2205/2266/2201（营销中心）
经　　售	北京科水图书销售中心（零售） 电话：（010）88383994、63202643、68545874 全国各地新华书店和相关出版物销售网点
排　　版	北京智博尚书文化传媒有限公司
印　　刷	三河市龙大印装有限公司
规　　格	190mm×235mm　16 开本　28 印张　675 千字
版　　次	2021 年 5 月第 1 版　　2022 年 3 月第 3 次印刷
印　　数	10001—15000 册
定　　价	99.80 元

前　言

Preface

现阶段，Web 前端开发中比较热门的框架之一就是 Vue.js。Vue.js 是一套用于构建用户界面的渐进式 JavaScript 框架。该框架入门简单，功能强大，深受广大前端开发者的喜爱。2020 年 9 月 18 日，Vue 3.0 版本正式发布，代号为 One Piece。目前市面上缺少介绍 Vue 3.0 的图书，为了帮助读者尽快了解和应用 Vue 3.0，本书在《Vue.js 从入门到实战》一书的基础上进行了改版，将原书中的内容都升级到了 Vue 3.0，并补进了 Vue.js 3.0 的新增模块，如组合 API、全新的 Web 开发构建工具——Vite 等。

本书系统完整地介绍了 Vue 3.0 开发中的各种技术，从知识的讲解到知识的运用，再到实际问题的解决，最后到项目实战，一步一步地引导读者掌握基于 Vue 3.0 的前端开发。

掌握本书的知识后，可以直接从事基于 Vue.js 的前端项目开发工作。

本书的内容组织

全书共分两篇，包括知识篇和进阶篇。

知识篇循序渐进地介绍了 Vue 3.0 前端开发的各项知识，包括准备开发与调试环境、ECMAScript 6 语法简介、Vue.js 模板语法、指令、计算属性、监听器、class 与 style 绑定、表单输入绑定、组件、组合 API、虚拟 DOM 和 render () 函数等。知识的讲解贯穿了实例代码分析，掌握基础知识，为实战开发做准备。

进阶篇介绍了绝大多数前端 Vue 项目开发中用到的功能，从 Vue CLI 创建脚手架项目开始，到使用 Vue Router 开发单页应用、使用 axios 与服务端通信、使用 Vuex 进行全局状态管理、部署 Vue.js 项目到生产环境，以及 Vue.js 3.0 全新的 Web 开发构建工具——Vite 应用，并通过网上商城项目开发的完整案例来演示使用 Vue.js 3.0 进行前端开发的完整过程，让读者充分领略 Vue 3.0 前端项目开发的魅力。

本书特色

1. 视频讲解

本书关键章节设有二维码，共 79 集视频讲解，读者可以用手机扫码随时随地看视频，也可以下载到电脑中进行学习。

2. 实例丰富

基础知识配备实例代码演示，实例丰富，代码演示超过 500 个。跟着实例边学边做、在做中学，学习可以更深入、更高效。

3. 入门容易

遵循学习规律，入门实战相结合。编写模式采用基础知识 + 中小实例 + 实战案例，内容由浅入深、循序渐进，以便夯实基础知识，提升实战技能。

4．便捷服务

提供公众号资源下载、QQ 群在线交流服务，作者和广大读者在线交流，让学习无后顾之忧。

本书资源下载

本书提供全书的视频和源文件的下载，读者可以关注下面的微信公众号（人人都是程序猿），然后输入 Vue39474，并发送到公众号后台，即可获取本书资源的下载链接。将此链接复制到计算机浏览器的地址栏中，根据提示下载即可。

加入 QQ 群 715075235（请注意加群时的提示，根据提示加入对应的群），与作者及广大技术爱好者在线交流学习，选择本书作为教材的教师可以申请 PPT 课件。

如何阅读本书

建议读者按顺序阅读，不过考虑到本书内容详尽，以及人的大脑的记忆规律，建议如下。

不熟悉 ECMAScript 6 语法的读者可以仔细阅读一遍第 3 章，在后期自己编写代码时尽量使用 ECMAScript 6 语法编写示例程序，一方面可以加深对知识的理解，另一方面也为后期项目的开发打下基础，毕竟在实际项目开发中，基本都使用 ECMAScript 6 语法。

第 5 章介绍了 Vue.js 的内置指令和自定义指令的开发，读者可以重点学习常用的 v-show、v-if/v-else-if/v-else、v-for、v-bind、v-model（结合第 9 章）、v-on 指令。

第 11 章是 Vue 3.0 新增的组合 API（Composition API），它是一组附加的、基于函数的 API，允许灵活地组合组件逻辑。组合 API 可以仔细阅读，如果感觉有困难，则可以暂时先放一放，沿用选项 API 完成示例程序。

第 12 章可以跳过或简单了解，有需要的时候再仔细阅读。

第 14 章内容虽不多，但很重要，需要认真学习掌握，并辅以示例来加强学习效果。

第 15 章内容完整，但在项目开发中不会用到 axios 的全部功能，重点掌握如何发起请求、如何设置参数、如何处理响应数据，以及一些常用配置即可。

第 16 章也需要好好学习并掌握，尤其要注意使用命名空间模块中的 state、mutation、action 和 getter 进行访问，在实际开发中，使用 mapState ()、mapMutations ()、mapActions () 和 mapGetters () 辅助函数简化对 store 的访问。

学习第 17 章时需要先把项目代码下载下来，安装依赖包（执行 npm install 命令即可），然后运行项目体验一下，之后再实际动手按照项目流程一步步编写。为了方便读者，作者将第 17 章项目的服务端程序部署到公网上，IP 地址为 111.229.37.167。

本书面向的读者

- 希望或正在从事 Web 前端开发的初学者。
- 具有 HTML、CSS 和 JavaScript 基础，但毫无前端开发经验的初学者。
- 具有传统 Web 程序开发经验，但没有从事过前后端分离开发的读者。
- 具有其他前端框架（如 React、Angular）开发经验，想要快速转向 Vue.js 开发的前端工程师。
- 正在从事基于 Vue.js 前端开发的初、中级工程师。

关于作者

孙鑫，IT 技术和教育专家，2009 年中国教育杰出人物，具有 20 多年的软件开发和教育培训经验，精通多种程序语言和技术架构；2004 年曾推出"Java 无难事"和"VC++ 深入编程"教学视频，获得了强烈反响，在网络上掀起了一股视频教学的风潮，数十万名学员通过这两套教学视频走上了软件开发的道路，从 2006 年开始，相继出版了多本畅销技术专著，包括：

- 《Java Web 开发详解》
- 《VC++ 深入详解》
- 《Struts 2 深入详解》
- 《Servlet/JSP 深入详解》
- 《XML、XML Schema、XSLT 2.0 和 XQuery 开发详解》
- 《HTML 5、CSS 和 JavaScript 开发》
- 《Vue.js 从入门到实战》
- 《Java 无难事》

扫描以下今日头条二维码，关注作者，获取更多学习资料。

致谢

本书能够顺利出版，是作者、编辑和所有审校人员共同努力的结果，在此表示深深的感谢。同时，祝福所有读者在职场一帆风顺。

作　者

目 录

Contents

第1篇 知 识 篇

第 2 篇　进　阶　篇

第1篇

知 识 篇

知识篇循序渐进地介绍了 Vue.js 前端开发的各项知识，包含准备开发与调试环境、Vue 3.0 ECMAScript 6 语法简介、Vue.js 模板语法、指令、计算属性、监听器、class 与 style 绑定、表单输入绑定、组件、组合 API、虚拟 DOM 和 render () 函数等内容。

掌握本篇内容为实战开发做准备。

第 1 章　Vue.js 概述

1.1　Web 前端技术的发展

早期的 Web 应用主要是静态页面的浏览（如新闻的浏览），这些静态页面使用 HTML 语言编写。1995 年，Netscape 公司的工程师 Brendan Eich 设计了 JavaScript 脚本语言，使前端网页具有动态的效果（跑马灯、浮动广告等），以及与用户交互的能力（表单）。

然而，随着网络的发展，很多线下业务开始向线上发展，基于 Internet 的 Web 应用也变得越来越复杂，用户所访问的资源已不仅仅局限于服务器硬盘上存放的静态网页，更多的应用需要根据用户的请求动态生成页面信息，复杂一些的还需要从数据库中查询数据，经过一定的运算，生成一个页面返回给用户。1996 年，微软公司推出了 ASP 技术；1997 年，Sun 公司推出了 JSP 技术；1998 年 6 月，PHP 3 正式发布，由此网页开启了真正动态交互的阶段。这些服务器端的动态页面技术使网页可以获取服务器的数据信息并保持更新，推动了以 Google 为代表的搜索引擎和各种论坛的出现，Web 开始快速发展。服务器端网页动态交互功能不断丰富，伴随的是后端逻辑复杂度的快速上升及代码越来越复杂。为了更好地管理后端逻辑，出现了大量后端的 MVC 框架。

✐ 提示：

> MVC（Model-View-Controller）即模型—视图—控制器，MVC 框架有助于将应用程序分割成若干逻辑部件，使程序设计变得更加容易。MVC 框架提供了一种按功能对各种对象进行分割的方法（这些对象是用来维护和表现数据的），其目的是将各对象间的耦合程度降至最低。
>
> 更多内容请参看 1.2.1 小节。

动态页面实现了动态交互和数据即时存取，但由于动态页面是由后端技术驱动的，每一次的数据交互都需要刷新一次浏览器，频繁的页面刷新非常影响用户的体验，这个问题直到 Google 公司在 2004 年使用 Ajax 技术开发的 Gmail 和 Google Maps 的发布后才得到解决。

Ajax 改变了传统的用户请求—等待—响应这种 Web 交互模式，采用异步交互机制避免了用户对服务器响应的等待，提供了更好的用户体验。此外，它也改变了用户请求—服务器响应—页面刷新的用户体验方式，提供了页面局部刷新的实现机制。Ajax 开启了 Web 2.0 的时代。

由于 Ajax 的火热，也带动了一些"古老"技术的复兴，CSS 和 JavaScript 这两个原先被程序员"瞧不上眼"的技术受到了前所未有的关注。而这一切都源于 Ajax 带来的全新的用户体验。

✐ 提示：

> Ajax 的全称是 Asynchronous JavaScript and XML，即异步 JavaScript 和 XML。
>
> Ajax 最早是由 Adaptive Path 公司的咨询顾问 Jesse James Garrett 于 2005 年 2 月提出的，Garrett 专门写了一篇文章来讲述 Ajax 这一新的 Web 开发方式，文章名为 *Ajax: A New Approach to Web Applications*。
>
> Garrett 将 XHTML 和 CSS、DOM、XML 和 XSLT、XMLHttpRequest 和 JavaScript 多种技术的综合应用

称为 Ajax。换句话说，Ajax 并不是一种技术，它是多种技术的组合，包括：

- 使用 XHTML 和 CSS 呈现数据；
- 使用 DOM 实现动态显示和交互；
- 使用 XML 和 XSLT 实现数据交换与操作；
- 使用 XMLHttpRequest 实现异步数据的发送与接收；
- 使用 JavaScript 将 XHTML、DOM、XML 和 XMLHttpRequest 绑定。

　　实际上，早在 Garrett 发表文章为 Ajax 命名之前，Ajax 就已经在一些 Web 系统中应用了。Google 公司是最早采用 Ajax 的公司之一，它在一些产品中使用了 Ajax，如 Google Suggest、Google Maps 和 Gmail 等，也正是因为 Ajax 在这些产品中的成功应用，极大地鼓舞了开发人员在 Web 系统中使用 Ajax 的信心，使 Ajax 得以迅速推广。

　　Ajax 为用户带来了更好的用户体验。在传统的 Web 应用程序中，用户向服务器发送一个请求，然后等待，服务器对用户请求进行处理，然后返回一个响应。这是一种同步的处理方式，如果服务器处理请求的时间比较长，那么用户将不得不长时间等待。

　　之后的一段时间，前端技术的发展主要集中在如何简化页面的开发与如何实现富页面，相继涌现出很多前端框架和库，如 jQuery、Dojo、Ext JS、ECharts 等。直到 HTML 5 的出现，打破了这种发展格局，随着各大浏览器纷纷开始支持 HTML 5，前端能够实现的交互功能越来越多，相应的代码复杂度也在快速提高，以至于用于后端的 MV* 框架模式开始出现在前端部分。从 2010 年 10 月出现的 Backbone 开始，Knockout、Angular、Ember、React、Vue 相继出现，这些框架的应用，使网站从 Web Site 进化成了 Web App，开启了网站应用的 SPA（Single Page Application，单页应用程序）时代。

📎 提示：

　　SPA 即单页应用程序，是指只有一个 Web 页面的应用。单页应用程序是加载单个 HTML 页面并在用户与应用程序交互时动态更新该页面的 Web 应用程序。浏览器一开始会加载必需的 HTML、CSS 和 JavaScript，所有操作都在这个页面上完成，由 JavaScript 控制交互和页面的局部刷新。

　　SPA 的优点如下。

　　（1）前后端分离。

　　前端工作在浏览器端，后端工作在服务器端，前后端可以彻底地分离开发，并行工作，对开发人员的技能要求也会变得更加单一。单页 Web 应用可以和 RESTful 规约一起使用，通过 REST API 提供接口数据，并使用 Ajax 异步获取，这样有助于分离客户端和服务器端工作。

　　（2）良好的用户体验。

　　用户不需要重新刷新页面，数据通过 Ajax 异步获取，页面显示更加流畅。

　　（3）减轻服务器压力。

　　服务器只需要提供数据就可以，不用负责展示逻辑和页面合成，吞吐能力会大幅提高。

　　（4）共用一套后端程序代码。

　　不用修改后端程序代码就可以同时用于 Web 界面、手机、平板电脑等多种客户端。

　　SPA 也有以下一些缺点。

　　（1）初次加载耗时较多。

　　为实现单页 Web 应用功能及显示效果，需要在加载页面的时候将 JavaScript 和 CSS 统一加载（部分页面可以在需要的时候异步加载），因此第一次加载会稍微慢一些。为了减少加载时的数据流量，缩短加载时间，必须对 JavaScript 和 CSS 代码进行合并压缩处理。

（2）前进、后退的问题。

由于单页 Web 应用在一个页面中显示所有的内容，所以不能使用浏览器的前进、后退功能。如果要实现浏览器的前进、后退功能，需要编写额外的代码手动实现。

（3）SEO 难度较高。

由于所有的内容都在一个页面中动态替换显示，所以在 SEO 上有着天然的弱势，如果站点对 SEO 很看重，且要用单页应用，那么可以编写一些静态页面给搜索引擎，或者通过服务器端渲染技术解决。

2015 年 6 月，ECMAScript 6 发布，并被正式命名为 ECMAScript 2015。该版本增加了很多新的语法，极大地拓展了 JavaScript 的开发潜力。由于浏览器对 ECMAScript 6 语法支持的滞后，出现了 Babel 编译器，它可以将 ECMAScript 6 代码编译成浏览器支持的 ECMAScript 5 代码。

目前的前端技术已经形成了一个大的技术体系：

- 以 Github 为代表的代码管理仓库；
- 以 NPM 和 Yarn 为代表的包管理工具；
- ECMAScript 6、TypeScript 及 Babel 构成的脚本体系；
- HTML 5、CSS 3 和相应的处理技术；
- 以 React、Vue、Angular 为代表的前端框架；
- 以 Webpack 为代表的打包工具；
- 以 Node.js 为基础的 Express 和 Koa 后端框架。

1.2　MV* 模式

MVC 是 Web 开发中应用非常广泛的一种框架模式，之后又演变出 MVP 模式和 MVVM 模式。

1.2.1　MVC

在 MVC 模式中，一个应用被分成三个部分，即模型（Model）、视图（View）和控制器（Controller）。

模型代表应用程序的数据以及用于访问控制和修改这些数据的业务规则。当模型发生改变时，它会通知视图，并为视图提供查询模型相关状态的能力。同时，它也为控制器提供访问封装在模型内部的应用程序功能的能力。

视图用来组织模型的内容。它从模型获得数据并指定这些数据如何表现。当模型变化时，视图负责维护数据表现的一致性。视图同时将用户的请求通知控制器。

控制器定义了应用程序的行为。它负责对来自视图的用户请求进行解释，并把这些请求映射成相应的行为，这些行为由模型负责实现。在独立运行的 GUI 客户端，用户的请求可能是一些鼠标单击或菜单选择操作。在一个 Web 应用程序中，它们的表现形式可能是一些来自客户端的 GET 或 POST 的 HTTP 请求。模型所实现的行为包括处理业务和修改模型的状态。根据用户请求和模型行为的结果，控制器选择一个视图作为对用户请求的响应。图 1-1 描述了 MVC 模式中模型、视图、控制器三部分的关系。

图 1-1　MVC 模式中模型、视图、控制器的关系

1.2.2　MVP

MVP（Model-View-Presenter）是由经典的 MVC 模式演变而来，它们的基本思想有相通的地方：模型（Model）提供数据，视图（View）负责显示，表示器（Presenter）负责逻辑的处理。

MVP 与 MVC 最大的区别是：在 MVP 中 View 并不直接使用 Model，它们之间的通信是通过 Presenter 进行的，所有的交互都发生在 Presenter 内部，而在 MVC 中 View 会直接从 Model 中读取数据而不是通过 Controller。

MVP 模式中模型、视图和表示器三者的关系如图 1-2 所示。

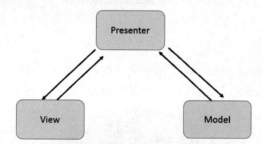

图 1-2　MVP 模式中模型、视图、表示器三者的关系

1.2.3　MVVM

MVVM（Model-View-ViewModel）是一种软件框架模式（由微软公司的 WPF 和 Silverlight 的架构师 Ken Cooper 和 Ted Peters 开发），也是一种简化用户界面的事件驱动编程方式，由 John Gossman（微软公司的 WPF 和 Silverlight 的另一架构师）于 2005 年在他的博客上发表。

MVVM 模式的核心是数据驱动，即 ViewModel，ViewModel 是 View 和 Model 的关系映射。ViewModel 是一个值转换器（Value Converter），负责转换 Model 中的数据对象，使数据变得更加易于管理和使用。在 MVVM 中 View 和 Model 是不可以直接进行通信的，它们之间存在着 ViewModel 这个中介，充当观察者的角色。

MVVM 模式最核心的特性就是数据双向绑定，当用户操作 View 时，ViewModel 感知到变化，然后通知 Model 发生了相应改变；反之，Model 发生了改变，ViewModel 感知到变化，然后通知 View 进行更新。ViewModel 向上与 View 进行双向数据绑定，向下与 Model 通过接口请求进行数据交互，起到承上启下的作用，如图 1-3 所示。

图 1-3　MVVM 模式示意图

MVVM 模式的核心理念是通过声明式的数据绑定实现 View 的分离，完全解耦 View。

不少前端框架采用 MVVM 模式，如早期的 Knockout、Ember，以及当前流行的 Angular 和 Vue.js。

1.3　初识 Vue.js

Vue（读音 /vju:/，类似于 view）是一套基于 MVVM 模式的用于构建用户界面的 JavaScript 框架，它是以数据驱动和组件化的思想构建的。Vue.js 是由一位名叫尤雨溪（英文名 Evan You）的人开发的，他于 2013 年 12 月 7 日发布了 Vue.js 的 0.6.0 版本（之前的版本不叫 Vue.js），2015 年 10 月 26 日发布了 1.0.0 版本，2016 年 10 月 1 日发布了 2.0.0 版本，2020 年 9 月 18 日发布了 3.0 版本，代号为 One Piece。本书内容基于最新发布的 Vue.js 3.0 版本。

1.3.1　渐进式框架

Vue 是渐进式的 JavaScript 框架。所谓渐进式，就是把框架进行分层设计，每层都是可选的，不同层可以灵活地替换为其他的方案。Vue 渐进式框架分层结构如图 1-4 所示。

图 1-4　Vue 渐进式框架分层结构

最核心的部分是声明式渲染，向外是组件系统，在这个基础上再加入前端路由和状态管理，最外层是构建系统。

假如你的系统比较简单，更多的是需要访问界面中的 DOM 节点，以获取用户输入数据或将更新后的数据渲染到视图中，那么可以将 Vue.js 作为一个 JavaScript 库来使用，使用它的声明式渲染机制可以轻松地操作 DOM，实现数据变化时的自动视图渲染。

如果前端界面比较复杂，那么可以考虑将界面元素组件化，利用 Vue.js 的组件系统将界面元素与业务逻辑包装为一个个组件，采用分而治之的策略，不但可以降低前端系统的复杂度，组件本身还可以复用。

如果要求将前后端分离，将前端做成单页应用程序，那么可以引入前端路由 Vue Router，实现单页应用。如果前端应用中有很多数据需要在多个组件间共享，如用户数据，那么可以引入 Vuex 统一对状态进行管理。

Vue 提供的构建系统可以轻松地搭建一个脚手架项目。项目内置了运行环境，便于开发、调试并观察程序的运行结果；此外，项目也集成了 Webpack 打包工具，可以很容易地构建发布版本。

1.3.2　响应式系统

MVVM 模式最核心的特性就是数据双向绑定，Vue 构建了一套响应式系统，可以实现用声明的方式绑定数据，从而在数据发生变化时自动渲染视图。

下面分别介绍 Vue 2.x 和 Vue 3.0 的响应式系统的实现原理。

1. Vue 2.x 响应式系统的实现原理

Vue 2.x 是利用 Object.defineProperty () 方法为对象添加 get () 和 set () 方法来侦测对象的变化，当获取对象属性值时会调用 get () 方法，当修改对象属性值时会调用 set () 方法，于是可以在 get () 和 set () 方法中添加代码，实现数据与视图的双向绑定。

例 1-1 给出了如何侦测一个对象属性变化的示例。

例 1-1　vue2Reactive.js

```
// 对 Object.defineProperty() 方法进行封装
function defineReactive(obj, key, value){
  Object.defineProperty(obj, key, {
    get(){
      return value;
    },
    set(newValue){
      if(newValue !== value){
       updateView(); // 在 set() 方法中触发更新
        value = newValue;
      }
    }
  });
}
```

```
// 对一个对象中所有属性的变化进行侦测
function observer(target){
// 如果不是对象数据类型，则直接返回
  if(typeof target !== 'object'){
    return target;
  }

// 循环遍历对象的所有属性，并将它们转换为 getter 和 setter 形式
  for(let key in target){
    defineReactive(target, key, target[key]);
  }
}

// 模拟更新视图的方法
function updateView(){
  console.log("更新视图");
}


let user = {name: '张三'};
// 对 user 对象的所有属性变化进行侦测
observer(user);
user.name = '李四';
```

运行上述代码，输出结果如下：

```
更新视图
```

　　例 1-1 的代码只是简单地侦测了一个对象的属性变化，并没有考虑到对象属性本身又是一个对象的情形（即对象的嵌套）。假设 user 对象中有一个属性 address，该属性本身也是一个对象。代码如下所示：

```
let user = {name: '张三', address: {city: '北京'}};
// 对 user 对象的所有属性变化进行侦测
observer(user);
user.address.city = '天津';
```

　　运行上述代码，将看不到任何输出，说明对 address 对象的 city 属性的修改并没有被侦测到。
　　因此，需要修改例 1-1 的代码，当对象的属性也是对象类型时，继续为该属性对象的所有属性添加 get () 和 set () 方法。实现起来也很简单，就是在 defineReactive () 函数中添加一个 observer () 函数的递归调用。代码如下所示：

```
// 对 Object.defineProperty() 方法进行封装
function defineReactive(obj, key, value){
// 通过递归调用解决多层对象嵌套的属性侦测问题
  observer(value);
  Object.defineProperty(obj, key, {
```

```
      get(){
        return value;
      },
      set(newValue){
        if(newValue !== value){
          // observer(newValue);
          updateView(); // 在 set() 方法中触发更新
          value = newValue;
        }
      }
    });
}
```

再次运行代码，可以看到"更新视图"的输出。

考虑一下下面的代码：

```
let user = {name: '张三', address: {city: '北京'}};
observer(user);
user.address = {city: '天津'};
user.address.city = '成都';
```

上述代码有两次属性变化，一次是为 address 属性设置了一个对象字面常量，一次是修改 address 对象的 city 属性值，但如果运行代码，就会发现只能看到一次"更新视图"。这是因为在修改 address 属性时是为它赋值了一个新的对象，而这个新对象的属性并没有被侦测，因此后面对这个新对象属性值的更改就没有被侦测到。

针对这种情况，可以在 set() 方法中为新的值添加 observer() 调用。代码如下所示：

```
// 对 Object.defineProperty() 方法进行封装
function defineReactive(obj, key, value){
  // 通过递归调用解决多层对象嵌套的属性侦测问题
  observer(value);
  Object.defineProperty(obj, key, {
    get(){
      return value;
    },
    set(newValue){
      if(newValue !== value){
        // 如果 newValue 是对象类型，则继续侦测该对象的所有属性变化
        // observer() 函数中已经有对参数是否是对象类型的判断代码，此处可以省略
        // observer(newValue);
        updateView(); // 在 set() 方法中触发更新
        value = newValue;
      }
    }
  });
}
```

　　至此，我们已经解决了对象侦测的问题，但还需要考虑数组侦测的问题。代码如下所示：

```
let user={name:'张三',address:{city:'北京'}, emails: ['zhang@163.com']};
// 对 user 对象的所有属性变化进行侦测
observer(user);
user.emails.push('zhang@sina.com');
```

　　emails 属性是数组类型，当通过 push () 方法改变数组内容时，并不会触发对象的 set () 方法的调用。如果我们想在调用数组方法修改数组内容时得到通知，就需要替换数组的原型对象，代码如下所示：

```
const arrayPrototype = Array.prototype;
// 使用数组的原型对象创建一个新对象
const proto = Object.create(arrayPrototype);

// 改变数组自身内容的方法只有如下 7 个，对它们进行拦截
['push','pop','shift','unshift', 'splice', 'sort', 'reverse']
.forEach(method => {
    Object.defineProperty(proto, method,{
    get(){
      updateView();
     // 返回数组原有的方法
      return arrayPrototype[method];
    }
  });
});

// 对一个对象中所有属性的变化进行侦测
function observer(target){
   // 如果不是对象数据类型直接返回
  if(typeof target !== 'object'){
    return target;
  }
  if(Array.isArray(target)){
   // 如果 target 是数组，则将数组的原型对象设置为 proto
    Object.setPrototypeOf(target, proto);
   // 对数组中的元素进行侦测
    for(let i = 0; i < target.length; i++){
      observer(target[i])
    }
    return;
  }

   // 循环遍历对象的所有属性，并将它们转换为 getter 和 setter 形式
  for(let key in target){
    defineReactive(target, key, target[key]);
  }
}
```

粗体显示的代码是新增的代码。

本节代码不需要读者掌握，只需要了解 Vue 2.x 响应式系统的实现原理就可以。本节给出的代码也并不是 Vue 2.x 响应式系统的完整代码，为了简化起见，并没有给出依赖收集的代码。所谓依赖，就是指当数据发生变化时，要通知谁。

完整代码位于本书配套代码 ch01 目录下的 vue2Reactive.js 文件中。

2. Vue 3.0 响应式系统的实现原理

Vue 2.x 是利用 Object.defineProperty () 方法侦测对象的属性变化，但该方法有一些固有的缺陷：

（1）性能较差。

（2）在对象上新增属性是无法被侦测的。

（3）改变数组的 length 属性是无法被侦测的。

Vue 3.0 使用 ES6 的 Proxy 取代 Object.defineProperty () 方法，性能更优异，而且数组和对象一样，可以直接触发 get () 和 set () 方法。Proxy 称为代理，是一种可以拦截并改变底层 JavaScript 引擎操作的包装器。

调用 new Proxy (target，handler) 可以为一个目标对象创建一个代理，代理可以拦截 JavaScript 引擎内部目标的底层对象操作，这些底层操作被拦截后会触发响应特定操作的陷阱函数。在调用 Proxy 构造函数时，需要传入两个参数，target 为目标对象；handler 是一个包含陷阱函数的处理器对象。

下面是一个创建代理的简单示例。代码如例 1-2 所示。

例 1-2　proxy.js

```
// 处理器对象
const baseHandler = {
  // 陷阱函数，读取属性值时触发
  // 参数 target 是目标对象
  // 参数 property 是要获取的属性名
  // 参数 receiver 是 Proxy 对象或继承 Proxy 的对象
  get(target, property, receiver){
    console.log(" 获取值 ");
  },
  // 陷阱函数，写入属性值时触发
  // 参数 value 是新的属性值
  set(target, property, value, receiver){
    console.log(" 设置值 ");
  },
  // 陷阱函数，删除属性时触发
  deleteProperty(target, property){
    console.log(" 删除属性 ");
  }
}
// 目标对象
const target = {name: ' 张三 '};
// 为目标对象创建代理对象
```

```
const proxy = new Proxy(target, baseHandler);
// 读取属性值
proxy.name;
// 设置属性值
proxy.name = '李四';
// 删除属性
delete proxy.name;
```

之后，针对代理对象的相关操作就会触发处理器对象中的对应陷阱函数，在陷阱函数中就可以为目标对象的属性访问添加自定义的业务逻辑。

上述代码的运行结果为：

```
获取值
设置值
删除属性
```

下面使用 Proxy 模拟实现 Vue 3.0 的响应式系统。代码如例 1-3 所示：

例 1-3　vue3Reactive.js

```
// 判断某个值是否是对象的辅助方法
function isObject(val){
  return val !== null && typeof val === 'object';
}

// 响应式核心方法
function reactive(target){
  return createReactiveObject(target);
}
// 创建响应式对象的方法
function createReactiveObject(target){
  // 如果target 不是对象，则直接返回
  if(!isObject(target)){
    return target;
  }
  const baseHandler = {
    get(target, property, receiver){
     console.log('获取值');
      const result = Reflect.get(target, property, receiver);
      return result;
    },
    set(target, property, value, receiver){
     console.log('设置值');
      const result = Reflect.set(target, property, value, receiver);
      return result;
    },
    deleteProperty(target, property){
```

```
        return Reflect.deleteProperty(target, property);
      }
  }
  const observed = new Proxy(target, baseHandler);
  return observed;
}

const proxy = reactive({name: '张三'});
proxy.name = '李四';
console.log(proxy.name);
```

Reflect 是一个内置对象，它提供了可拦截 JavaScript 操作的方法。每个代理陷阱对应一个命名和参数都相同的 Reflect 方法。

上述代码的运行结果为：

```
设置值
获取值
李四
```

同样，为了解决多层对象侦测的问题，我们需要在 get 陷阱函数中对返回值做一个判断，如果返回值是一个对象，则为返回值也创建代理对象，这也是一个递归调用。

修改 get 陷阱函数，对返回值进行判断。代码如下所示：

```
...
// 创建响应式对象的方法
function createReactiveObject(target){
  // 如果 target 不是对象，则直接返回
  if(!isObject(target)){
    return target;
  }
  const baseHandler = {
    get(target, property, receiver){
     console.log('获取值');
      const result = Reflect.get(target, property, receiver);
      return isObject(result) ? reactive(result) : result;
    },
    set(target, property, value, receiver){
     console.log('设置值');
      const result = Reflect.set(target, property, value, receiver);
      return result;
    },
    deleteProperty(target, property){
      return Reflect.deleteProperty(target, property);
    }
  }
  const observed = new Proxy(target, baseHandler);
  return observed;
```

```
}
...
const proxy = reactive({name: 'vue.js', address: {city: '北京'}});
proxy.address.city = '天津';
```

新增的代码以粗体显示。访问 proxy.address 时，会引起 get 陷阱调用，由于 address 属性本身也是一个对象，因此为该属性也创建代码。

上述代码的运行结果为：

```
获取值
设置值
```

考虑下面两种情况，第一种情况的代码如下：

```
const target = {name: '张三'};
const proxy1 = reactive(target);
const proxy2 = reactive(target);
```

上述代码对同一个目标对象进行了多次代理，如果每次返回一个不同的代理对象，是没有意义的，要解决这个问题，可以在为目标对象初次创建代理后，以目标对象为 key，代理为 value，保存到一个 Map 中，然后在每次创建代理前，对目标对象进行判断，如果已经存在代理对象，则直接返回代理对象，而不再新创建代理对象。

第二种情况的代码如下：

```
const target = {name: '张三'};
const proxy1 = reactive(target);
const proxy2 = reactive(proxy1);
```

上述代码对一个目标对象进行了代理，然后又对该代理对象进行了代理，这也是无意义的，也需要进行区分，解决方法与第一种情况类似，不过是以代理对象为 key，目标对象为 value，保存到一个 Map 中，然后在每次创建代理前，判断传入的目标对象是否本身就是代理对象，如果是，则直接返回该目标对象（原目标对象的代理对象）。

继续完善 vue3Reactive.js，定义两个 WeakMap 对象，分别保存目标对象到代理的映射，以及代理对象到目标对象的映射，并添加判断逻辑。修改后的代码如下：

```
...
const toProxy = new WeakMap(); // 存放目标对象 => 代理对象
const toRaw = new WeakMap();    // 存放代理对象 => 目标对象
...
// 创建响应式对象的方法
function createReactiveObject(target){
  // 如果 target 不是对象，则直接返回
  if(!isObject(target)){
    return target;
  }
  const proxy = toProxy.get(target);
```

```
  // 如果目标对象已经有代理对象，则直接返回该代理对象
  if(proxy){
    return proxy;
  }

  // 如果目标对象是代理对象，并且有对应的真实对象，那么直接返回
  if(toRaw.has(target)){
   return target;   // 这里的 target 是代理对象
  }

  const baseHandler = {
    get(target, property, receiver){
     console.log('获取值');

      const result = Reflect.get(target, property, receiver);
      return isObject(result) ? reactive(result) : result;
    },
    set(target, property, value, receiver){
     console.log('设置值');
     const result = Reflect.set(target, property, value, receiver);
     return result;
    },
    deleteProperty(target, property){
      return Reflect.deleteProperty(target, property);
    }
  }
  const observed = new Proxy(target, baseHandler);
  toProxy.set(target, observed);
  toRaw.set(observed, target);
  return observed;
}
```

新增的代码以粗体显示。

接下来解决向数组中添加元素而导致 set 陷阱响应两次的问题。代码如下所示：

```
const proxy = reactive([1, 2, 3]);
proxy.push(4);
```

上述代码会导致 set 陷阱触发两次，因为 push () 方法向数组中添加元素的同时还会修改数组的长度，因此有两次 set 陷阱的触发：一次是将数组索引为 3 的位置设置为 4 而触发；一次是修改数组的 length 属性为 4 而触发。假如在 set 陷阱函数中更新视图，那么就会出现更新两次的情况。

为了避免出现上述情况，需要在 set 陷阱函数中区分是新增属性还是修改属性，同时对属性值的修改做一个判断，如果要修改的属性的新值与旧值相同，则无须进行任何操作。

继续完善 vue3Reactive.js。代码如下所示：

```
...
// 判断当前对象是否有指定属性
function hasOwn(target, property){
```

```
    return target.hasOwnProperty(property);
}
...
// 创建响应式对象的方法
function createReactiveObject(target){
  // 如果 target 不是对象，则直接返回
  if(!isObject(target)){
    return target;
  }
  const proxy = toProxy.get(target);
  // 如果目标对象已经有代理对象，则直接返回该代理对象
  if(proxy){
    return proxy;
  }

  // 如果目标对象是代理对象，并且有对应的真实对象，那么直接返回
  if(toRaw.has(target)){
    return target;   // 这里的 target 是代理对象
  }

  const baseHandler = {
    get(target, property, receiver){
      console.log(' 获取值 ');

      const result = Reflect.get(target, property, receiver);
      return isObject(result) ? reactive(result) : result;
    },
    set(target, property, value, receiver){
      // 判断目标对象是否已经存在该属性
      const hasProperty = hasOwn(target, property);
      const oldValue = Reflect.get(target, property);
      const result = Reflect.set(target, property, value, receiver);

      if(!hasProperty){
       console.log(' 新增属性 ');
      }
      else if(oldValue !== value){
       console.log(' 修改属性 ');
      }
      return result;
    },
    deleteProperty(target, property){
      return Reflect.deleteProperty(target, property);
    }
  }
  const observed = new Proxy(target, baseHandler);
  toProxy.set(target, observed);
  toRaw.set(observed, target);
  return observed;
}
...
```

新增的代码以粗体显示。

　　针对上述使用 push () 方法向数组中添加元素的代码，修改后的响应式代码只会输出 "新增属性"，原因是添加元素后，数组的长度已经是 4，当 push () 方法修改数组长度为 4 时，新值和旧值相同，因此不进行任何操作。完善后的响应式代码也避免了对属性值进行无意义的修改。

　　接下来，就是 Vue 3.0 中比较难理解的依赖收集了，前面已经讲过，所谓依赖，就是指当数据发生变化时，要通知谁。

　　Vue 3.0 使用了 effect () 函数来包装依赖，称为副作用。Effect () 函数的模拟实现如下所示：

```
...
// 保存 effect 的数组，以栈的形式存储
const effectStack = [];

function effect(fn){
  // 创建响应式 effect
  const effect = createReactiveEffect(fn);
  // 默认先执行一次 effect，本质上调用的是传入的 fn 函数
  effect();
}
// 创建响应式 effect
function createReactiveEffect(fn){
  // 响应式 effect
  const effect = function(){
    try{
      // 将 effect 保存到全局数组 effectStack 中，以栈的形式存储
      effectStack.push(effect);
      return fn();
    } finally{
      // 调用完依赖后，弹出 effect
      effectStack.pop();
    }
  }
  return effect;
}
...
const proxy = reactive({name: '张三'});
effect(()=>{
  console.log(proxy.name);
});
proxy.name = '李四';
```

上述代码运行的结果为：

```
获取值
张三
修改属性
```

　　从输出结果中可以看到，除了默认执行一次的 effect 外，当 name 属性发生变化时，effect 并没有被执行。为了在对象属性发生变化时，让 effect 再次执行，需要将对象的属性与 effect 进行关联，

这可以采用 Map 来存储。考虑到一个属性可能会关联多个依赖，那么存储的映射关系应该是以对象属性为 key，保存所有 effect 的 Set 对象为 value，之所以选择 Set 而不是数组，是因为 Set 中不能保存重复的元素。

另外，属性毕竟是对象的属性，不可能脱离对象而单独存在，要跟踪不同对象属性的依赖，还需要一个 WeakMap，将对象本身作为 key，保存所有属性与依赖映射关系的 Map 作为 value，存储到这个 WeakMap 中。

定义好数据结构后，就可以编写一个依赖收集函数 track ()。代码如下所示：

```
// 保存对象与其属性依赖关系的 Map，key 是对象，value 是 Map
const targetMap = new WeakMap();
// 跟踪依赖
function track(target, property){
  // 获取全局数组 effectStack 中的依赖
  const effect = effectStack[effectStack.length - 1];
  // 如果存在依赖
  if(effect){
    // 取出该对象对应的 Map
    let depsMap = targetMap.get(target);
    // 如果不存在，则以目标对象为 key，新建的 Map 为 value，保存到 targetMap 中
    if(!depsMap){
      targetMap.set(target, depsMap = new Map());
    }
    // 从 Map 中取出该属性对应的所有 effect
    let deps = depsMap.get(property);
    // 如果不存在，则以属性为 key，新建的 Set 为 value，保存到 depsMap 中
    if(!deps){
      depsMap.set(property, deps = new Set());
    }
    // 判断 Set 中是否已经存在 effect，如果没有，则添加到 deps 中
    if(!deps.has(effect)){
      deps.add(effect);
    }
  }
}
```

接下来是当属性发生变化时，触发属性关联的所有 effect 执行，为此，再编写一个 trigger () 函数。代码如下所示：

```
// 执行属性关联的所有 effect
function trigger(target, type, property){
  const depsMap = targetMap.get(target);
  if(depsMap){
    let deps = depsMap.get(property);
    // 将当前属性关联的所有 effect 依次执行
    if(deps){
      deps.forEach(effect => {
        effect();
```

```
      });
    }
  }
}
```

依赖收集的函数和触发依赖的函数都写完了，那么自然需要在某个地方去收集依赖和触发依赖执行，收集依赖放到触发器对象的 get 陷阱中，而触发依赖是在属性发生变化时执行依赖，自然是放到 set 陷阱中。

修改 createReactiveObject () 函数，添加 track () 和 trigger () 函数的调用。代码如下所示：

```
// 创建响应式对象的方法
function createReactiveObject(target){
  // 如果 target 不是对象，则直接返回
  if(!isObject(target)){
    return target;
  }
  const proxy = toProxy.get(target);
  // 如果目标对象已经有代理对象，则直接返回该代理对象
  if(proxy){
    return proxy;
  }

  // 如果目标对象是代理对象，并且有对应的真实对象，那么直接返回
  if(toRaw.has(target)){
    return target;   // 这里的 target 是代理对象
  }

  const baseHandler = {
    get(target, property, receiver){
      const result = Reflect.get(target, property, receiver);
      // 收集依赖
      track(target, property);
      return isObject(result) ? reactive(result) : result;
    },
    set(target, property, value, receiver){
      // 判断目标对象是否已经存在该属性
      const hasProperty = hasOwn(target, property);
      const oldValue = Reflect.get(target, property);
      const result = Reflect.set(target, property, value, receiver);

      if(!hasProperty){
        trigger(target, 'add', property);
      }
      else if(oldValue !== value){
        trigger(target, 'set', property);
      }
      return result;
```

```
        },
        deleteProperty(target, property){
            return Reflect.deleteProperty(target, property);
        }
    }
    const observed = new Proxy(target, baseHandler);
    toProxy.set(target, observed);
    toRaw.set(observed, target);
    return observed;
}
```

新增的代码以粗体显示。

至此，模拟实现 Vue 3.0 的响应式系统的代码就全部编写完毕，完整代码位于本书配套代码 ch01 目录下的 vue3Reactive.js 文件中。当然，Vue 3.0 的响应式 API 还包括 ref、computed 和 watch，其内部原理都是类似的，这里就不给出模拟实现了。

同样，本节的内容不需要读者掌握，不会影响读者对后续内容的学习，初学者甚至可以直接跳过本节的内容。

1.3.3 体验 Vue 3.0 响应式系统

下面使用 Vue 框架编写一个简单的页面，体验 Vue 3.0 响应式系统。代码如例 1-4 所示。

例 1-4 start.html

```html
<!DOCTYPE html>
<html>
    <head>
            <meta charset="GBK">
            <title>Hello Vue.js</title>
    </head>
    <body>
            <!--View-->
            <div id="app">
                <button @click="increment">count 值：{{ state.count }}</button>
            </div>

             <!-- 引入 Vue.js -->
            <script src="https://unpkg.com/vue@next"></script>
            <script>
                    const App = {
                        setup(){
                                // 为目标对象创建一个响应式对象
                                const state = Vue.reactive({count: 0});
                                function increment(){
                                    state.count++;
                                }
```

```
                           return {
                               state,
                               increment
                           }
                       }
                   };
                   // 创建应用程序实例，该实例提供应用程序上下文
                   // 应用程序实例装载的整个组件树将共享相同的上下文
                   const app = Vue.createApp(App);
                   // 在 id 为 app 的 DOM 元素上装载应用程序实例的根组件
                   app.mount('#app');
               </script>
           </body>
   </html>
```

例 1-4 代码在 Chrome 浏览器中的运行效果如图 1-5 所示。

图 1-5　例 1-4 代码在 Chrome 浏览器中的运行效果

当单击按钮时，可以看到计数值在增长。

1.4　Vue.js 3.0 带来的新变化

Vue.js 3.0 并没有沿用 Vue.js 2.x 版本的代码，而是从头重写了，代码采用 TypeScript 进行编写，新版的 API 全部采用普通函数，在编写代码时可以享受完整的类型推断。

Vue.js 3.0 具有以下 8 个亮点。

1. 更好的性能

Vue 3.0 重写了虚拟 DOM 的实现，并对模板的编译进行了优化，改进了组件初始化的速度，相比 Vue 2.x，更新速度和内存占用方面都有显著的性能提升。

2.Tree-shaking 支持

对无用的模块进行"剪枝"，仅打包需要的，减少了产品发布版本的大小。Vue 3.0 支持按需引入，而在 Vue 2.x 中，即使用不到的功能也会打包进来。

3. 组合 API（Composition API）

Vue 2.x 使用 mixin 来复用功能，但 mixin 存在的问题是：如果用多了，则很难知道某个功能是从哪个 mixin 混入的。此外，mixin 的类型推断也很差。Vue 3.0 中新增的 Composition API 可以完美地替代 mixin，让用户可以更灵活且无副作用地复用代码，且 Composition API 可以很好地进行类型推断。Composition API 解决了多组件间逻辑重用的问题。

4. 碎片（Fragmen）

Vue 2.x 的组件需要有一个唯一的根节点，而在 Vue 3.0 中，这成了历史，组件模板不再需要单个的根节点了，可以有多个节点。

5. 传送（Teleport）

有时组件模板的一部分在逻辑上属于该组件，而从技术角度来看，最好将模板的这一部分移动到 DOM 中 Vue 应用程序之外的其他位置，使用 Teleport 内置组件可以很容易地实现这个需求。

6. 悬念（Suspense）

Suspense 内置组件可以在嵌套层级中等待嵌套的异步依赖项，支持 async setup()，支持异步组件。

7. 更好的 TypeScript 支持

Vue 3.0 的代码库完全采用 TypeScript 编写，具有更好的类型支持。前端开发人员现在可以采用 TypeScript 开发 Vue 的应用，而无须担心兼容性的问题，结合支持 Vue 3.0 的 TypeScript 插件，开发更加高效，并可以拥有类型检查、自动补全等功能。

8. 自定义渲染器 API

使用自定义渲染器 API，用户可以尝试与第三方库集成，如编写 WebGL 自定义渲染器。

需要注意的是，Vue 3.0 目前并不支持 IE 11。

1.5 小　　结

本章介绍了 Web 前端技术的发展，让读者对前端技术的演变有一个很好的了解，同时介绍了 MVC、MVP 和 MVVM 模式，并引出了 Vue.js 这一优秀的基于 MVVM 模式的前端框架。

本章还介绍了 Vue 2.x 和 Vue 3.0 响应式系统的实现原理，并介绍了 Vue 3.0 带来的新变化。

第 2 章　准备开发与调试环境

本章将介绍如何引入 Vue 3.0 框架，以及如何下载与使用 Vue 3.0 的源代码，并为后续的学习准备开发与调试环境。

2.1　安装 Vue.js

Vue.js 的安装可以使用以下 4 种方式：
- 使用 CDN
- 使用 npm
- 使用 Vue CLI
- 使用 Vite

2.1.1　使用 CDN

CDN（Content Delivery Network，内容分发网络）是构建在现有网络基础之上的智能虚拟网络，依靠部署在各地的边缘服务器，通过中心平台的负载均衡、内容分发、调度等功能模块，使用户就近获取所需内容，降低网络拥塞，提高用户访问的响应速度和命中率。

CDN 系统能够实时地根据网络流量和各节点的连接、负载状况，以及到用户的距离和响应时间等综合信息，将用户的请求导向离用户最近的服务节点上。对于普通的 Internet 用户，每个 CDN 节点就相当于一个放置在它周围的 Web 服务器。通过全局负载均衡 DNS 的控制，用户的请求被透明地指向离它最近的节点，节点中的 CDN 服务器会像网站的原始服务器一样，响应用户的请求。由于它离用户更近，因而响应时间会更快。

CDN 的基本工作原理是广泛采用各种缓存服务器，并将这些缓存服务器分布到用户访问相对集中的地区或网络中，这就像今天的大型电商一样，会在国内各个城市建设自己的仓储或租用大量的仓库及物流，目的其实和 CDN 一样，就是希望能够把商品尽快送到客户的手中。

例如，一个北京的用户和一个上海的用户同时在某购物网站上购买同一种产品，他们当天上午买的商品下午就已经都送达。显而易见，这两个相隔上千千米的用户所收到的商品肯定不是从同一个仓库中发的货，而是分别从距离各自所在地很近的仓库中发出的。

CDN 其实就是做了这样一件事情，在网络中布设了大量的节点（缓存服务器），不同节点中的缓存服务器相当于分布在全国各地的仓库，当不同地域的用户访问网站中的内容时，CDN 首先利用全局负载技术将用户的访问指向距离最近的缓存服务器，再由缓存服务器直接响应用户的请求，就好比北京用户买东西从北京仓库发货，上海用户买东西从上海仓库发货一样，这样就最大限度地保证了用户访问的速度和体验。

使用 CDN 在页面中引入 Vue 框架是最简单的方式，只需要选择一个提供 Vue.js 链接的稳定的 CDN 服务商就可以了，Vue 3.0 的官网上给出了一个 CDN 的链接，如下所示：

https://unpkg.com/vue@next

在页面中使用 <script> 标签引入。代码如下所示：

```
<!DOCTYPE html>
<html>
    <head>
        <script src="https://unpkg.com/vue@next"></script>
    </head>
    <body>
        ...
    </body>
</html>
```

2.1.2　使用 npm

npm（node package manager）是一个 Node.js 包管理和分发工具，也是整个 Node.js 社区最流行、支持第三方模块最多的包管理器。使用 npm 可以便捷而快速地进行 Vue.js 的安装、使用和升级，不用去担心 Vue 项目中用到的第三方库从哪儿下载，用哪个版本最合适等问题，因为这一切都交给了 npm，它可以对第三方依赖进行很好的管理。

Node.js 是一个基于 Chrome V8 引擎的 JavaScript 运行环境。Node.js 使用了一个事件驱动、非阻塞式 I/O 的模型。JavaScript 是一种脚本语言，它编写的程序不能独立运行，需要由浏览器中的 JavaScript 引擎来解释执行，而 Node.js 就是一个可以让 JavaScript 运行在服务端的开发平台，使 JavaScript 不再受限于前端网页的开发，也可以进行后端服务程序的开发。Node.js 发布于 2009 年 5 月，由 Ryan Dahl 开发，它实质上是对 Chrome V8 引擎进行了封装。

Node.js 已经集成了 npm，只要安装了 Node.js，npm 也就一并安装好了。进入 Node.js 官网（https://nodejs.org），如图 2-1 所示。

图 2-1　Node.js 官网

有 LTS 和 Current 两个版本，前者是长期支持版本，比较稳定；后者是最新版本，包含了最新的特性，自然也可能会存在一些 Bug。不过主要是使用绑定在 Node.js 中的 npm 进行 Vue 的安装和第三方依赖的管理，并不会基于 Node.js 进行开发，因此选择哪一个版本都可以，读者可以根据自己的情况选择其中一个版本进行下载。

这里选择 12.19.0 LTS 版本进行下载，下载后双击下载的文件 node-v12.19.0-x64，开始安装，如图 2-2 所示。

图 2-2　Node.js 安装程序界面

单击 Next 按钮，勾选 I accept the terms in the License Agreement 复选框，继续单击 Next 按钮，指定安装位置，连续单击 Next 按钮，最后单击 Install 按钮，完成安装过程。

打开命令提示符窗口，执行 node -v 命令，可以看到如图 2-3 所示的界面。

继续执行 npm -v 命令，可以看到如图 2-4 所示的界面。

图 2-3　查看 Node.js 的版本　　　　图 2-4　查看 npm 的版本

表明 Node.js 和 npm 都已经安装成功。如果要使用最新版本的 npm，可执行下面的命令：

```
npm install npm@latest -g
```

接下来就可以使用 npm 来安装 Vue 3.0 了，npm 使用 Vue 构建大型应用程序时推荐的安装方法。执行下面的命令，安装 Vue 3.0 的最新稳定版。

```
npm install vue@next                                    // 本地安装
```

npm 包的安装分为本地安装和全局安装，上述命令执行的就是本地安装，全局安装就是多加一个 "-g" 参数。代码如下所示：

```
npm install vue@next -g                                 // 全局安装
```

Vue 框架总是在项目中使用，因此不建议采用全局安装。

也可以使用 install 的简写形式 i 来简化命令的输入。代码如下所示：

```
npm i vue@next
```

本地安装将包安装到"./node_modules"目录下（. 代表运行 npm 命令时所在的目录），如果没有 node_modules 目录，会在当前执行 npm 命令的目录下生成 node_modules 子目录，本地安装的模块将无法被其他路径下的项目引用。全局安装将包安装到 C:\Users\%user%\AppData\Roaming\npm 目录下（根据操作系统的不同，该位置会有所不同），"%user%"表示当前登录 Windows 系统的账户名，全局安装的包可以直接在命令提示符窗口中使用。

也可以修改全局模块的默认安装路径。方法如下：

（1）在自己选定的目录下新建 npm_global 和 npm_cache 目录（根据自己的喜好设置目录名称），前者作为全局模块的存放路径，后者作为缓存的路径；

（2）找到 Node.js 的安装目录，编辑".\node_modules\npm\npmrc"文件，输入下面的内容：

```
prefix=E:\NodeModules\npm_global
cache=E:\NodeModules\npm_cache
```

（3）修改 Windows 的环境变量 NODE_PATH，右击【这台电脑】，从弹出的快捷菜单中选择【属性】→【高级系统设置】→【环境变量】命令，在系统变量下修改 NODE_PATH 变量（如果不存在，则新建一个），变量值为 E:\NodeModules\npm_global，如图 2-5 所示。

之后再通过 npm 安装模块，会直接安装到 E:\NodeModules\npm_global 目录下。由于 NODE_PATH 环境变量也指向了正确的安装位置，在项目中引用模块时，也能正确地找到模块。

本地安装的包可以直接在"./node_modules"目录下查看。要查看全局安装的包，可以执行以下命令：

图 2-5 设置 NODE_PATH 环境变量

```
npm list -g            //或
npm list -g --depth 0 //--depth 0 表示仅查看一级目录
```

对于一些需要经常使用的工具包，自然是采用全局安装会更加方便，如第 13 章的 Vue CLI，项目中用到的 npm 包一般是采用本地安装。

如果要更新 Vue 的版本，则可以使用以下命令：

```
npm update vue@next
```

如果要卸载 Vue，可以使用以下命令：

```
npm uninstall vue@next
```

我们知道，在国内访问国外的服务器是非常慢的，而 npm 的官方镜像就是国外的服务器，为了节省安装模块的时间，可以使用淘宝镜像。淘宝 npm 镜像是一个完整 npmjs.org 镜像，可以用它代替官方版本。使用淘宝定制的 cnpm 命令行工具代替默认的 npm，在命令提示符窗口中执行以下命令。

```
npm install -g cnpm --registry=https://registry.npm.taobao.org
```

以后就可以直接使用 cnpm 命令安装模块。代码如下所示：

```
cnpm install <Module Name>
```

✏️ 提示：

> 开发基于 Vue 3.0 的前端项目时，我们更多地是使用 Vue CLI 先搭建脚手架项目，而在这一过程中，就会自动安装 Vue 的各个模块，所以无须单独使用 npm 安装 Vue，不过由于 npm 本身在项目中应用较多，掌握 npm 的常见用法是有用的。

2.1.3　使用 Vue CLI

关于 Vue CLI 的用法，将在第 13 章进行讲解。

2.1.4　使用 Vite

Vite 是一个 Web 开发构建工具，由于采用了原生的 ES 模块导入方式，它允许快速地为代码提供服务。

关于 Vite 的用法，将在第 19 章进行介绍。

2.2　学习 Vue 3.0 的源码

对于学有余力的读者，可以考虑研究 Vue 3.0 的源代码，一是可以更好地理解 Vue 3.0 框架本身，二是以后要扩展 Vue 3.0 的功能，甚至开发基于 Vue 3.0 的第三库也会更得心应手。

Vue 3.0 源代码是托管在 Github 上的，Github 是面向开源及私有软件项目的托管平台。Vue 3.0 的 Github 地址是 https://github.com/vuejs/vue-next，可以访问这个网址，单击 Code 按钮，选择 Download ZIP 进行下载，如图 2-6 所示。

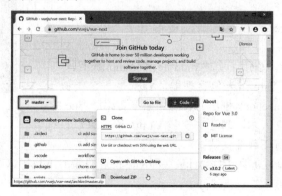

图 2-6　下载 Vue 3.0 的源代码

注意图 2-6 中矩形框的部分，选中 master 分支进行下载。下载完成后，解压缩就可以了。

如果读者计算机上安装了 Git 工具，那么可以选择一个目录，在该目录下执行以下命令，下载 Vue 3.0 的代码库。

```
git clone https://github.com/vuejs/vue-next
```

下载完成后，可以看到如图 2-7 所示的 Vue 3.0 项目的目录结构。

我们主要关注 packages 子目录中的内容，其中就是 Vue 3.0 代码库的内容。

（1）compiler-core：与平台无关的编译器核心。它既包含可扩展的基础功能，又包含所有与平台无关的插件。

（2）compiler-dom：基于 compiler-core 封装针对浏览器的编译器。

（3）compiler-sfc：用于编译 Vue 单文件组件的低级实用程序。

（4）compiler-ssr：针对服务端渲染生成优化过的渲染函数的编译器。

（5）reactivity：Vue 3.0 响应式系统的实现。它可以独立于框架使用。

（6）runtime-core：与平台无关的运行时环境。包括虚拟 dom 渲染器、Vue 组件实现和 Vue 的各种 API。可以使用此程序包构建自定义渲染器。

（7）runtime-dom：针对浏览器运行时的环境。包括对原生 DOM API、DOM 事件和 DOM 属性的处理。

（8）runtime-test：仅用于 Vue 自身的内部测试。

（9）server-renderer：与服务端渲染相关的软件包。

（10）shared：在多个软件包之间共享的内部实用函数和常量。

（11）size-check：这个包是私有的，用于检查 tree-shaking 后的基线运行时大小。

（12）template-explorer：用于调试模板编译器输出的开发工具。

（13）vue：全面构建，引用了上述 runtime 和 compiler 目录。

Vue 3.0 代码库使用 Yarn 作为包管理器，Yarn 是一个类似于 npm 的包管理工具，由 Facebook 推出并开源。如果要编译 Vue 3.0 的代码，生成 Vue 的独立版本，需要先安装 Yarn，读者可以自行搜索 Yarn 的下载网址进行下载并安装。

图 2-7　Vue 3.0 项目的目录结构

安装 Yarn 后，在 Vue 3.0 项目的主目录（即 vue-next 目录）下执行以下命令安装依赖：

```
yarn
```

依赖的包安装完成后，执行下面的命令生成 Vue 3.0 的独立版本。

```
yarn run build
```

构建完成后，在 vue-next\packages\vue\dist 目录下可以看到一个 vue.global.js 文件，在后面章节的学习中，读者可以将该文件复制到项目目录下，然后在页面中通过 <script> 标签引入，可以替代 CDN 方式，而且计算机不需要联网。

2.3　安装 Visual Studio Code

工欲善其事，必先利其器。项目开发时，一款优秀的 IDE 可以大大提高开发效率。Visual Studio Code 就是这样一款免费的、开源的、跨平台的、非常适合前端开发的集成开发工具，而且由微软出品，品质也有保证。

打开浏览器，在地址栏中输入 https://code.visualstudio.com/，进入 Visual Studio Code 首页，如图 2-8 所示。

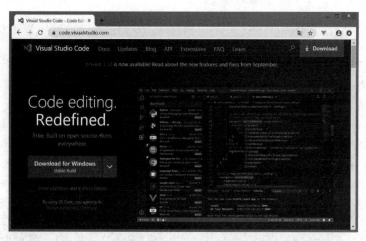

图 2-8　Visual Studio Code 首页

单击下载链接，开始下载 Visual Studio Code。运行下载的文件，连续单击"下一步"按钮完成安装，也可以根据自身的情况修改某些选项完成安装。

打开 Visual Studio Code，默认情况下，Visual Studio Code 使用的是英文。如果需要，也可以修改为中文，方法为：按 Ctrl+Shift+P 组合键，输入 config，或者按 Ctrl+P 组合键，输入 >config，选择 Configure Display Language，如图 2-9 所示。

然后单击 Install additional language 链接，在左侧窗口中选择"中文（简体）"安装即可。重启 Visual Studio Code，界面上的文字都变成了中文。

接下来为 Visual Studio Code 安装 Vetur 插件。该插件支持 .vue 文件的语法高亮显示，除了支持 template 模板以外，还支持大多数主流的前端开发脚本和插件，如 Sass 和 TypeScript 等。在 Visual Studio Code 开发环境最左侧的活动栏中单击 Extensions 图标按钮，如图 2-10 所示。

图 2-9　配置显示语言　　　　　　　　　　　图 2-10　安装 Vetur 插件

　　如果窗口下方的推荐中没有 Vetur，那么就直接在上方的搜索框中输入 Vetur，然后安装该插件即可。

　　接下来安装 ESLint 插件。ESLint 是一个 JavaScript 语法规则和代码风格的检查工具，可以帮助我们轻松写出高质量的 JavaScript 代码。与安装 Vetur 插件的步骤相同，在搜索框中输入 ESLint，找到该插件并安装。

　　最后安装 Code Runner 插件，该插件使我们可以在 Visual Studio Code 中以一种快捷方式运行各类代码，甚至是代码片段，目前该插件已经支持 40 多种程序语言，包括 C、C++、Java、JavaScript 等。安装完成后，可以在代码编辑窗口中右击，然后从弹出的快捷菜单中选择 Run Code 选项运行代码，如图 2-11 所示。

图 2-11　使用 Code Runner 插件快捷运行代码

2.4　安装 vue-devtools

　　vue-devtools 是基于 Google Chrome 浏览器的一款调试 Vue.js 应用的开发者浏览器扩展，可以在浏览器开发者工具下检查和调试 Vue 应用程序。安装步骤如下。

　　（1）在 GitHub 上下载 vue-devtools 的源码，地址为 https://github.com/vuejs/vue-devtools/tree/next，如图 2-12 所示。

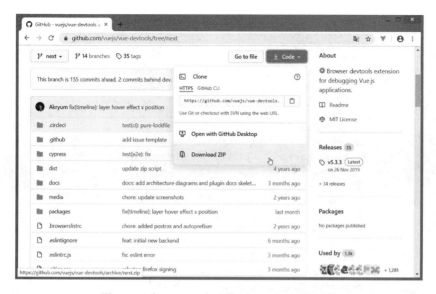

图 2-12　在 GitHub 上下载 vue-devtools 的源码

📢 注意：

> vue-devtools 源码仓库的 next 分支是支持 Vue 3.0 的，但是不保证未来分支调整或合并而导致网址发生变化，读者在下载 vue-devtools 源码的时候，要注意看一些页面下方 README.md 文件的说明。

（2）解压缩后，打开命令提示符窗口，进入主目录，首先执行 yarn 命令，下载第三方依赖。下载完成后，执行 yarn run build 命令，编译源程序，如图 2-13 所示。

```
Built at: 2020-11-26 11:34:31  |F10: AM|
                   Asset     Size  Chunks                  Chunk Names
              backend.js   147 KiB       0  [emitted]       backend
           background.js   2.6 KiB       1  [emitted]       background
             detector.js  3.34 KiB       2  [emitted]       detector
   devtools-background.js  2.29 KiB       4  [emitted]       devtools-background
             devtools.js  1.31 MiB       3  [emitted] [big] devtools
     devtools.js.LICENSE.txt  6.5 KiB       [emitted]
                 hook.js  6.83 KiB       5  [emitted]       hook
                proxy.js   1.4 KiB       6  [emitted]       proxy
Entrypoint hook = hook.js
Entrypoint devtools [big] = devtools.js
Entrypoint background = background.js
Entrypoint devtools-background = devtools-background.js
Entrypoint backend = backend.js
Entrypoint proxy = proxy.js
Entrypoint detector = detector.js
lerna success    Ran npm script 'build' in 9 packages in 73.4s:
lerna success - @vue/devtools-api
lerna success - @vue-devtools/app-backend-api
lerna success - @vue-devtools/app-backend-core
lerna success - @vue-devtools/app-backend-vue1
lerna success - @vue-devtools/app-backend-vue2
lerna success - @vue-devtools/app-backend-vue3
lerna success - @vue-devtools/shared-utils
lerna success - @vue-devtools/shell-chrome
lerna success - @vue/devtools
Done in 74.95s.
```

图 2-13　编译 vue-devtools 源码

（3）编译完成后，vue-devtools 编译完成后的目录结构如图 2-14 所示。

名称	修改日期	类型	大小
☐ .circleci	2020/10/25 4:38	文件夹	
.github	2020/10/25 4:38	文件夹	
cypress	2020/10/25 4:38	文件夹	
dist	2020/10/25 4:38	文件夹	
docs	2020/10/25 4:38	文件夹	
media	2020/10/25 4:38	文件夹	
node_modules	2020/11/26 11:29	文件夹	
packages	2020/10/25 4:38	文件夹	
.browserslistrc	2020/10/25 4:38	BROWSERSLIST...	1 KB
.eslintignore	2020/10/25 4:38	ESLINTIGNORE ...	1 KB
.eslintrc.js	2020/10/25 4:38	JS 文件	2 KB
.gitignore	2020/10/25 4:38	文本文档	1 KB
cypress.json	2020/10/25 4:38	JSON File	1 KB
jsconfig.json	2020/10/25 4:38	JSON File	1 KB
lerna.json	2020/10/25 4:38	JSON File	1 KB
LICENSE	2020/10/25 4:38	文件	2 KB
package.json	2020/10/25 4:38	JSON File	4 KB
postcss.config.js	2020/10/25 4:38	JS 文件	1 KB
README.md	2020/10/25 4:38	MD 文件	4 KB
release.js	2020/10/25 4:38	JS 文件	3 KB
sign-firefox.js	2020/10/25 4:38	JS 文件	1 KB
tailwind.config.js	2020/10/25 4:38	JS 文件	1 KB
vue1-test.html	2020/10/25 4:38	HTML 文件	2 KB
yarn.lock	2020/10/25 4:38	LOCK 文件	461 KB

图 2-14　vue-devtools 编译完成后的目录结构

（4）打开 Chrome 浏览器，单击右上角的"自定义及控制"按钮，从弹出的快捷菜单中选择
【更多工具】→【扩展程序】选项，确保开发者模式处于打开状态，如图 2-15 和图 2-16 所示。

图 2-15　打开 Chrome 浏览器的扩展程序

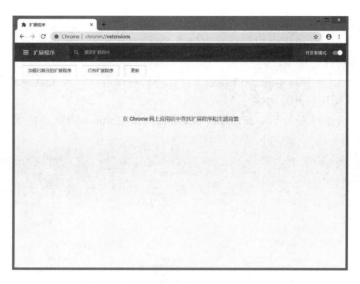

图 2-16　确保开发者模式处于打开状态

单击"加载已解压的扩展程序"按钮，选择 vue-devtools-next 主目录下的 packages\shell-chrome 文件夹，出现如图 2-17 所示的界面。

图 2-17　vue-devtools 浏览器扩展程序安装成功

至此，我们所需要的环境都已经安装和配置完毕，后面将逐步介绍开发和调试的过程。

2.5　小　　结

本章介绍了 Vue 的几种安装方式，在学习到进阶篇时，以及以后的项目开发中，常用的方式是先使用 Vue CLI 创建一个脚手架项目，然后再进行开发。

本章还介绍了 Vue 3.0 源代码的下载，讲解了 Vue 3.0 代码库的包的结构，介绍了如何编译代码，以生成 Vue 3.0 的独立版本。

此外，本章还介绍了 Visual Studio Code 这款优秀的前端程序开发工具，并介绍了如何配置该开发工具，以适合 Vue.js 的开发之旅。

本章最后介绍了如何安装 vue-devtools，以便我们在 Chrome 浏览器中检查和调试 Vue 应用程序。

第 3 章　ECMAScript 6 语法简介

ECMAScript 6（以下简称 ES6）是继 ECMAScript 5（以下简称 ES5）之后发布的 JavaScript 语言的新一代标准，加入了很多新的特性和语法，该标准于 2015 年 6 月 17 日发布了正式版本，并被正式命名为 ECMAScript 2015（以下简称 ES2015）。Vue 项目开发中经常会用到 ES6 语法，因此，本章对这一新标准中的一些特性和常用语法进行了简要介绍。

📝 提示：

> 从 2015 年开始，ECMA-262 标准委员会会在每年的 6 月发布一个新的 JavaScript 标准规范，并且不再沿用之前的 ES1～ES5 的命名方式，而改为采用发布标准时的年份来命名版本，如 ES2016、ES2017 等。因此，ES6 就成了最后一个采用旧方式命名的版本，并与 ES2015 混用。有时候 ES6 也被用来泛指 ES5.1 之后的下一代 JavaScript 标准。

3.1　块作用域构造 let 和 const

块级声明用于声明在指定块的作用域之外无法访问的变量。块级作用域存在于：

- 函数内部
- 块中（字符 "{" 和 "}" 之间的区域）

3.1.1　let 声明

在函数作用域或全局作用域中通过关键字 var 声明的变量，无论在哪里声明，都会被当成在当前作用域顶部声明的变量，这就是 JavaScript 的变量提升机制。代码如下所示：

```
// 函数内部
function changeState(flag){
    if(flag){
        var color = "red";
    }
    else{
        console.log(color);            // 此处可以访问变量 color，其值为 undefined
        return null;
    }
}
changeState(false);

// 块中
{
```

```
    var a = 1;
}
console.log("a = " + a);                      // 此处可以访问变量 a，输出 a = 1

//for 循环中
for(var i = 0; i < 10; i++){
}
console.log("i = " + i);                       // 此处可以访问变量 i，输出 i = 10
```

这种变量提升机制在开发时会给我们造成很多的困扰，ES6 引入了 let 声明，用法与 var 相同，不过用 let 声明的变量不会被提升，可以将变量的作用域限制在当前代码块中。

我们将上述代码中的变量用 let 进行声明。代码如下所示。

```
// 函数内部
function changeState(flag){
    if(flag){
        let color = "red";
    }
    else{
        console.log(color);       // 此处不能访问 color，报错：color is not defined
        return null;
    }
}
changeState(false);

// 块中
{
    let a = 1;
}
console.log("a = " + a);          // 此处不能访问变量 a，报错：a is not defined

//for 循环中
for(let i = 0; i < 10; i++){
}
console.log("i = " + i);          // 此处不能访问变量 i，报错：i is not defined
```

使用 let 声明变量，还可以防止变量的重复声明。例如，在某个作用域下已经存在某个标识符，此时再使用 let 关键字声明它，就会抛出错误。代码如下所示：

```
var index = 0;
var index = 10;                   // OK
let index = 100;                  // 报错：Identifier 'index' has already been declared
```

在同一作用域下，不能使用 let 重复声明已经存在的标识符，但如果在不同的作用域下，则是可以的，这一点请注意。代码如下所示：

```
var index = 0;
{
```

```
        let index = 10;                        // OK
    }
```

3.1.2　const 声明

ES6 还提供了 const 关键字，用于声明常量。每个通过 const 关键字声明的常量必须在声明的同时进行初始化。代码如下所示：

```
const sizeOfPage = 10;     // 正确

const maxItems;            // 错误
maxItems = 200;
```

与 let 声明类似，在同一作用域下用 const 声明已经存在的标识符也会导致语法错误，无论该标识符是使用 var，还是 let 声明的。

如果使用 const 声明对象，对象本身的绑定不能修改，但对象的属性和值是可以修改的。代码如下所示：

```
const person = {
    name: "zhangsan"
};

person.name = "lisi";     // OK
person.age = 20;          // OK

// 错误，报错：Assignment to constant variable.
person = {
    name: "wangwu"
};
```

3.1.3　全局块作用域绑定

在全局作用域中使用 var 声明的变量或对象，将作为浏览器环境中的 window 对象的属性，这意味着使用 var 很可能会无意中覆盖一个已经存在的全局属性。例如：

```
<!DOCTYPE html>
<html>
    <head>
        <script>
            var greeting = "Welcome";
            console.log(window.greeting);      // Welcome

            console.log(window.Screen);        // function Screen(){[native code]}
            var Screen = "liquid crystal";
```

```
                console.log(window.Screen);          // liquid crystal
        </script>
    </head>
</html>
```

greeting 被定义为一个全局变量，并立即成为 window 对象的属性。定义的全局变量 Screen，则覆盖了 window 对象中原有的 Screen 属性。

如果在全局作用域下使用 let 或 const，则会在全局作用域下创建一个新的绑定，但该绑定不会成为 window 对象的属性。代码如下所示：

```
<!DOCTYPE html>
<html>
    <head>
        <script>
            let greeting = "Welcome";
            console.log(window.greeting);            // undefined

            const Screen = "liquid crystal";
            console.log(Screen === window.Screen);   // false
        </script>
    </head>
</html>
```

综上所述，如果不想为全局对象 window 创建属性，或者为了避免覆盖 window 对象的属性，则应该使用 let 和 const 声明变量和常量。

3.2　模板字面量

ES6 引入了模板字面量（Template Literals），对字符串的操作进行了增强。

- 多行字符串：真正的多行字符串。
- 字符串占位符：可以将变量或 JavaScript 表达式嵌入占位符中并将其作为字符串的一部分输出到结果中。

3.2.1　多行字符串

模板字面量的基础语法就是用反引号（`）替换字符串的单、双引号。例如：

```
let message = `Hello World`;
```

这句代码使用模板字面量语法创建了一个字符串，并赋值给 message 变量，这时变量的值与一个普通的字符串并无差异。

如果想要在字符串中使用反引号，那么用反斜杠（\）将它转义即可。代码如下所示：

```
let message = `Hello\` World`;
```

在模板字面量中，不需要转义单、双引号。

在 ES5 中，如果一个字符串字面量要分为多行书写，那么可以采用两种方式来实现：在一行结尾的时候添加反斜杠（\）表示承接下一行的代码，或者使用加号（+）来拼接字符串。代码如下所示：

```
let message = "Hello \
World";

let greeting = "Welcome"
               + " you";
console.log(message);
console.log(greeting);
```

这两种实现方式，前者是利用 JavaScript 的语法 Bug 来实现，后者是利用字符串的拼接操作来实现。当把字符串 message 和 greeting 打印到 Console 窗口中时，这两个字符串均未跨行显示，前者使用反斜杠（\）只是代表行的延续，并未真正插入新的一行。如果要输出新的一行，需要手动加入换行符。代码如下所示：

```
let message = "Hello \n\
World";

let greeting = "Welcome"
                   + "\n"
                   + " you";
console.log(message);
console.log(greeting);
```

在 ES6 中，使用模板字面量语法，可以很方便地实现多行字符串的创建。如果需要在字符串中添加新的一行，只需要在代码中直接换行即可。代码如下所示：

```
let message = `Hello
World`;

console.log(message);
```

输出结果如下：

```
Hello
World
```

📢 注意：

在反引号中的所有空白字符（包括但不限于空格、换行、制表符）都属于字符串的一部分。

3.2.2　字符串占位符

在一个模板字面量中，可以将 JavaScript 变量或任何合法的 JavaScript 表达式嵌入占位符并将其作为字符串的一部分输出到结果中。

占位符由一个左侧的 "${" 和右侧的 "}" 符号组成，中间可以包含变量或 JavaScript 表达式。例如：

```
let name = "zhangsan";
let message = `Hello, ${name}`;
console.log(message);

let amount = 5;
let price = 86.5;
let total = `The total price is ${price * amount}`;
console.log(total);
```

模板字面量本身也是 JavaScript 表达式，因此也可以在一个模板字面量中嵌入另一个模板字面量。代码如下所示：

```
let name = "lisi";
let message = `Hello, ${
        `my name is ${name}`
}.`;

console.log(message);  // 输出: Hello, my name is lisi.
```

3.3　默认参数

在 ES5 中，没有提供直接在函数的参数列表中指定参数默认值的语法，要想为函数参数指定默认值，只能通过下面的模式来实现。

```
function makeRedirect(url, timeout)
{
    url = url || "/home";
    timeout = timeout || 2000;

    // 函数的其余部分
}
```

在这个示例中，url 和 timeout 是可选参数，如果不传入对应的参数值，它们也将被赋予一个默认值。但是这种模式设置函数的默认值有一个缺陷，如果形参 timeout 传入值 0，即使这个值是合法的，也会被视为一个假值，并最终将 timeout 设置为 2000。

在这种情况下，更安全的做法是通过 typeof 检查参数类型。代码如下所示：

```
function makeRedirect(url, timeout)
{
    url = (typeof url != "undefined") ? url : "/home";
    timeout = (typeof timeout != "undefined") ? timeout : 2000;
```

```
    // 函数的其余部分
}
```

尽管这种方式更加安全，但需要额外的代码来执行这种非常基础的操作。在 ES6 中，简化了为形参提供默认值的过程，可以直接在参数列表中为形参指定默认值。代码如下所示：

```
function makeRedirect(url = "/home", timeout = 2000)
{
    // 函数的其余部分
}
```

如果调用 makeRedirect ()，则使用参数 url 和 timeout 的默认值；如果调用 makeRedirect ("/login")，则使用参数 timeout 的默认值；如果调用 makeRedirect () 时传入两个参数，则不使用默认值。

此外，与 Java、C++ 等语言要求具有默认值的参数只能在函数参数列表的最右边不同，在 ES6 中声明函数时，可以为任意参数指定默认值，在已指定默认值的参数后还可以继续声明无默认值的参数。代码如下所示：

```
function makeRedirect(url = "/home", timeout = 2000, callback)
{
    // 函数的其余部分
}
```

在这种情况下，只有在没有为 url 和 timeout 传值，或者主动为它们传入 undefined 时才会使用它们的默认值。

```
// 使用 url 和 timeout 的默认值
makeRedirect();

// 使用 url 和 timeout 的默认值
makeRedirect(undefined, undefined, function(){});

// 使用 timeout 的默认值
makeRedirect("/login");

// 不使用 timeout 的默认值
makeRedirect("/login", null, function(){});
```

为一个具有默认值的参数传值 null 是合法的，所以，最后一次调用 makeRedirect() 时，将不会使用 timeout 的默认值，其值最终为 null。

3.4　rest 参数

JavaScript 函数一个特别的地方是，无论在函数定义中声明了多少形参，都可以传入任意数量的参数，在函数内部可以通过 arguments 对象接收传入的参数。代码如下所示：

```
function calculate(op){
    if(op === "+"){
        let result = 0;
        for(let i = 1; i < arguments.length; i++){
            result += arguments[i];
        }
        return result;
    }
    else if(op === "*"){
        let result = 1;
        for(let i = 1; i < arguments.length; i++){
            result *= arguments[i];
        }
        return result;
    }
}
```

　　calculate() 函数根据传入的操作符的不同而执行不同的计算，计算的数据可以是任意多个，因此在函数声明时无法明确地定义要传入的所有参数。但是，我们可以通过 arguments 对象解决任意数量参数传入的问题。不过这种方式也有一些不足的地方：首先，调用者需要知道该函数可以接受任意数量的参数，单从函数声明的参数列表是看不出来的；其次，因为第一个参数是命名参数且已被使用，因此遍历 arguments 对象时，索引要从 1 开始而不是 0。当然这些都是小问题，不过，要是这些小问题不存在岂不是更好。

　　ES6 引入了 rest 参数，在函数的命名参数前添加 3 个点，就表明这是一个 rest 参数，用于获取函数的多余参数。rest 参数是一个数组，包含自它之后传入的所有参数，通过这个数组名就可以逐一访问里面的参数。

　　我们使用 rest 参数重写上例中的 calculate() 函数。代码如下所示：

```
function calculate(op, ...data){
    if(op === "+"){
        let result = 0;
        for(let i = 0; i < data.length; i++){
            result += data[i];
        }
        return result;
    }
    else if(op === "*"){
        let result = 1;
        for(let i = 0; i < data.length; i++){
            result *= data[i];
        }
        return result;
    }
}
```

rest 参数包含的是 op 之后传入的所有参数（arguments 对象包含的是所有传入的参数，包括 op）。可以看到，使用 rest 参数，函数可以处理的参数数量一目了然，代码则更加清晰。

需要注意的是，每个函数最多只能声明一个 rest 参数，并且它只能是最后一个参数。例如，下面的函数声明就是错误的。

```
// 语法错误：Rest parameter must be last formal parameter
function calculate(op, ...data, last){
}
```

3.5　展开运算符

展开运算符在语法上与 rest 参数相似，也是 3 个点，它可以将一个数组转换为各个独立的参数，也可用于取出对象的所有可遍历属性，而 rest 参数是指定多个独立的参数，并通过整合后的数组来访问。代码如下所示：

```
function sum(a, b, c){
    return a + b + c;
}

let arr = [1, 2, 3];
sum(...arr);
```

上述代码使用展开运算符提取数组 arr 中的各个值并传入 sum() 函数中。

展开运算符可以用来复制数组，代码如下所示：

```
let arr1 = [1, 2, 3];
let arr2 = arr1;         // arr2 与 arr1 是同一个数组对象
let arr3  = [...arr1];   // arr3 与 arr1 是两个不同的数组对象

arr1[0] = 4;
console.log(arr2[0]);    // arr2 中的元素同时被改变，输出 4
console.log(arr3[0]);    // 输出 1
```

从上述代码可以看到，在需要复制一个新的数组对象时，可以使用展开运算符便捷地实现。

展开运算符也可以用来合并数组。代码如下所示：

```
let arr1 = ['a'];
let arr2 = ['b', 'c'];
let arr3 = ['d', 'e'];
console.log([...arr1, ...arr2, ...arr3]); // [ 'a', 'b', 'c', 'd', 'e' ]
```

展开运算符还可以用于取出对象的所有可遍历属性，复制到当前对象中。代码如下所示：

```
let book = {
    tille: "Vue.js 从入门到实战 ",
```

```
        price: 98
    }

let bookDetail = {...book, desc: "a fine book"}
console.log(bookDetail); // { tille: ' Vue.js 从入门到实战 ', price: 98, desc: 'a
                         // fine book' }
```

3.6   对象字面量语法扩展

在 JavaScript 中，对象的使用无处不在，且随着 JavaScript 应用复杂度的增加，开发者在程序中使用对象的数量也在持续增长，因此对象使用效率的提升变得至关重要。

对象字面量（Object Literals）是 JavaScript 中创建对象的一种非常流行的方法。在 ES6 中，通过下面的几种语法，让对象字面量变得更加强大、更加简洁。

3.6.1   属性初始值的简写

在 ES5 及早期的版本中，对象字面量只是简单的键值对集合。代码如下所示：

```
function createCar(color, doors){
    return {
        color : color,
        doors : doors
    }
}
```

createCar() 函数创建了一个对象，其属性名称与函数的参数相同，在返回的结果中，color 和 doors 分别重复了两遍，冒号左边是对象的属性名称，冒号右边是为属性赋值的变量（函数的形参）。

再看一个例子：

```
let name = "zhangsan";
let age = 18;

var person = {name: name, age : age};
console.log(person);
```

这段代码中定义了一个 person 对象，其属性 name 和 age 的值是前面用 let 声明的变量 name 和 age。

在 ES6 中，通过使用属性初始值的简写语法，可以消除这种属性名称与本地变量之间的重复书写。当一个对象的属性与本地变量同名时，可以不用写冒号和值，简单地只写属性名即可。代码如下所示：

```
function createCar(color, doors){
    return {
            // 有同名的参数，只写属性名即可
        color,
        doors
    }
}

let name = "zhangsan";
let age = 18;
// 有同名的本地变量，只写属性名即可
var person = {name, age};
```

当对象字面量里只有属性名称时，JavaScript 引擎会在可访问作用域中查找与其同名的变量，如果找到，则该变量的值被赋给对象字面量里的同名属性。

3.6.2　对象方法的简写语法

ES6 也改进了为对象字面量定义方法的语法。在 ES5 及早期的版本中，如果为对象添加方法，则必须通过指定名称并完整定义函数来实现。代码如下所示：

```
var car = {
    color: "red",
    doors: 4,
    showColor: function(){
        console.log(this.color);
    }
}
```

而在 ES6 中定义对象方法时可以省略冒号和 function 关键字。代码如下所示：

```
var car = {
    color: "red",
    doors: 4,
    showColor(){
        console.log(this.color);
    }
}
car.showColor();
console.log(car.showColor.name);  // showColor
```

◀» 注意：

通过对象方法的简写语法创建的方法有一个 name 属性，其值为圆括号前面的名称。在本例中，car.showColor() 方法的 name 属性值为 showColor。

3.6.3　可计算的属性名

在 JavaScript 中，访问对象的属性，可以通过点号（.）或方括号（[]），如果属性名包含了特殊字符或中文，或者需要通过计算得到属性名，则只能使用方括号。代码如下所示：

```
let suffix = "name";
let person = {};
person["first name"] = "san";        // 属性名中有空格
person["last " + suffix] = "zhang";  // 属性名由表达式计算得到
person.age = 20;                     // 常规的属性可以直接通过点号访问
console.log(person);                 // { 'first name': 'san', 'last name':
                                     // 'zhang', age: 20 }
```

如果采用对象字面量的语法定义对象，那么在 ES5 及早期的版本中不允许出现带有表达式的属性名，而在 ES6 中，则可以在对象字面量中使用可计算的属性名称。代码如下所示：

```
let suffix = "name";
let person = {
    ["first " + suffix] : "san",
    ["last " + suffix]: "zhang",
    age: 20
}
console.log(person); //{ 'first name': 'san', 'last name': 'zhang', age: 20 }
```

当然，任何可用于对象实例方括号记法的属性名，都可以作为对象字面量中的计算属性名。

3.7　解 构 赋 值

在 JavaScript 中，我们经常需要从某个对象或数组中提取特定的数据赋给变量，这种操作重复且无趣。代码如下所示：

```
// 在真实应用场景中，book 对象通常是从服务器端得到的数据
let book = {
    title: "Vue.js 从入门到实战 ",
    isbn: "9787121362217",
    price: 98,
    category: {
        id: 1,
        name: "Web 前端 "
    }
}
// 提取对象中的数据赋给变量
let title = book.title;
let isbn = book.isbn;
let price = book.price;
let category = book.category.name;
```

```
// 提取数组中的数据赋给变量
let arr = [1, 2, 3];
let a = arr[0], b = arr[1], c=arr[2];
```

ES6 为对象和数组提供了解构功能，允许按照一定模式从对象和数组中提取值，并对变量进行赋值。

3.7.1 对象解构

对象解构的语法形式是在一个赋值操作符的左边放置一个对象字面量。代码如下所示：

```
let book = {
    title: "Vue.js 从入门到实战 ",
    isbn: "9787121362217",
    price: 98
}
let {title, isbn, price} = book;
console.log(title);   // Vue.js 从入门到实战
console.log(isbn);    // 9787121362217
console.log(price);   // 98
```

在这段代码中，book.title 的值被存储在名为 title 的变量中；book.isbn 的值被存储在名为 isbn 的变量中；book.price 的值被存储在名为 price 的变量中。title、isbn 和 price 都是本地声明的变量。

📢 注意：

如果使用 var、let 或 const 声明变量，则必须提供初始化程序，即等号右侧必须提供值。下面的代码都会导致程序抛出语法错误。

```
var {title, isbn, price};
let {title, isbn, price};
const {title, isbn, price};
```

如果变量之前已经声明，之后想要用解构语法给变量赋值，那么需要用圆括号包裹整个解构赋值语句。代码如下所示：

```
let book = {
    title: "Vue.js 从入门到实战 ",
    isbn: "9787121362217",
    price: 98
}

let title, isbn, price;
{title, isbn, price} = book;      // 语法错误
({title, isbn, price} = book);   // 正确
```

JavaScript 引擎将一对开放的花括号视为一个代码块，而语法规定代码块语句不允许出现在赋

值语句的左侧，添加圆括号后可以将块语句转化为一个表达式，从而实现整个解构赋值的过程。

整个解构赋值表达式的值与表达式右侧（即"="右侧）的值相等，这样，就可以实现一些有趣的操作。例如，给变量赋值的同时向函数传参。代码如下所示：

```
let book = {
    title: "Vue.js 从入门到实战 ",
    isbn: "9787121362217",
    price: 98
}
let title, isbn;

function outputBookInfo(book){
    console.log(book);
}
// 给 title、isbn 变量赋值后，因解构表达式的值是 "=" 右侧的值
// 所以此处向 outputBookInfo() 函数传递的参数是 book 对象
outputBookInfo({title, isbn} = book);
console.log(title);                    // Vue.js 从入门到实战
console.log(isbn);                     // 9787121362217
```

使用解构赋值表达式时，如果指定的局部变量名称在对象中不存在，那么这个局部变量会被赋值为 undefined，在这种情况下，可以考虑为该变量定义一个默认值，在变量名称后添加一个等号（=）和相应的默认值即可。代码如下所示：

```
let book = {
    title: "Vue.js 从入门到实战 ",
    isbn: "9787121362217",
    price: 98
}

let {title, isbn, salesVolume = 0} = book;
console.log(title);            // Vue.js 从入门到实战
console.log(isbn);             // 9787121362217
console.log(salesVolume);     // 0
```

当 book 对象中没有 salesVolume 属性，或者该属性值为 undefined 时，则使用预设的默认值。

如果希望在使用解构赋值时，使用与对象属性名不同的局部变量名，那么可以采用"属性名：局部变量名"的语法形式。代码如下所示：

```
let book = {
    title: "Vue.js 从入门到实战 ",
    isbn: "9787121362217",
    price: 98
}

let {title: bookTitle, isbn: bookIsbn} = book;
console.log(bookTitle);         // Vue.js 从入门到实战
console.log(bookIsbn);          // 9787121362217
```

title:bookTitle 语法的含义是：读取名为 title 的属性并将其值存储到变量 bookTitle 中。需要注意的是，变量的名称在冒号（:）右边，而左边则是要读取的对象的属性名。

在 JavaScript 中，对象经常会有嵌套，而对于嵌套的对象如何通过解构语法提取值呢？代码如下所示。

```
let book = {
    title: "Vue.js 从入门到实战",
    isbn: "9787121362217",
    price: 98,
    category: {
        id: 1,
        name: "Web 前端"
    }
}
//let {category: {name}} = book; //局部变量名为 name
let {title, isbn, category: {name: category}} = book;
console.log(title);          // Vue.js 从入门到实战
console.log(isbn);           // 9787121362217
console.log(category);       // Web 前端
```

注意代码中粗体显示的部分，其含义是：在找到 book 对象的 category 属性后，继续深入下一层（即到 category 对象中）查找 name 属性，并将其值赋给 category 局部变量。要注意代码中最后一条语句中的 category 是 {name: category} 中的 category。

结合前面让局部变量名与对象属性名不同的例子一起来看，可以知道，在解构语法中，冒号前的标识符代表的是对象中的检索位置，其右侧为要被赋值的变量名；如果冒号右侧是花括号，则表示要赋予的最终值嵌套在对象内部更深的层级中。

3.5 节介绍了展开运算符，该运算符也可以和对象解构结合使用。代码如下所示。

```
let person = {
    name: '张三',
    age: 18
}
let {...newObject} = person;
let {anotherObject} = person;
let {name, age, gendar} = {...person, gendar: '男'};
console.log(newObject);        // { name: '张三', age: 18 }
console.log(anotherObject);    // undefined
console.log(name);             // 张三
console.log(gendar);           // 男
```

注意粗体显示的代码的区别，后者是提取 person 对象中的 anotherObject 属性并赋值给 anotherObject 变量，由于 person 对象没有该属性，因此为 undefined。

3.7.2　数组解构

与对象解构的语法不同，数组解构使用方括号。此外，由于数据结构本质上的不同，数组解构没有对象属性名的问题，因而语法上更加简单。代码如下所示：

```
let arr = [1, 2, 3];
let [a, b, c] = arr;
console.log(a);    // 1
console.log(b);    // 2
console.log(c);    // 3
```

在数组解构语法中，变量值是根据数组中元素的顺序进行选取的。如果要获取指定位置的数组元素值，可以只为该位置的元素提供变量名。例如，要获取数组中第 3 个位置的元素，可以采用下面的代码来实现：

```
let arr = [1, 2, 3];
let [, , c] = arr;
console.log(c);    // 3
```

变量 c 前面的逗号是前方元素的占位符，无论数组中的元素有多少个，都可以通过这种方式提取想要的元素。

与对象解构不同，如果为已经声明过的变量进行数组解构赋值，不需要使用圆括号包裹解构赋值语句。代码如下所示：

```
let arr = [1, 2, 3];
let a, b, c;
[a, b, c] = arr;  // OK
```

也可以在数组解构赋值表达式中为数组中的任意位置添加默认值，当指定位置的元素不存在或其值为 undefined 时使用默认值。代码如下所示：

```
let arr = [1, 2, 3];
let [a, b, c, d = 0] = arr;
console.log(d);    // 0
```

嵌套数组解构与嵌套对象解构的语法类似，在原有的数组解构模式中插入另一个数组解构模式，即可将解构过程深入到下一个层级。代码如下所示：

```
let categories = ["C/C++", ["Vue", "React"], "Java"];

let [language1, [, language2]] = categories;

console.log(language1);  // C/C++
console.log(language2);  // React
```

变量 language2 两侧的方括号表示该变量的值应该到下一个层级的数组中去查找，language2 前面的逗号跳过了内部数组中的第一个元素，因此最终变量 language2 的值是 React。

3.5 节介绍了展开运算符，该运算符也可以和数组解构结合使用，将数组中剩余的元素赋给一个特定的变量。代码如下所示：

```
let arr = [1, 2, 3];
let [a, ...others] = arr;      //将 arr 数组的剩余元素赋给 others 变量
let [...newArr] = arr;          //数组复制的另一种实现方式
console.log(a);                 //1
console.log(others);            //[ 2, 3 ]
console.log(others[0]);         //2
console.log(newArr);            //[ 1, 2, 3 ]
```

3.8　箭 头 函 数

ES 6 允许使用"箭头"（=>）定义函数，箭头函数的语法多变，根据实际的使用场景有多种形式，但都需要由函数参数、箭头和函数体组成。根据 JavaScript 函数定义的各种不同形式，箭头函数的参数和函数体可以分别采取多种不同的形式。

3.8.1　箭头函数的语法

单一参数、函数体只有一条语句的箭头函数定义形式如下：

```
let welcome = msg => msg;

/*
 * 相当于
function welcome(msg){
    return msg;
}
*/

console.log(welcome("welcome you."));  //welcome you.
```

如果函数有多于一个的参数，则需要在参数的两侧添加一对圆括号。代码如下所示：

```
let welcome = (user, msg) => `${user}, ${msg}`;

/*
 * 相当于
function welcome(user, msg){
    return user + ", " + msg;
}
*/

console.log(welcome("zhangsan", "welcome you."));    //zhangsan, welcome you.
```

如果函数没有参数，则需要使用一对空的圆括号。代码如下所示：

```
let welcome = () => "welcome you.";

/*
 * 相当于
function welcome(){
    return "welcome you.";
}
*/

console.log(welcome("welcome you."));   // welcome you.
```

如果函数体有多条语句，则需要用花括号包裹函数体。代码如下所示：

```
let add = (a, b) => {
    let c = a + b;
    return c;
}

/*
 * 相当于
function add(a, b){
    let c = a + b;
    return c;
}
*/

console.log(add(5, 3));   //8
```

如果要创建一个空函数，则需要写一对没有内容的圆括号代表参数部分，一对没有内容的花括号代表空的函数体。代码如下所示：

```
let emptyFunction = () => {};
/*
 * 相当于
function emptyFunction(){}
*/
```

如果箭头函数的返回值是一个对象字面量，则需要将该对象字面量包裹在圆括号中。代码如下所示：

```
let createCar = (color, doors) => ({color: color, doors: doors});

/*
 * 相当于
function createCar(color, doors){
    return {
        color: color,
        doors: doors
```

```
        }
    }
*/

console.log(createCar("black", 4));      // { color: 'black', doors: 4 }
```

将对象字面量包裹在圆括号中是为了将其与函数体区分开。

箭头函数可以和对象解构结合使用。代码如下所示：

```
let personInfo = ({name, age}) => `${name}'s age is ${age} years old.`;

/*
 * 相当于
function personInfo({name, age}){
    return `${name}'s age is ${age} years old.`;
}
 */

let person = {name: "zhangsan", age: 18};
console.log(personInfo(person)); // zhangsan's age is 18 years old.
```

3.8.2　箭头函数与 this

JavaScript 中的 this 关键字是一个神奇的东西，与其他高级语言中的 this 引用或 this 指针不同的是，JavaScript 中的 this 并不是指向对象本身，其指向是可以改变的，根据当前执行上下文的变化而变化。

下面来看一段代码：

```
<!DOCTYPE html>
<html>
    <head>
        <script>
            var greeting = "Welcome";
            function sayHello(user){
                alert(this.greeting + ", " + user);
            }

            var obj = {
                greeting: "Hello",
                sayHello: sayHello
            }
            sayHello("zhangsan");       // Welcome, zhangsan
            obj.sayHello("lisi");       // Hello, lisi
            var sayHi = obj.sayHello;
            sayHi("wangwu");            // Welcome, wangwu
```

```
            </script>
        </head>
</html>
```

下面来分析上述的 JavaScript 代码：

（1）调用 sayHello("zhangsan") 时，相当于执行 window.sayHello("zhangsan")，因此函数内部的 this 指向的是 window 对象，在代码第一行定义的全局变量 greeting 将自动成为 window 对象的属性，因此最后的结果是"Welcome, zhangsan"。

（2）调用 obj.sayHello("lisi") 时，函数内部的 this 指向的是 obj 对象，而 obj 对象内部定义了 greeting 属性，因此最后的结果是"Hello, lisi"。

（3）调用 sayHi("wangwu") 时，虽然该函数是由 obj.sayHello 赋值得到的，但是在执行 sayHi() 函数时，当前的执行上下文对象是 window 对象，相当于调用 window.sayHi("wangwu")，因此，最后的结果是"Welcome, wangwu"。

再看一段代码：

```
<!DOCTYPE html>
<html>
    <head>
        <script>
            var obj = {
                greeting: "Hello",
                sayHello: function(){
                    setTimeout(function(){
                        alert(this.greeting);
                    }, 2000);
                }
            }
            obj.sayHello();   // undefined
        </script>
    </head>
</html>
```

最后的输出结果是 undefined。为什么会这样呢？当调用 obj.sayHello() 时，只是执行了 setTimeout() 函数，2s 之后才开始执行 setTimeout() 函数参数中定义的匿名函数，而该匿名函数的执行上下文对象是 window，因此 this 指向的是 window 对象，而在 window 对象中并没有定义 greeting 属性，所以找不到该属性，自然输出的是 undefined。

为了解决 this 指向的问题，可以使用函数对象的 bind() 方法，将 this 明确地绑定到某个对象上。代码如下所示：

```
<!DOCTYPE html>
<html>
    <head>
        <script>
            var greeting = "Welcome";
```

```
function sayHello(user){
    alert(this.greeting + ", " + user);
}

var obj = {
    greeting: "Hello",
    sayHello: sayHello
}

var sayHi = obj.sayHello.bind(obj);
sayHi("wangwu");    // Hello，wangwu

var obj = {
    greeting: "Hello",
    sayHello: function(){
        setTimeout((function(){
            alert(this.greeting);
        }).bind(this), 2000);
    }
    // 或者
    /*sayHello: function(){
        var that = this;
        setTimeout(function(){
            alert(that.greeting);
        }, 2000);
    }*/
}
obj.sayHello();   // Hello
    </script>
  </head>
</html>
```

使用 bind() 方法实际上是创建了一个新的函数，称为绑定函数，该函数的 this 被绑定到参数传入的对象。为了避免创建一个额外的函数，下面使用箭头函数来解决 this 的问题。

箭头函数中没有 this 绑定，必须通过查找作用域决定其值。如果箭头函数被非箭头函数包含，则 this 绑定的是最近一层非箭头函数的 this；否则，this 的值会被设置为全局对象。使用箭头函数修改上述代码。代码如下所示：

```
<!DOCTYPE html>
<html>
  <head>
    <script>
        var obj = {
            greeting: "Hello",
            sayHello: function(){
```

```
                                  setTimeout(() => alert(this.greeting), 2000);
                }
            }
            obj.sayHello();  // Hello
        </script>
    </head>
</html>
```

alert() 函数参数中的 this 与 sayHello() 方法中的 this 一致，而这个 this 指向的是 obj 对象，因此最后调用 obj.sayHello() 的结果是 Hello。

箭头函数中的 this 值取决于该函数外部非箭头函数的 this 值，且不能通过 call()、apply() 或 bind() 方法改变 this 的值。

箭头函数在使用时有几个需要注意的地方：

（1）没有 this、super、arguments 和 new.target 绑定。箭头函数中的 this、super、arguments 和 new.target 这些值由外围最近一层非箭头函数决定。

（2）不能通过 new 关键字调用。箭头函数不能被用作构造函数，也就是说，不可以使用 new 关键字调用箭头函数，否则程序会抛出一个错误。

（3）没有原型。由于不可以通过 new 关键字调用箭头函数，因而没有构建原型的需求，所以箭头函数不存在 prototype 这个属性。

（4）不可以改变 this 的绑定。函数内部的 this 值不可被改变，在函数的生命周期内始终保持一致。

（5）不支持 arguments 对象。箭头函数没有 arguments 绑定，所以只能通过命名参数和 rest 参数这两种形式访问函数的参数。

3.9　Symbol

在 ES5 及早期版本中，有 5 种原始数据类型：字符串（String）、数值型（Number）、布尔型（Boolean）、null 和 undefined，ES6 引入了一种新的原始数据类型——Symbol，表示独一无二的值。

3.9.1　创建 Symbol

一个具有 Symbol 数据类型的值可以称为"符号类型值"。在 JavaScript 运行环境中，一个符号类型值是通过调用函数 Symbol() 函数创建的，这个函数动态地生成了一个匿名的、唯一的值。代码如下所示：

```
let sn1 = Symbol();

// 使用 typeof 操作符检测 sn 变量是否是 Symbol 类型
console.log(typeof sn1);        // symbol
console.log(sn1);               // Symbol()

let sn2 = Symbol();
console.log(sn1 === sn2);       // false
```

需要注意的是，**Symbol** 是原始值，所以不能使用 **new Symbol()** 创建 **Symbol** 值，这会导致程序抛出错误。每一个 **Symbol** 实例都是唯一且不可改变的。

上述代码在 Node.js 中的运行结果如下。

```
symbol
Symbol()
false
```

Symbol() 函数可以接受一个可选的字符串参数，用于为新创建的 Symbol 实例提供描述，这个描述不可用于属性访问，主要用于调试目的，以及方便阅读代码。

请看下面的代码：

```
let sn1 = Symbol("sn1");
let sn2 = Symbol("sn2");
console.log(sn1);              // Symbol(sn1)
console.log(sn2);              // Symbol(sn2)

let sn3 = Symbol("sn1");
console.log(sn1 === sn3);      // false
```

sn1 和 sn2 是两个 Symbol 值。如果不加参数，它们在 Console 窗口中的输出都是 Symbol()，不利于区分。有了参数以后，就等于为它们各自加上了描述，输出的时候就能够分清，到底是哪一个值。

此外，需要注意的是，每一个 Symbol 实例都是唯一的，Symbol() 函数的参数只是表示对当前 Symbol 值的描述，因此相同参数的 Symbol() 函数的返回值是不相等的。

上述代码在 Node.js 中的运行结果如下。

```
Symbol(sn1)
Symbol(sn2)
false
```

如果调用 Symbol() 函数传入的参数是一个对象，就会调用该对象的 toString() 方法，将其转换为字符串，然后再生成一个 Symbol 值。例如：

```
let obj = {
    toString(){
        return "sn";
    }
}
console.log(Symbol(obj)); // Symbol(sn)
```

3.9.2　Symbol 与类型转换

自动转型是 JavaScript 中的一个重要的语言特性，利用这个特性能够在特定的场景下将某个数据强制转换为其他类型，然而 Symbol 类型比较特殊，其他类型没有与 Symbol 逻辑等价的值，因此不能将 Symbol 值与其他类型的值进行运算。

下面的代码将一个 Symbol 值与一个字符串进行相加操作，运行时将提示"不能将一个 Symbol 值转换为字符串"。

```
let sn = Symbol("sn");
"My sn is " + sn;
```

虽然 Symbol 不能与字符串进行运算，但是可以显式地调用 String() 函数将 Symbol 值转换为字符串。请看下面的代码：

```
let sn = Symbol("sn");
let str = String(sn);
console.log(str);              // Symbol(sn)
console.log(sn.toString());    // Symbol(sn)
```

当使用 console.log() 方法输出 Symbol 的值时，它实际上也是调用 sn 的 toString() 方法。

有一个例外是，Symbol 可以参与逻辑运算，这是因为 JavaScript 将非空值都看成 true。我们看下面的代码：

```
let sn = Symbol("sn");
console.log(Boolean(sn));      // true
console.log(!sn);              // false
if(sn) console.log("true");    // true
```

3.9.3　作为属性名使用

Symbol 类型唯一合理的用法是用变量存储 Symbol 值，然后使用存储的值创建对象属性。由于每一个 Symbol 值都是不相等的，所以 Symbol 作为对象的属性名，可以保证属性不重名。

请看下面的代码：

```
let sn = Symbol("sn");

// 第一种方式
let obj = {};
obj[sn] = "1111-11";
console.log(obj);         // { [Symbol(sn)]: '1111-11' }

// 第二种方式
let obj = {
    [sn]: "1111-11"
};
console.log(obj);         // { [Symbol(sn)]: '1111-11' }

// 第三种方式
let obj = {};
Object.defineProperty(obj, sn, {value: "1111-11"});
console.log(obj[sn]);     // 1111-11
```

　　需要注意的是，Symbol 作为对象属性名时不能使用点（.）运算符，要用方括号。因为点运算符后面是字符串，所以不会读取变量 sn 所表示的 Symbol 值，而是直接将 sn 作为字符串属性名。

　　Symbol 值作为属性名时，该属性是公有属性而不是私有属性，可以在类的外部访问，但是不会出现在 for…in 和 for…of 的循环中，也不会被 Object.keys()、Object.getOwnPropertyNames() 函数返回。如果要读取一个对象的 Symbol 属性，可以通过 Object.getOwnPropertySymbols() 和 Reflect.ownKeys() 方法得到。

　　请看下面的代码：

```
let sn = Symbol("sn");
let obj = {};
obj[sn] = "1111-11";
console.log(obj);                            // {[Symbol(sn)]:'1111-11'}

for (let prop in obj) {                      // 无输出
  console.log(prop);
}
console.log(Object.keys(obj));               // []
console.log(Object.getOwnPropertyNames(obj)); // []
console.log(Object.getOwnPropertySymbols(obj));// [Symbol(sn)]
console.log(Reflect.ownKeys(obj));           // [Symbol(sn)]
```

3.9.4　共享的 Symbol

　　有时候我们可能希望在不同的代码中使用同一个 Symbol 值，为此，可以使用 Symbol.for() 方法创建一个可共享的 Symbol，该方法接受一个字符串参数，即要创建的 Symbol 的标识符，同时这个参数也被用作 Symbol 的描述。

　　ES6 提供了一个可以随时访问的全局 Symbol 注册表，当调用 Symbol.for() 方法时，它首先在全局 Symbol 注册表中搜索以参数作为名称的 Symbol 值，如果找到了，则直接返回已有的 Symbol；如果没有找到，则创建一个新的 Symbol，以参数作为 key，注册到全局 Symbol 注册表中，然后返回新创建的 Symbol。

　　请看下面的代码：

```
let sn1 = Symbol.for("sn");
let sn2 = Symbol.for("sn");
let sn3 = Symbol("sn");
console.log(sn1);             // Symbol(sn)
console.log(sn1 === sn2);     // true
console.log(sn1 === sn3);     // false
```

　　调用 Symbol.for() 和 Symbol() 方法都会生成新的 Symbol 值，区别在于前者会被注册到全局 Symbol 注册表中，之后以相同的 key 调用 Symbol.for() 方法则会返回同一个 Symbol 值；而后者每次调用，都会创建一个新的 Symbol 值。

　　另一个与共享 Symbol 相关的方法是 Symbol.keyFor()，该方法在全局 Symbol 注册表中搜索已注册的 Symbol 的 key。

请看下面的代码：

```
let sn1 = Symbol.for("sn");
console.log(Symbol.keyFor(sn1));        // sn

let sn2 = Symbol("sn");
console.log(Symbol.keyFor(sn2));        // undefined
```

在全局 Symbol 注册表中并不存在 sn2 这个 Symbol，自然也就不存在与之相关的 key，所以返回 undefined。

3.10　类

大多数面向对象的编程语言支持类和类继承的特性，而 JavaScript 不支持这些特性，只能通过其他方式模拟类的定义和类的继承。ES6 引入了 class（类）的概念，新的 class 写法让对象原型的写法更加清晰，也更像传统的面向对象编程语言的写法。

3.10.1　类的定义

在 ES5 及早期版本中，没有类的概念，可以通过构造函数和原型混合使用的方式模拟定义一个类。代码如下所示：

```
function Car(sColor,iDoors)
{
    this.color= sColor;
    this.doors= iDoors;
}
Car.prototype.showColor=function(){
    console.log(this.color);
};

var oCar=new Car("red",4);
oCar.showColor();
```

ES6 引入了 class 关键字，使类的定义更接近 Java、C++ 等面向对象语言中的写法。使用 ES6 中的类声明语法改写上述代码。代码如下所示：

```
class Car{
    // 等价于 Car 构造函数
    constructor(sColor,iDoors){
        this.color= sColor;
        this.doors= iDoors;
    }
    // 等价于 Car.prototype.showColor
```

```
    showColor(){
        console.log(this.color);
    }
}

let oCar = new Car("red",4);
oCar.showColor();
```

在类声明语法中，使用特殊的 constructor 方法名定义构造函数，且由于这种类使用简写语法定义方法，因此不需要添加 function 关键字。

自有属性是对象实例中的属性，不会出现在原型上，如本例中的 color 和 doors。自有属性只能在类的构造函数（即 constructor 方法）或方法中创建，一般建议在构造函数中创建所有的自有属性，从而只通过一处就可以控制类中所有的自有属性。本例中的 showColor() 方法实际上是 Car.prototype 的一个方法。

与函数一样，类也可以使用表达式的形式定义。代码如下所示：

```
let Car = class {
    // 等价于 Car 构造函数
    constructor(sColor,iDoors){
        this.color= sColor;
        this.doors= iDoors;
    }
    // 等价于 Car.prototype.showColor
    showColor(){
        console.log(this.color);
    }
}

let oCar = new Car("red",4);
oCar.showColor();
```

使用类表达式，可以实现立即调用类构造函数从而创建一个类的单例对象。使用 new 调用类表达式，紧接着通过一对圆括号调用这个表达式。代码如下所示：

```
let car = new class {
    // 等价于 Car 构造函数
    constructor(sColor,iDoors){
        this.color= sColor;
        this.doors= iDoors;
    }
    // 等价于 Car.prototype.showColor
    showColor(){
        console.log(this.color);
    }
}("red", 4);

car.showColor();
```

这段代码先创建了一个匿名类表达式，然后立即执行。按照这种模式可以使用类语法创建单例，并且不会在作用域中暴露类的引用。

3.10.2 访问器属性

访问器属性是通过关键字 get 和 set 创建的，语法为关键字 get 或 set 后跟一个空格和相应的标识符，实际上是为某个属性定义取值和设值函数，在使用时以属性访问的方式使用。与自由属性不同的是，访问器属性是在原型上创建的。代码如下所示：

```
class Car{
    constructor(sName, iDoors){
        this._name= sName;
        this.doors= iDoors;
    }
    // 只读属性
    get desc(){
        return `${this.name} is worth having.`;
    }

    get name(){
        return this._name;
    }

    set name(value){
        this._name = value;
    }
}

let car = new Car("Benz", 4);
console.log(car.name);             // Benz
console.log(car.desc);             // Benz is worth having.
car.name = "Ferrari";
console.log(car.name);             // Ferrari
car.prototype.desc="very good"; // TypeError:Cannot set property'desc'of undefined
```

在构造函数中定义了一个 "_name" 属性，"_name" 属性前面的下划线是一种常用的约定记号，用于表示只能通过对象方法访问的属性。当访问属性 name 时，实际上是调用它的取值方法；当给属性 name 赋值时，实际上是调用它的设值方法。因为是方法实现，所以定义访问器属性时，可以添加一些访问控制或额外的代码逻辑。

如果需要只读的属性，那么只提供 get() 方法即可，如本例中的 desc 属性；同理，如果需要只写的属性，那么只提供 set() 方法即可。

3.10.3 静态方法

ES6 引入了关键字 static，用于定义静态方法。除构造函数外，类中所有的方法和访问器属性都可以用 static 关键字定义。代码示例如下：

```
class Car{
    constructor(sName, iDoors){
        this.name= sName;
        this.doors= iDoors;
    }

    showName(){
        console.log(this.name);
    }

    static createDefault(){
        return new Car("Audi", 4);
    }
}

let car = Car.createDefault();
car.showName();          // Audi
car.createDefault();         // TypeError: car.createDefault is not a function
```

使用 static 关键字定义的静态方法，只能通过类名访问，不能通过实例访问。此外，要注意的是，ES6 并没有提供静态属性，即不能在实例属性前面添加 static 关键字。

3.10.4　类的继承

同样地，ES5 及早期版本也不支持类的继承，要模拟实现类的继承，需要采用一些额外的手段来实现。ES6 提供了 extends 关键字，这样可以很轻松地实现类的继承。代码如下所示：

```
class Person{
    constructor(name){
        this.name = name;
    }

    work(){
        console.log("working...");
    }
}

class Student extends Person{
    constructor(name, no){
        super(name);   // 调用父类的 constructor(name)
        this.no = no;
    }
}

let stu = new Student("zhangsan", 1);
stu.work();  //woking...
```

　　Student 类通过使用关键字 extends 继承自 Person 类，Student 类称为派生类。在 Student 的构造函数中，通过 super() 函数调用 Person 的构造函数并传入相应参数。需要注意的是，如果在派生类中定义了构造函数，则必须调用 super() 函数，而且一定要在访问 this 之前调用。如果在派生类中没有定义构造函数，那么当创建派生类的实例时会自动调用 super() 函数并传入所有参数。例如，下面的代码定义了 Teacher 类，从 Person 类继承，在类声明中，没有定义构造函数。

```
class Person{
    constructor(name){
        this.name = name;
    }

    work(){
        console.log("working...");
    }
}

class Teacher extends Person{
    // 没有构造函数
}
// 等价于
/*class Teacher extends Person{
    constructor(...args){
        super(...args);
    }
}*/

let teacher = new Teacher("lisi");
teacher.work();  // working...
```

　　在派生类中，可以重写基类中的方法，这将覆盖基类中的同名方法。下面在 Student 类中重新定义 work() 方法。

```
class Person{
    constructor(name){
        this.name = name;
    }

    work(){
        console.log("working...");
    }
}

class Student extends Person{
    constructor(name, no){
        super(name); // 调用父类的 constructor(name)
        this.no = no;
    }
```

```
    // 覆盖 Person.prototype.work() 方法
    work(){
        console.log("studying...");
    }
}

let stu = new Student("zhangsan", 1);
stu.work();  // studying...
```

如果在 Student 的 work() 方法中需要调用基类的 work() 方法，可以使用 super 关键字调用。代码如下所示：

```
class Person{
    ...
}

class Student extends Person{
    ...
    work(){
        super.work();
        console.log("studying...");
    }
}

let stu = new Student("zhangsan", 1);
stu.work();  //working...
             //studying...
```

3.11　模　　块

在 ES5 及早期版本中，一直没有模块（module）体系，导致无法将一个复杂的应用拆分成不同的功能模块，再组合起来使用。为此，JavaScript 社区制定了一些模块加载方案，最主要的有 CommonJS 和 AMD 两种。ES6 在语言标准的层面上，实现了模块功能，而且实现得相当简单，完全可以取代 CommonJS 和 AMD 规范，成为浏览器和服务器通用的模块解决方案。

一个模块通常是一个独立的 JS 文件，该文件内部定义的变量和函数除非被导出，否则不能被外部所访问。

使用 export 关键字放置在需要暴露给其他模块使用的变量、函数或类声明前面，以将它们从模块中导出。代码如下所示：

```
                          Modules.js
1.  // 导出数据
2.  export var color = "red";
3.  export let name = "module";
4.  export const sizeOfPage = 10;
```

```
5.
6.    // 导出函数
7.    export function sum(a, b){
8.        return a + b;
9.    }
10.
11.   // 将在模块末尾进行导出
12.   function subtract(a, b){
13.       return a - b;
14.   }
15.
16.   // 将在模块末尾进行导出
17.   function multiply(a, b){
18.       return a * b;
19.   }
20.
21.   // 将在模块末尾进行导出
22.   function divide(a ,b){
23.       if(b !== 0)
24.           return a / b;
25.   }
26.   // 导出类
27.   export class Car{
28.       constructor(sColor, iDoors){
29.           this.color = sColor;
30.           this.doors = iDoors;
31.       }
32.       showColor(){
33.           console.log(this.color);
34.       }
35.   }
36.   // 模块私有的变量
37.   var count = 0;
38.   // 模块私有的函数
39.   function changeCount(){
40.       count++;
41.   }
42.
43.   // 导出 multiply 函数
44.   export {multiply};
45.   // subtract 是本地名称，sub 是导出时使用的名称
46.   export {subtract as sub}
47.   // 导出模块默认值
48.   export default divide;
```

说明：

（1）导出时可以分别对变量（代码第 2～4 行）、函数（代码第 7 行）和类（代码第 27 行）进行导出，也可以将导出语句集中书写在模块的尾部（代码第 44～48 行），当导出内容较多时，采

用后者会更加清晰。

（2）没有添加 export 关键字而定义的变量（代码第 37 行）、函数（代码第 39 ～ 41 行）和类在模块外部是不允许被访问的。

（3）导出的函数和类声明都需要一个名称，如上述代码所示。如果要用一个不同的名称导出变量、函数或类，可以使用 as 关键字指定变量、函数或类在模块外应该按照什么样的名字来使用（代码第 46 行）。

（4）一个模块可以导出且只能导出一个默认值，默认值是通过使用 default 关键字指定的单个变量、函数或类（代码第 48 行）。非默认值的导出，需要使用一对花括号包裹名称（代码第 44 行、第 46 行），而默认值的导出则不需要。

（5）默认值的导出还可以采用下面两种语法形式。

```
// 第二种语法形式
// 使用 default 关键字导出一个函数作为模块的默认值
// 因为导出的函数被模块所代表，所以它不需要一个名称
export default function(a ,b){
    if(b !== 0)
        return a / b;
}
//-------------------------------- //
function divide(a ,b){
    if(b !== 0)
        return a / b;
}
// 第三种语法形式
export {divide as default}
```

如果想在一条导出语句中指定多个导出（包括默认导出），那么就需要用到第三种语法形式。下面将 Modules.js 中模块尾部的导出（第 44～48 行）合并为一条导出语句。代码如下所示：

```
export {multiply, subtract as sub, divide as default};
```

下面来看一下导入。导入是使用 import 关键字引入其他模块导出的功能。import 语句由两部分组成：要导入的标识符和标识符应当从哪个模块导入。代码如下所示：

```
                            index.js
1.  // 导入模块默认值
2.  import divide from "./Modules.js";
3.  // 导入多个绑定
4.  import {color, name, sizeOfPage} from "./Modules.js";
5.  // 导入单个绑定
6.  import {multiply} from "./Modules.js";
7.  // 因 Modules 模块中导出 subtract() 函数时使用了名称 sub，这里导入也要用该名称
8.  import {sub} from "./Modules.js";
9.  // 导入时重命名导入的函数
10. import {sum as add} from "./Modules.js";
11. // 导入类
```

```
12. import {Car} from "./Modules.js";
13. // 导入整个模块
14. import * as example from "./Modules.js";
15.
16. console.log(color);                    // red
17. console.log(name);                     // module
18. console.log(sizeOfPage);               // 10
19. // 只能用 add 而不能用 sum
20. console.log(add(6, 2));                // 8
21. console.log(sub(6, 2));                // 4
22. console.log(multiply(6, 2));           // 12
23. console.log(divide(6, 2));             // 3
24. let car = new Car("black", 4);
25. car.showColor();                       // black
26. console.log(example.name);             // module
27. // 注意这里是 sum，而不是 add
28. console.log(example.sum(6, 2));        // 8
29. //count 是 Modules 模块私有的变量，在外部不能访问
30. console.log(example.count);            // undefined
31. //changeCount() 函数是 Modules 模块私有的函数，在外部不能访问
32. vconsole.log(example.changeCount());// TypeError: example.changeCount is not a
                                           // function
```

说明：

（1）导入模块时，模块文件的位置可以使用相对路径，也可以使用绝对路径。使用相对路径时，对于同一目录下的文件，不能使用 Modules.js 引入，而要使用 "./Modules.js"，即由 "." 代表当前目录。

（2）导入时，可以导入单个绑定，也可以同时导入多个绑定（代码第 4 行）。导入时，也可以使用 as 关键字对导入的绑定重新命名（代码第 10 行）。

（3）对于模块非默认值的导入，需要使用一对花括号包裹名称，而默认值的导入则不需要（代码第 1 行）。

（4）可以导入整个模块作为一个单一对象（代码第 14 行），然后所有的导出将作为该对象的属性使用（代码第 26、28 行）。

（5）多个 import 语句引用同一个模块，该模块也只执行一次。被导入的模块代码执行后，实例化后的模块被保存在内存中，只要另一个 import 语句引用它就可以重复使用它。

✍ 提示：

> export 和 import 语句必须在其他语句或函数之外使用，换句话说，import 和 export 语句只能在模块的顶层使用。

3.12   Promise

JavaScript 引擎是基于单线程事件循环的概念构建的，它采用任务队列的方式，将要执行的代码块放到队列中，当 JavaScript 引擎中的一段代码执行结束，事件循环会指定队列中的下一个任务

来执行。事件循环是 JavaScript 引擎中的一段程序，负责监控代码执行并管理任务队列。

　　JavaScript 执行异步调用的传统方式是事件和回调函数，随着应用的复杂化，事件和回调函数无法完全满足开发者要实现的需求，为此，ES6 给出了 Promise 这一更强大的异步编程解决方案。

3.12.1　基本用法

　　一个 Promise 可以通过 Promise 构造函数创建，这个构造函数只接受一个参数：包含初始化 Promise 代码的执行器（executor）函数，在该函数内包含需要异步执行的代码。执行器函数接受两个参数，分别是 resolve() 函数和 reject() 函数，这两个函数由 JavaScript 引擎提供，不需要用户自己编写。异步操作结束成功时调用 resolve() 函数，失败时调用 reject() 函数。代码如例 3-1 所示。

　　例 3-1　使用 Promise 构造函数创建 Promise

```
const promise = new Promise(function(resolve, reject) {
    // 开启异步操作
  setTimeout(function(){
    try{
        let c = 6 / 2 ;
        // 执行成功时，调用 resolve() 函数
        resolve(c);
    }catch(ex){
        // 执行失败时，调用 reject() 函数
        reject(ex);
    }
  }, 1000);
});
```

　　在执行器函数内包含了异步调用，在 1s 后执行两个数的除法运算，如果成功，则用相除的结果作为参数调用 resolve() 函数，失败则调用 reject() 函数。

　　每个 Promise 都会经历一个短暂的生命周期：先是处于进行中（pending）的状态，此时操作尚未完成，所以它也是未处理的（unsettled），一旦异步操作执行结束，Promise 则变为已处理的（settled）状态。操作结束后，根据异步操作执行成功与否，可以进入以下两个状态之一。

　　（1）fulfilled：Promise 异步操作成功完成。

　　（2）rejected：由于程序错误或其他一些原因，Promise 异步操作未能成功完成，即已失败。

　　一旦 Promise 状态改变，就不会再变，任何时候都可以得到这个结果。Promise 对象的状态改变，只有两种可能：从 pending 变为 fulfilled，或者从 pending 变为 rejected。

　　在 Promise 状态改变后，我们怎么根据不同的状态做相应的处理呢？Promise 对象有一个 then() 方法，它接受两个参数：第一个是当 Promise 的状态变为 fulfilled 时要调用的函数，与异步操作相关的附加数据通过调用 resolve() 函数传递给这个完成函数；第二个是当 Promise 的状态变为 rejected 时要调用的函数，所有与失败相关的附加数据通过调用 reject() 函数传递给这个拒绝函数。

　　在例 3-1 的代码之后添加 Promise 的 then() 方法的调用。代码如下所示：

```
promise.then(function(value){
    // 完成
    console.log(value);  //3
},function(err){
    // 拒绝
    console.error(err.message);
})
```

then() 方法的两个参数都是可选的。例如，只在执行失败后进行处理，可以给 then() 方法的第一个参数传递 null。代码如下所示：

```
promise.then(null,function(err){
    // 拒绝
    console.error(erro.message);
})
```

Promise 对象还有一个 catch() 方法，用于在执行失败后进行处理，等价于上述只给 then() 方法传入拒绝处理函数的代码。代码如下所示：

```
promise.catch(function (err){
    console.error(err.message);
})
```

通常是将 then() 方法和 catch() 方法一起使用来对异步操作的结果进行处理，这样能更清楚地指明操作结果是成功还是失败。代码如下所示：

```
promise.then(function(value){
    // 完成
    console.log(value);  //3
}).catch(function (err){
    // 拒绝
    console.error(err.message);
});
```

修改例 3-1，将除数改为 0，在 Node.js 中运行代码，结果为 Infinity。

上述代码使用箭头函数会更加简洁。代码如下所示：

```
promise.then(value => console.log(value))
      .catch(err => console.error(err.message));
```

✍ 提示：

　　如果调用 resolve() 函数或 reject() 函数时带有参数，那么它们的参数会被传递给 then() 或 catch() 方法的回调函数。

Promise 支持方法链的调用形式，如上述代码所示。每次调用 then() 或 catch() 方法时实际上会创建并返回另一个 Promise，因此可以将 Promise 串联调用。在串联调用时，只有在前一个 Promise

完成或被拒绝时，第二个才会被调用。代码如下所示：

```
const promise = new Promise((resolve, reject) => {
    // 调用 setTimeout 模拟异步操作
    setTimeout( ()=> {
        let intArray = new Array(20);
        for(let i=0; i<20; i++){
            intArray[i] = parseInt(Math.random() * 20, 10);
        }
        // 成功后调用 resolve
        resolve(intArray);
    },1000);
    // 该代码会立即执行
    console.log(" 开始生成一个随机数的数组 ")
});

promise.then(value => {
    value.sort((a,b) => a-b);
    return value;
    }).then(value => console.log(value));
```

说明：

（1）Promise 的执行器函数内的代码会立即执行，因此无论 setTimeout() 指定的回调函数执行成功与否，console.log(" 开始生成一个随机数的数组 ") 语句都会执行。

（2）在 20 个随机数生成完毕后，调用 resolve(intArray) 函数，因而 then() 方法的完成处理函数被调用，对数组进行排序，之后返回 value；接着下一个 then() 方法的完成处理函数开始调用，输出排序后的数组。

（3）Promise 链式调用时，有一个重要特性就是可以为后续的 Promise 传递数据，只需要在完成处理函数中指定一个返回值（如上述代码中的 return value），就可以沿着 Promise 链继续传递数据。

上述代码在 Node.js 中的输出结果如下：

```
开始生成一个随机数的数组
[ 0, 1, 2, 2, 4, 4, 4, 5, 6, 7, 7, 9, 9, 10, 12, 12, 14, 15, 15, 16 ]
```

在完成处理程序或拒绝处理程序中也可能会产生错误，使用 Promise 链式调用可以很好地捕获这些错误。代码如下所示：

```
const promise = new Promise((resolve, reject)=>{
    resolve("Hello World");
});

promise.then((value) => {
    console.log(value);
    throw new Error(" 错误 ");
}).catch(err => console.error(err.message));
```

上述代码在 Node.js 中的输出结果如下：

```
Hello World
错误
```

需要注意的是，与 JavaScript 中的 try/catch 代码块不同，如果没有使用 catch() 方法指定错误处理的回调函数，那么 Promise 对象抛出的错误不会传递到外层代码，即不会有任何反应。

3.12.2　创建已处理的 Promise

如果要将一个现有的对象转换为 Promise 对象，可以调用 Promise.resolve() 方法，该方法接受一个参数并返回一个完成状态的 Promise，之后在返回的 Promise 对象上调用 then() 方法来获取值。例如：

```
const promise = Promise.resolve("Hello Vue.js");
promise.then(value => console.log(value));     // Hello Vue.js
```

Promise.resolve() 方法的参数分为以下 3 种情况：

（1）如果参数是一个 Promise 实例，那么将直接返回这个 Promise，不做任何改动。

（2）如果参数是一个 thenable 对象（即具有 then() 方法的对象），那么会创建一个新的 Promise 对象，并立即执行 thenable 对象的 then() 方法，返回的 Promise 对象的最终状态由 then() 方法的执行决定。例如：

```
const thenable = {
    then(resolve, reject){
        resolve("Hello");
    }
}

const promise = Promise.resolve(thenable);   // 会执行 thenable 对象的 then() 方法
promise.then(value => console.log(value));   // Hello
```

（3）如果参数为空，或者是基本数据类型，或者是不带 then() 方法的对象，那么返回 Promise 对象状态为 fulfilled，并且将参数值传递给对应的 then() 方法。

通常来说，如果不知道一个值是否为 Promise 对象，使用 Promise.resolve(value) 方法返回一个 Promise 对象，这样就能将该 value 以 Promise 对象形式使用。

Promise.reject(reason) 方法也会返回一个新的 Promise 对象，并将给定的失败信息传递给对应的处理方法，返回的 Promise 对象的状态为 rejected。例如：

```
const promise = Promise.reject('fail');
promise.catch(err => console.log(err));   // fail
```

3.12.3　响应多个 Promise

如果需要等待多个异步任务完成后，再执行下一步的操作，那么可以调用 Promise.all() 方法，该方法接受一个参数并返回一个新的 Promise 对象，参数是一个包含多个 Promise 的可迭代对象（如数组）。返回的 Promise 对象在参数给出的所有 Promise 对象都成功的时候才会触发成功，一旦有任何一个 Promise 对象失败，则立即触发该 Promise 对象的失败。这个新的 Promise 对象在触发成功状态以后，会把所有 Promise 返回值的数组作为成功回调的返回值，顺序与可迭代对象中的 Promise 顺序保持一致；如果这个新的 Promise 对象触发了失败状态，它会把可迭代对象中第一个触发失败的 Promise 对象的错误信息作为它的失败错误信息。Promise.all() 方法通常被用于处理多个 Promise 对象的状态集合。

请看下面的代码：

```
const promise1 = Promise.resolve(5);
const promise2 = 10;
const promise3 = new Promise((resolve, reject) => {
  setTimeout(resolve, 100, 'Hello');
});
const promise4 = new Promise((resolve, reject) => {
  throw new Error(" 错误 ");
})

Promise.all([promise1, promise2, promise3]).then(values => {
  console.log(values);
});

Promise.all([promise1, promise2, promise4])
.then(values => {
  console.log(values);
})
.catch(err => console.log(err.message));
```

如果 Promise.all() 方法的参数中包含非 Promise 值，这些值将被忽略，但仍然会被放到返回的数组中（如果所有 Promise 都成功完成）。

上述代码在 Node.js 中的运行结果如下：

```
错误
[ 5, 10, 'Hello' ]
```

ES6 还提供了一个 Promise.race() 方法，同样也是传入多个 Promise 对象，但与 Promise.all() 方法的区别是，该方法是只要有任意一个 Promise 成功或失败，则返回的新的 Promise 对象就会用这个 Promise 对象的成功返回值或失败信息作为参数调用对应的回调函数。

请看下面的代码：

```
const promise1 = Promise.resolve(5);
const promise2 = new Promise((resolve, reject) => {
```

```
  resolve(10);
});
const promise3 = new Promise((resolve, reject) => {
  setTimeout(resolve, 100, 'Hello');
});

Promise.race([promise1, promise2, promise3]).then(value => {
  console.log(value);
});
```

上述代码在 Node.js 中的运行结果如下：

```
5
```

3.13   async 函数

async 函数是在 ES2017 标准中引入的。async 函数是使用 async 关键字声明的函数，async 函数是 AsyncFunction 构造函数的实例。在 async 函数内部可以使用 await 关键字，表示紧跟在后面的表达式需要等待结果。async 和 await 关键字可以用一种更简洁的方式写出基于 Promise 的异步行为，而无须刻意地链式调用 Promise。

3.13.1   基本用法

async 函数会返回一个 Promise 对象，如果一个 async 函数的返回值不是 Promise，那么它会被隐式地包装到一个 Promise 中。

请看下面的代码：

```
async function helloAsync(){
    return "Hello";
}

/*
// 等价于
function helloAsync() {
    return Promise.resolve("Hello");
}
*/

console.log(helloAsync())   // Promise { 'Hello' }

helloAsync().then(v=>{
    console.log(v);              // Hello
})
```

async 函数内部 return 语句返回的值，会成为 then() 方法回调函数的参数。

async 函数中可以有 await 表达式，async 函数执行时，如果遇到 await，就会先暂停执行，等到触发的异步操作完成后，再恢复 async 函数的执行并返回解析值。

请看下面的代码：

```
function asyncOp(){
   return new Promise(resolve => {
       setTimeout(() => {
           console.log(" 延时任务 ");
           resolve();
       }, 1000);
   });
}

async function helloAsync(){
   await asyncOp();
   console.log("Hello");
 }
helloAsync();
```

如果 helloAsync() 函数执行时，在 await 处没有暂停，由于计时器设定的是在 1s 后才执行传入的匿名函数，那么在 Console 窗口中应该先看到 Hello，然后才是 "延时任务"。上述代码在 Node.js 中的运行结果如下：

```
延时任务
Hello
```

async 函数的函数体可以看作是由 0 个或多个 await 表达式分割开来的，从第一行代码开始直到第一个 await 表达式（如果有的话）都是同步运行的。换句话说，一个不含 await 表达式的 async 函数是会同步运行的。然而，如果函数体内有一个 await 表达式，async 函数就一定会异步执行。

在 await 关键字后面，可以是 Promise 对象和原始类型的值。如果是原始类型的值，会自动转成立即 resolved 的 Promise 对象。

3.13.2　await 和并行任务执行

在 async 函数中可以有多个 await 任务，如果多个任务之间并不要求顺序执行，那么可以在 await 后面接 Promise.all() 方法并行执行多个任务。代码如下所示：

```
const resolveAfter2Seconds = function() {
  console.log("starting slow promise");
  return new Promise(resolve => {
    setTimeout(function() {
      resolve("slow");
      console.log("slow promise is done");
    }, 2000);
  });
```

```
};

const resolveAfter1Second = function() {
  console.log("starting fast promise");
  return new Promise(resolve => {
    setTimeout(function() {
      resolve("fast");
      console.log("fast promise is done");
    }, 1000);
  });
};

const parallel = async function() {
  console.log(" 使用 await Promise.all 并行执行任务 ");
  // 并行启动两个任务，等待两个任务都完成
  await Promise.all([
    (async()=>console.log(await resolveAfter2Seconds()))(),
    (async()=>console.log(await resolveAfter1Second()))()
  ]);
}

parallel();
```

上述代码在 Node.js 中的运行结果如下。

```
使用 await Promise.all 并行执行任务
starting slow promise
starting fast promise
fast promise is done
fast
slow promise is done
slow
```

3.13.3   使用 async 函数重写 Promise 链

返回 Promise 的 API 将产生一个 Promise 链，它将函数拆解成许多部分。代码如下所示：

```
function getProcessedData(url) {
  return downloadData(url)          // 返回一个 promise 对象
    .catch(e => {
      return downloadFallbackData(url)  // 返回一个 promise 对象
    })
    .then(v => {
      return processDataInWorker(v);   // 返回一个 promise 对象
    });
}
```

可以重写为单个 async 函数，代码如下所示。

```
async function getProcessedData(url) {
  let v;
  try {
    v = await downloadData(url);
  } catch (e) {
    v = await downloadFallbackData(url);
  }
  return processDataInWorker(v);
}
```

3.13.4　错误处理

如果 async 函数内部抛出错误，则会导致返回的 Promise 对象变为 reject 状态。抛出的错误对象会被 catch() 方法回调函数接收到。代码如下所示：

```
async function helloAsync() {
  await new Promise(function (resolve, reject) {
    throw new Error(' 错误 ');
  });
}

helloAsync().then(v => console.log(v))
            .catch(e => console.log(e.message));  // 错误
```

在上面的代码中，async 函数 helloAsync() 执行后，await 后面的 Promise 对象会抛出一个错误对象，导致 catch() 方法的回调函数被调用，它的参数就是抛出的错误对象。

防止出错的方法是将 await 放到 try/catch 语句中。

```
async function helloAsync() {
  try {
    await new Promise(function (resolve, reject) {
      throw new Error(" 错误 ");
    });
  } catch(e) {
    // 错误处理
  }
  return await('hello');
}
```

如果有多个 await，可以统一放到 try/catch 语句中。

3.14　小　　结

本章对前端开发中经常用到的 ECMAScript 6 的特性和语法进行了简要介绍，方便读者学习和理解本书后面章节的知识，也使对 ECMAScript 6 不熟悉的读者可以快速上手，从而可以在项目中编写更简洁的代码。

读者可以先大致浏览一遍本章的内容，在学习后面章节时如果遇到相关知识点，再回过来学习本章的内容。如果读者已经掌握了 ECMAScript 6，可以跳过本章。

第 4 章 Vue.js 模板语法

Vue.js 使用了基于 HTML 的模板语法，允许开发者声明式地将呈现的 DOM 绑定至底层组件实例的数据。所有的 Vue.js 模板都是有效的 HTML，可以被符合规范的浏览器和 HTML 解析器解析。在底层，Vue 将模板编译为虚拟 DOM 呈现函数，结合响应式系统，当应用程序状态发生变化时，Vue 可以智能地计算出需要重新渲染和应用最小数量 DOM 操作的组件。

本章将介绍 Vue.js 的模板语法。

为了更好地介绍本章的内容，先给出如例 4-1 所示的示例代码。

例 4-1　syntax.html

```
1.  <!DOCTYPE html>
2.  <html>
3.    <head>
4.        <meta charset="UTF-8">
5.        <title>Hello Vue.js</title>
6.    </head>
7.    <body>
8.        <!--View-->
9.        <div id="app">
10.            <!-- 简单的文本插值 -->
11.            <p>{{message}}</p>
12.            <!-- 使用 JavaScript 表达式 -->
13.            <p>{{message.toUpperCase()}}</p>
14.            <!--HTML 代码将以普通文本的方式输出 -->
15.            <p>{{spanHtml}}</p>
16.            <!-- 输出 HTML 代码 -->
17.            <p v-html="spanHtml"></p>
18.            <!-- 使用 v-bind 指令对 HTML 元素的属性进行绑定 -->
19.            <a v-bind:href="url"> 新浪网 </a>
20.        </div>
21.
22.        <script src="https://unpkg.com/vue@next"></script>
23.        <script>
24.            const App = {
25.              data(){
26.                return {
27.                  message: "Hello Vue.js",
28.                    url: "http://www.sina.com.cn/",
29.                    spanHtml: `
30.                      <span style='color: red'>
31.                          HTML 元素，以红色字体显示
```

```
32.                              </span>`
33.                        }
34.                      }
35.                   };
36.               const app = Vue.createApp(App);
37.               const vm = app.mount('#app');
38.         </script>
39.    </body>
40. </html>
```

扫一扫，看视频

4.1 应用程序实例

在一个使用 Vue.js 框架的页面应用程序中，需要创建一个应用程序实例（如例 4-1 中第 36 行代码所示），这个实例将提供应用程序上下文，应用程序实例装载的整个组件树将共享相同的上下文。Vue 3.0 引入 createApp() 是为了解决 Vue 2.x 全局配置带来的一些问题。createApp() 是全局 API，它接受一个根组件选项对象作为参数，该对象可以包含数据、方法、组件生命周期钩子等，然后返回应用程序实例自身。

在组件选项对象中的 data 选项是一个函数（代码第 25～34 行），Vue 在创建组件实例时会调用该函数。data() 函数返回一个数据对象，Vue 会将这个对象包装到它的响应式系统中，即转换为一个代理对象，此代理使 Vue 能够在访问或修改属性时执行依赖项跟踪和更改通知，从而自动重新渲染 DOM。数据对象的每个属性都被视为一个依赖项。

创建了应用程序实例后，可以调用实例的 mount() 方法（代码第 37 行），指定一个 DOM 元素，在该 DOM 元素上装载应用程序实例的根组件，这样这个 DOM 元素中的所有数据变化都会被 Vue 框架所监控，从而实现数据双向绑定。

第 36 和 37 行代码可以链式调用，简写为如下形式：

```
Vue.createApp(App).mount('#app');
```

📑 提示：

例 4-1 第 37 行，在调用应用程序实例的 mount() 方法时将返回的根组件实例赋给了变量 vm，在实际开发中并不要求一定要将根组件实例赋值给某个变量，这里只是为了方便后面内容的讲解，可以通过浏览器的调试让读者更直观地掌握本章的内容。

完成上述步骤后，就可以通过插值进行数据绑定了。

4.2 插　　值

数据绑定最常见的形式就是使用 Mustache 语法（双花括号）的文本插值，如例 4-1 中第 11 行代码所示。

```
<p>{{message}}</p>
```

Mustache 标签会被替换为来自相应组件实例的 message 属性的值。只要绑定的数据对象中的 message 属性发生了改变，插值处的内容就会被更新。

使用 Chrome 浏览器打开例 4-1 的页面，按 F12 键，打开 Chrome 浏览器的开发者工具，如图 4-1 所示。

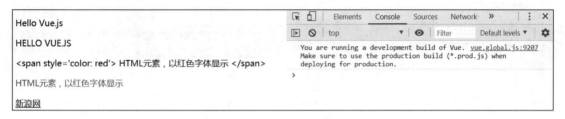

图 4-1　Chrome 浏览器的开发者工具

切换到 Console 窗口，输入 vm.message = "welcome you"，然后按 Enter 键，可以看到页面中的内容同步发生了更新，如图 4-2 所示。

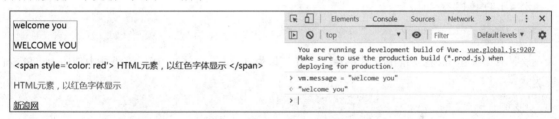

图 4-2　使用 Chrome 浏览器的开发者工具演示数据绑定

✍ 提示：

Vue 在创建组件实例时，会把 data() 函数返回的数据对象保存到组件实例的 $data 属性中，同时为了方便访问，数据对象的任何顶层属性也直接通过组件实例公开。也就是说，要访问 message 数据属性，vm.$data.message 和 vm.message 是等价的。

如果绑定的数据中包含了 HTML 代码，那么使用 Mustache 语法（双花括号）把 HTML 代码以普通文本的方式进行输出，也就是说，Vue 内部对 HTML 代码进行了字符转义。例 4-1 在数据对象中定义了 spanHtml 属性（第 29 行），其值是一段 HTML 代码，第 15 行的 {{spanHtml}} 在页面渲染时会被替换为下面的内容：

```
<span style='color: red'>HTML 元素，以红色字体显示</span>
```

如果要输出真正的 HTML 代码，以便浏览器能够正常解析，需要使用 v-html 指令（关于指令，请参看 4.3 节和第 5 章），如例 4-1 第 17 行代码所示。

Mustache 语法不能作用于 HTML 元素的属性上，要解决 HTML 元素属性值的绑定问题，需要使用 v-bind 指令。例 4-1 在数据对象中定义了 url 属性（第 28 行），第 19 行的代码如下：

```
<a v-bind:href="url">新浪网 </a>
```

使用 v-bind 指令将 url 属性和 <a> 元素的 href 属性进行了绑定。读者可以在 Chrome 浏览器的 Console 窗口中改变 url 的值，查看 <a> 元素的 href 属性是否同步发生改变，如图 4-3 所示。

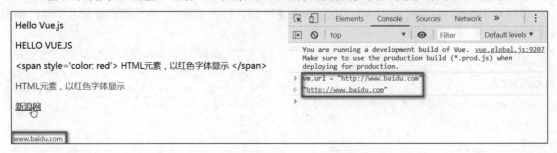

图 4-3　演示 HTML 元素的属性绑定

除了绑定简单的属性值外，对于所有的数据绑定，Vue.js 还提供了完全的 JavaScript 表达式支持。

例 4-1 的第 13 行代码：

```
<p>{{message.toUpperCase()}}</p>
```

这是一个使用 JavaScript 表达式的例子。还可以像如下代码一样，在插值语法中使用 JavaScript 表达式。

```
{{ a + b }}
{{ isLogin ? username : 'not login' }}
{{ message.split('').reverse().join('') }}
<div v-bind:id="'list-' + id"> </div>
```

这些表达式会在当前活动实例的数据范围内作为 JavaScript 进行计算。**需要注意的是，每个绑定都只能包含单个表达式**，所以下面的示例都不会生效。

```
<!-- 这是语句，不是表达式 -->
{{ var a = 1 }}
<!-- if 语句也不会生效，可以使用三元表达式来代替 -->
{{ if (ok) { return message } }}
```

扫一扫，看视频

4.3　指　　令

指令是带有 v- 前缀的特殊属性，其值限定为单个表达式。指令的作用是，当表达式的值发生改变时，将这个变化（即响应式系统中的副作用，effect）反映到 DOM 上。例如，下面代码中的 v-if 指令将根据表达式 show 的值的真假来决定是插入还是删除 <p> 元素。

```
<p v-if="show"> 你能看到我吗 </p>
```

此外，一些指令还可以带有参数，在指令名称之后以冒号表示，如 v-bind 和 v-on 指令。代码示例如下：

```
<a v-bind:href="url"> 新浪网 </a>
<button v-on:click="sayGreet">Greet</button>
```

v-bind 指令用于响应式地更新 HTML 属性；v-on 指令用于监听 DOM 事件。

📝 提示：

因为 v-bind 和 v-on 指令经常被使用，因此，Vue.js 为这两个指令提供了简写语法。代码如下所示：

```
<!-- 完整语法 -->
<a v-bind:href="url"> 中国水利水电出版社 </a>
<!-- 简写语法 -->
<a :href="url"> 中国水利水电出版社 </a>
<!-- 完整语法 -->
<button v-on:click="sayGreet">Greet</button>
<!-- 简写语法 -->
<button @click="sayGreet">Greet</button>
```

从 Vue.js 2.6.0 版本开始，指令的参数可以是动态参数，语法为指令 :[JavaScript 表达式]。代码示例如下：

```
<a v-bind:[attribute]="url"> 新浪网 </a>
```

这里的 attribute 会被作为一个 JavaScript 表达式进行动态求值，求得的值将作为最终的参数使用。假设组件实例中有一个数据对象属性为 attribute，其值为 href，那么这个绑定将等价于 v-bind:href。如果 attribute 的值计算为 null，那么这个绑定将被删除。最后的渲染结果如下。

```
<a> 新浪网 </a>
```

在 DOM 中使用模板时（直接在一个 HTML 文件里编写模板），还需要避免使用大写字符命名动态参数，这是因为浏览器会把元素的属性名全部强制转换为小写字符。代码如例 4-2 所示。

例 4-2　DynamicParameter.html

```
<!DOCTYPE html>
<html>
    <head>
        <meta charset="UTF-8">
        <title>Hello Vue.js</title>
    </head>
    <body>
        <!--View-->
        <div id="app">
```

```
            <a v-bind:[attributeName]="url"> 新浪网 </a>
        </div>

        <script src="https://unpkg.com/vue@next"></script>
        <script>
            var vm = Vue.createApp({
                data(){
                    return{
                        attributeName: "href",
                        url: "http://www.sina.com.cn/"
                    }
                }
            }).mount('#app');
        </script>
    </body>
</html>
```

浏览器在加载该页面时，会将 v-bind:[attributeName] 转换为 v-bind:[attributename]，之后 Vue 框架的核心代码在解析动态参数 attributename 时，发现在组件实例的数据对象中找不到 attributename 属性（数据对象中定义的是 attributeName 属性），于是会提示一个警告信息：Property "attributename" was accessed during render but is not defined on instance。

使用动态参数时，还需要注意的是，不要使用复杂的表达式，因为 HTML 元素的属性命名是有规范的。例如，名称中不能有空格或引号。下面的代码将不能正常运行。

```
<a v-bind:['foo' + bar]="value"> ... </a>
```

4.4 小   结

本章介绍了 Vue.js 的模板语法，包括数据绑定和指令的使用，数据绑定分为模板文本中的绑定和 HTML 元素属性值的绑定；Vue.js 中内置的指令有些不需要带参数，有些需要带参数。关于指令，详见第 5 章。

后续章节会详细介绍 Vue.js 框架的应用。

第 5 章 指 令

指令是带有 v- 前缀的特殊属性，其值限定为单个表达式。指令的作用是，当表达式的值发生改变时，将其产生的连带影响应用到 DOM 上。

本章将介绍 Vue.js 内置的指令和自定义指令的开发。

5.1 内置指令

Vue.js 针对一些常用的页面功能提供了以指令封装的使用形式，以 HTML 元素属性的方式使用，这些指令数量并不是很多，相信读者掌握起来也会很快。

5.1.1 v-show

v-show 指令根据表达式值的真假，显示或隐藏 HTML 元素。代码如例 5-1 所示。

扫一扫，看视频

例 5-1　v-show.html

```html
<!DOCTYPE html>
<html>
    <head>
        <meta charset="UTF-8">
        <title>v-show 指令 </title>
    </head>
    <body>
        <div id="app">
            <h1 v-show="yes">Yes!</h1>
            <h1 v-show="no">No!</h1>
            <h1 v-show="age >= 25">Age: {{ age }}</h1>
            <h1 v-show="name.indexOf('Smith') >= 0">Name: {{ name }}</h1>
        </div>

        <script src="https://unpkg.com/vue@next"></script>
        <script>
            const vm = Vue.createApp({
                data() {
                    return {
                        yes: true,
                        no: false,
                        age: 28,
                        name: 'Will Smith'
```

```
                    }
                }
            }).mount('#app');
        </script>
    </body>
</html>
```

我们用 Chrome 浏览器打开例 5-1 所示的页面，并按 F12 键调出开发者工具，切换到 Elements 窗口，展开 <div> 元素，如图 5-1 所示。

图 5-1　v-show.html 页面

从图 5-1 中可以看到，因为数据对象中的 no 属性为 false，因此使用 v-show 指令计算 no 表达式的 <h1> 元素没有显示；其他表达式的值都为 true，所以这些表达式所在的 <h1> 元素都正常显示。

从 Chrome 浏览器的 Elements 窗口中可以看到，使用 v-show 指令，元素本身是要被渲染的，至于显示与否是通过设置 CSS 样式属性 display 来控制的，如果表达式的值为 false，则设置样式"display: none;"。接下来切换到 Console 窗口，修改 age 属性的值为 18（vm.age = 18），然后切换回 Elements 窗口，如图 5-2 所示。

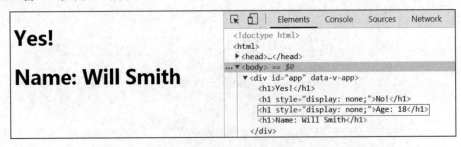

图 5-2　修改 age 属性值后 v-show 页面的显示效果

由此可以进一步确认 v-show 指令是通过 CSS 样式属性 display 控制元素显示与否。

5.1.2　v-if/v-else-if/v-else

v-if、v-else-if、v-else 这 3 个指令用于实现条件判断，先来看一下 v-if 指令。

1. v-if

v-if 指令根据表达式值的真假来生成或删除一个元素。将例 5-1 所示代码中的 v-show 指令替换为 v-if 指令。代码如例 5-2 所示。

例 5-2　v-if.html

```
<!DOCTYPE html>
<html>
    <head>
        <meta charset="UTF-8">
        <title>v-if 指令 </title>
    </head>
    <body>
        <div id="app">
            <h1 v-if="yes">Yes!</h1>
            <h1 v-if="no">No!</h1>
            <h1 v-if="age >= 25">Age: {{ age }}</h1>
            <h1 v-if="name.indexOf('Smith') >= 0">Name: {{ name }}</h1>
        </div>

        <script src="https://unpkg.com/vue@next"></script>
        <script>
            const vm = Vue.createApp({
                data(){
                    return {
                        yes: true,
                        no: false,
                        age: 28,
                        name: 'Will Smith'
                    }
                }
            }).mount('#app');
        </script>
    </body>
</html>
```

使用 Chrome 浏览器打开例 5-2 所示的页面，采用同样的步骤，切换到 Elements 窗口，展开 <div> 元素，如图 5-3 所示。

从图 5-3 中可以看到，包含 no 表达式（值为 false）的 <h1> 元素并没有生成，其他表达式值为 true 的 <h1> 元素正常生成了。也就是说，v-if 指令在 HTML 元素显示与否的实现机制上与 v-show 指令不同，当表达式的值为 false 时，v-if 指令不会创建该元素，只有当表达式的值为 true 时，v-if 指令才会真正创建该元素；而 v-show 指令不管表达式的值是真是假，元素本身都是会被创建的，显示与否是通过 CSS 的样式属性 display 控制的。

切换到 Console 窗口，修改 age 属性的值为 18（vm.age=18），然后切换回 Elements 窗口，如图 5-4 所示。

图 5-3   v-if.html 页面

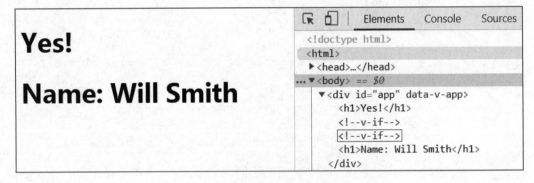

图 5-4   修改 age 属性值后 v-if 页面的显示效果

如果 v-if 需要控制多个元素的创建或删除，可以用 <template> 元素包裹这些元素，然后在 <template> 元素上使用 v-if 指令。

代码如例 5-3 所示。

例 5-3   v-if-template.html

```html
<!DOCTYPE html>
<html>
    <head>
        <meta charset="UTF-8">
        <title>v-if 指令 </title>
    </head>
    <body>
        <div id="app">
            <template v-if="!isLogin">
                <form>
                    <p>username: <input type="text"></p>
                    <p>password: <input type="password"></p>
                </form>
            </template>
```

```
        </div>
        <script src="https://unpkg.com/vue@next"></script>
        <script>
            const vm = Vue.createApp({
                data() {
                    return {
                        isLogin: false
                    }
                }
            }).mount('#app');
        </script>
    </body>
</html>
```

渲染结果如图 5-5 所示。

图 5-5　v-if-template.html 页面

一般来说，v-if 有更高的切换开销，而 v-show 有更高的初始渲染开销。因此，如果需要非常频繁地切换元素的显示或隐藏，则使用 v-show 更好；如果在运行时条件很少改变，则使用 v-if 更好。

2. v-else-if/v-else

v-else-if 指令与 v-if 指令一起使用，可以实现互斥的条件判断。代码如例 5-4 所示。

例 5-4　v-else-if-v-else.html

```
<!DOCTYPE html>
<html>
    <head>
        <meta charset="UTF-8">
        <title></title>
    </head>
```

```
    <body>
        <div id="app">
        <span v-if="score >= 85">优秀</span>
        <span v-else-if="score >= 75">良好</span>
        <span v-else-if="score >= 60">及格</span>
        <span v-else>不及格</div>
        </div>

        <script src="https://unpkg.com/vue@next"></script>
        <script>
            const vm = Vue.createApp({
                data() {
                    return {
                        score: 90
                    }
                }
            }).mount('#app');
        </script>
    </body>
</html>
```

当一个条件满足时，后续的条件都不会再判断。

使用时，v-else-if 和 v-else 要紧跟在 v-if 或 v-else-if 之后。

5.1.3 v-for

顾名思义，v-for 指令就是通过循环的方式渲染一个列表，循环的对象可以是数组，也可以是一个 JavaScript 对象。

扫一扫，看视频

1. v-for 遍历数组

表达式的语法形式为 item in items。其中，items 是源数据数组；item 是被迭代的数组元素的别名。代码如例 5-5 所示。

例 5-5 v-for-array.html

```
<!DOCTYPE html>
<html>
    <head>
        <meta charset="UTF-8">
        <title></title>
    </head>
    <body>
        <div id="app">
            <ul>
                <li v-for="book in books">{{book.title}}</li>
            </ul>
```

```
        </div>
        <script src="https://unpkg.com/vue@next"></script>
        <script>
            const vm = Vue.createApp({
                data() {
                    return {
                        books: [
                                {title: 'Java 无难事 '},
                                {title: 'VC++深入详解 '},
                                {title: 'Servlet/JSP深入详解 '}
                            ]
                    }
                }
            }).mount('#app');
        </script>
    </body>
</html>
```

组件实例的数据对象中定义了一个数组属性 books，然后在 <li> 元素上使用 v-for 指令遍历该数组，这将循环渲染 <li> 元素。在 v-for 块中，可以访问所有父作用域的属性，book 是数组中元素的别名，每次循环，book 的值都被重置为数组当前索引的值，在 <li> 元素内部，可以通过 Mustache 语法引用该变量。

最终渲染结果如图 5-6 所示。

- Java无难事
- VC++深入详解
- Servlet/JSP深入详解

图 5-6　使用 v-for 指令的渲染结果

📝 提示：

v-for 指令的表达式也可以使用 of 替代 in 作为分隔符，它更接近 JavaScript 迭代器的语法，如 <div v-for="item of items"></div>。

v-for 指令的表达式还支持一个可选的参数作为当前项的索引。

修改例 5-5 代码中的 <li> 元素，代码如下所示：

```
<li v-for="(book,index) in books">{{index}} - {{book.title}}</li>
```

多个参数需要放到圆括号中。最后的渲染结果如图 5-7 所示。

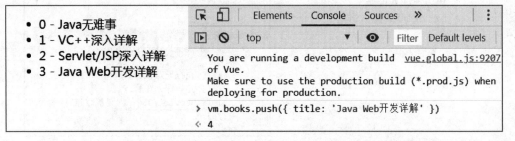

- 0 - Java无难事
- 1 - VC++深入详解
- 2 - Servlet/JSP深入详解

图 5-7　带索引参数后的渲染结果

扫一扫，看视频

2. 数组更新检测

　　Vue 的核心是数据与视图的双向绑定，为了监测数组中元素的变化，以便能及时将变化反映到视图中，Vue 对数组的下列变异方法（mutation method）进行了包裹。

- push()
- pop()
- shift()
- unshift()
- splice()
- sort()
- reverse()

我们可以用 Chrome 浏览器打开例 5-5 所示的页面，调出开发者工具，切换到 Console 窗口，然后输入下面的语句：

```
vm.books.push({ title: 'Java Web 开发详解' })
```

结果如图 5-8 所示。

- 0 - Java无难事
- 1 - VC++深入详解
- 2 - Servlet/JSP深入详解
- 3 - Java Web开发详解

```
Elements    Console    Sources    »    ⋮
▶  ⊘    top                    ▼  👁  Filter  Default levels
You are running a development build    vue.global.js:9207
of Vue.
Make sure to use the production build (*.prod.js) when
deploying for production.
> vm.books.push({ title: 'Java Web开发详解' })
⟨· 4
```

图 5-8　修改数据对象中的数组属性，让变化同步更新到视图中

　　数组中还有一些非变异方法（non-mutating method），如 filter()、concat() 和 slice()，它们不会改变原始数组，而总是返回一个新数组。对于这些方法，要想让 Vue 自动更新视图，可以使用新数组替换原来的数组。

　　依然使用例 5-5 所示的页面，在浏览器的 Console 窗口中输入下面的语句：

```
vm.books = vm.books.concat([{title: 'Java Web 开发详解'}, {title: 'Vue.js 从入门到
实战 '}])
```

结果如图 5-9 所示。

图 5-9 使用新数组替换原始数组,让 Vue 同步视图更新

Vue 在检测到数组变化时,并不是直接重新渲染整个列表,而是最大化地复用 DOM 元素。在替换的数组中,含有相同元素的项不会被重新渲染,因此可以大胆地使用新数组替换旧数组,不用担心性能问题。

3. 过滤与排序

有时想要显示一个数组经过过滤或排序后的版本,但不实际改变或重置原始数据。在这种情况下,可以创建一个计算属性,来返回过滤或排序后的数组。

扫一扫,看视频

例如:

```
<li v-for="n in evenNumbers">{{ n }}</li>

data() {
    return {
        numbers: [ 1, 2, 3, 4, 5 ]
    }

},
computed: {
  evenNumbers() {
    return this.numbers.filter(function (number) {
      return number % 2 === 0
    })
  }
}
```

在计算属性不适用的情况下(如在嵌套 v-for 循环中),也可以使用一个方法。

```
<li v-for="n in even(numbers)">{{ n }}</li>

data() {
    return {
        numbers: [ 1, 2, 3, 4, 5 ]
    }

},
methods: {
    even: function (numbers) {
```

```
        return numbers.filter(function (number) {
            return number % 2 === 0
        })
    }
}
```

扫一扫，看视频

关于计算属性，可参看第 6 章。

4. 遍历整数

v-for 指令也可以接受整数。在这种情况下，它会把模板重复对应次数。代码如下所示：

```
<div>
  <span v-for="n in 10">{{ n }} </span>
</div>
```

输出结果如图 5-10 所示。

图 5-10　遍历整数渲染元素

扫一扫，看视频

5. v-for 遍历对象

遍历对象的语法形式和遍历数组是一样的，即 value in object。其中，object 是被迭代的对象；value 是被迭代的对象属性的别名。

代码如例 5-6 所示。

例 5-6　v-for-object.html

```
<!DOCTYPE html>
<html>
    <head>
        <meta charset="UTF-8">
```

```
            <title></title>
        </head>
        <body>
            <div id="app">
                <ul>
                    <li v-for="value in book">{{value}}</li>
                </ul>
            </div>

            <script src="https://unpkg.com/vue@next"></script>
            <script>
            const vm = Vue.createApp({
                data() {
                    return {
                        book: {
                        title: 'VC++ 深入详解 ',
                        author: ' 孙鑫 ',
                            isbn: '9787121362217'
                            }
                        }
                    }
            }).mount('#app');
            </script>
        </body>
</html>
```

渲染后的结果如图 5-11 所示。

如果要获取对象的属性名，可以使用可选的属性名参数（也就是键名）作为第二个参数。修改例 5-6 代码中的 <li> 元素。代码如下所示：

```
<li v-for="(value, key) in book">{{key}} : {{value}}</li>
```

遍历对象的表达式中还可以使用第 3 个参数作为索引。代码如下所示：

```
<li v-for="(value, key, index) in book">{{index}}. {{key}} : {{value}}</li>
```

最终的渲染结果如图 5-12 所示。

图 5-11　遍历对象的渲染结果　　　　图 5-12　带 3 个参数的表达式遍历对象渲染结果

6. 在 \<template\> 上使用 v-for

类似于 v-if，也可以利用带有 v-for 指令的 \<template\> 循环渲染一段包含多个元素的内容。代码如下所示：

```
<ul>
  <template v-for="item in items">
    <li>{{ item.msg }}</li>
    <li>{{ item.code }}</li>
  </template>
</ul>
```

扫一扫，看视频

7. key 属性

先来看一段代码，如例 5-7 所示。

例 5-7　v-for-key.html

```
<!DOCTYPE html>
<html>
    <head>
        <meta charset="UTF-8">
        <title></title>
    </head>
    <body>
        <div id="app">
            <p>
                ID: <input type="text" v-model="bookId"/>
                书名：<input type="text" v-model="title"/>
                <button v-on:click="add()">添加 </button>
            </p>
            <p v-for="book in books">
                <input type="checkbox">
                <span>ID: {{book.id}} , 书名: {{book.title}}</span>
            </p>
        </div>

        <script src="https://unpkg.com/vue@next"></script>
        <script>
            const vm = Vue.createApp({
                data() {
                    return {
                        bookId: '',
                        title: '',
                        books: [
                          {id: 1 ,title: 'Java 无难事 '},
                          {id: 2, title: 'VC++ 深入详解 '},
                          {id: 3, title: 'Servlet/JSP 深入详解 '}
                          ]
```

```
            }
        },
        methods:{
            add(){
                this.books.unshift({
                    id : this.bookId,
                    title : this.title
                });
                this.bookId = '';
                this.title = '';
            }
        }
    }).mount('#app');
    </script>
  </body>
</html>
```

这段代码预先定义了一个 books 数组对象，通过 v-for 指令遍历该数组，同时提供了两个输入框，在用户输入图书的 ID 和书名后，向数组中添加一个新的图书对象。我们使用的是数组的 unshift() 方法，该方法向数组的开头添加一个或多个元素。

使用 Chrome 浏览器打开例 5-7 所示的页面，先选中图书列表中的第一项，然后输入新的图书 ID 和书名，向 books 数组的开头添加一个新的图书对象，如图 5-13 所示。

单击"添加"按钮，你会发现先前勾选的"Java 无难事"变成了勾选的"Java Web 开发详解"，如图 5-14 所示。

图 5-13　准备添加新的图书

图 5-14　选中的"Java 无难事"变成了数组中的第一项

很显然，这并不是我们想要的结果。产生问题的原因是：当 Vue 正在更新使用 v-for 渲染的元素列表时，它默认使用"就地修补"策略。如果数据项的顺序被改变，Vue 将不会移动 DOM 元素来匹配数据项的顺序，而是就地更新每个元素，并且确保它们在每个索引位置正确渲染。在本例中，当勾选"Java 无难事"的时候，指令记住了勾选的数组下标为 0，当向数组中添加新的元素后，虽然数组长度发生了变化，但是指令只记得当时勾选的数组下标，于是就把新数组中下标为 0 的"Java Web 开发详解"勾选了。

为了给 Vue 一个提示，以便它能跟踪每个节点的身份，从而重用和重新排序现有元素，需要为列表的每一项提供一个唯一 key 属性。key 属性的类型只能是 string 或 number 类型。

修改例 5-7 的代码，在 v-for 指令后添加 key 属性。代码如下所示：

```
<p v-for="book in books" v-bind:key="book.id">
```

在浏览器中刷新例 5-7 所示的页面，再次输入新的图书信息，添加到图书列表中，可以看到结果显示正确，如图 5-15 所示。

图 5-15   在添加了 key 属性后结果显示正确

扫一扫，看视频

8. v-for 与 v-if 一同使用

如果在渲染一个列表时，对列表中的某些项需要根据条件判断是否渲染，那么就可以将 v-if 和 v-for 联合一起使用。不过，当 v-if 和 v-for 在同一个元素上使用时，v-if 的优先级比 v-for 要高，这意味着 v-if 条件不能访问 v-for 范围内的变量。例如，下面的代码将抛出一个错误，提示 isComplete 属性没有定义。

```
<li v-for="plan in plans" v-if="plan.isComplete">
    {{plan.content}}
</li>
```

要解决这个问题，可以在 <li> 元素外部用 <template> 元素包裹，然后在 <template> 元素上使用 v-for 指令。

代码如例 5-8 所示。

例 5-8   v-for-v-if.html

```
<!DOCTYPE html>
<html>
    <head>
        <meta charset="UTF-8">
        <title></title>
    </head>
    <body>
        <div id="app">
            <h1> 已完成的工作计划 </h1>
            <ul>
                <template v-for="plan in plans">
                    <li v-if="plan.isComplete">
                        {{plan.content}}
                    </li>
                </template>
```

```
            </ul>
            <h1> 未完成的工作计划 </h1>
            <ul>
                <template v-for="plan in plans">
                    <li v-if="!plan.isComplete">
                        {{plan.content}}
                    </li>
                </template>
            </ul>
        </div>

    <script src="https://unpkg.com/vue@next"></script>
    <script>
        const vm = Vue.createApp({
            data() {
                return {
                    plans: [
                        {content: '写《Java 无难事》', isComplete: false},
                        {content: '买菜', isComplete: true},
                        {content: '写PPT', isComplete: false},
                        {content: '做饭', isComplete: true},
                        {content: '打羽毛球', isComplete: false}
                    ]
                }
            }
        }).mount('#app');
    </script>
  </body>
</html>
```

渲染的结果如图 5-16 所示。

需要注意的是，Vue 不建议同时使用 v-if 和 v-for 指令，在需要 v-if 和 v-for 一起使用的场景中，尽量使用计算属性代替。关于计算属性可参看第 6 章。

5.1.4　v-bind

v-bind 指令在 4.2 节中已经介绍过了，主要用于响应更新 HTML 元素的属性，将一个 / 多个属性或一个组件的 prop 动态绑定到表达式。

下面通过例 5-9 学习 v-bind 指令的用法。

例 5-9　v-bind.html

```
<!DOCTYPE html>
<html>
```

已完成的工作计划

- 买菜
- 做饭

未完成的工作计划

- 写《Java 无难事》
- 写PPT
- 打羽毛球

图 5-16　v-for 与 v-if 一起使用的渲染效果

```
    <head>
        <meta charset="UTF-8">
        <title></title>
    </head>
    <body>
        <div id="app">
            <!-- 绑定一个属性 -->
            <img v-bind:src="imgSrc">

            <!-- 简写语法 -->
            <img :src="imgSrc">

            <!-- 动态属性名 -->
            <a v-bind:[attrname]="url">链接</a>

            <!-- 内联字符串拼接 -->
            <img :src="'images/' + fileName">
        </div>

    <script src="https://unpkg.com/vue@next"></script>
    <script>
        const vm = Vue.createApp({
            data() {
                return {
                    attrname: 'href',
                    url: 'http://www.sina.com.cn/',
                    imgSrc: 'images/bg.jpg',
                    fileName: 'bg.jpg'
                }
            }
        }).mount('#app');
    </script>
  </body>
</html>
```

示例中有详细的注释，这里就不赘述了。

v-bind 指令还可以直接绑定一个包含属性名-值对的对象，此时 v-bind 指令不需要接参数，直接使用即可。代码如下所示：

```
<div id="app">
    <!-- 绑定一个有属性的对象 -->
<form v-bind="formObj">
        <input type="text">
</form>
</div>

<script>
    const vm = Vue.createApp({
```

```
        data() {
            return {
                formObj: {
                    method: 'get',
                    action: '#'
                }
            }
        }
    })).mount('#app');
</script>
```

5.1.5 v-model

扫一扫，看视频

v-model 指令用来在表单 \<input\> \<textarea\> 和 \<select\> 元素上创建双向数据绑定，它会根据控件类型自动选取正确的方法来更新元素。尽管有些神奇，但 v-model 本质上不过是语法糖。它负责监听用户的输入事件以更新数据，并对一些极端场景进行特殊处理。

📝 提示：

> 语法糖（syntactic sugar），也译为糖衣语法，是由英国计算机科学家彼得·约翰·兰达（Peter J. Landin）发明的一个术语，指计算机语言中添加的某种语法，这种语法对语言的功能并没有影响，但是更方便程序员使用。通常来说，使用语法糖能够增加程序的可读性，从而减少程序代码出错的机会。

下面介绍一个简单的例子，代码如例 5-10 所示。

例 5-10 v-model.html

```
<!DOCTYPE html>
<html>
    <head>
        <meta charset="UTF-8">
        <title></title>
    </head>
    <body>
        <div id="app">
            <input type="text" v-model="message">
        </div>

        <script src="https://unpkg.com/vue@next"></script>
        <script>
            const vm = Vue.createApp({
                data() {
                    return {
                        message: 'Hello World'
                    }
                }
            })).mount('#app');
```

```
    </script>
  </body>
</html>
```

使用 Chrome 浏览器打开该页面，可以看到文本输入控件中的内容为 Hello World，调出开发者工具，切换到 Console 窗口，输入下面的内容并按 Enter 键：

```
vm.message = "Welcome you"
```

可以看到输入控件中的内容也发生了改变，如图 5-17 所示。

图 5-17　修改数据属性 message 的值引起输入控件内容的更新

接下来在输入控件中随意输入一些内容，然后在 Console 窗口中输入下面的内容：

```
vm.message
```

可以看到 message 的值也发生了变化，如图 5-18 所示。

图 5-18　修改输入控件中的内容引起数据属性 message 的变化

本节先简单了解一下 v-model 的用法，关于 v-model 作用于表单控件的更多内容，请参看第 9 章。

扫一扫，看视频

5.1.6　v-on

v-on 指令用于监听 DOM 事件，并在触发时运行一些 JavaScript 代码。v-on 指令

的表达式可以是一段 JavaScript 代码，也可以是一个方法的名字或方法调用语句。代码如例 5-11
所示。

例 5-11 v-on.html

```html
<!DOCTYPE html>
<html>
    <head>
        <meta charset="UTF-8">
        <title></title>
    </head>
    <body>
        <div id="app">
            <p>
                <!-- ① click 事件直接使用 JavaScript 语句 -->
                <button v-on:click="count += 1">Add 1</button>
                <span>count: {{count}}</span>
            </p>
            <p>
                <!-- ② click 事件直接绑定一个方法 -->
                <button v-on:click="greet">Greet</button>
                <!-- 简写语法 -->
                <button @click="greet">Greet</button>
            </p>
            <p>
                <!-- ③ click 事件使用内联语句调用方法 -->
                <button v-on:click="say('Hi')">Hi</button>
            </p>
        </div>

        <script src="https://unpkg.com/vue@next"></script>
        <script>
            const vm = Vue.createApp({
                data() {
                    return {
                        count: 0,
                        message: 'Hello, Vue.js!'
                    }
                },
                // 在选项对象的 methods 属性对象中定义方法
                methods: {
                    greet: function() {
                     // 方法的 this 值始终指向组件实例
                        alert(this.message)
                    },
                    // 对象方法的简写语法
                    say(msg) {
                        alert(msg)
```

```
            }
          }
      }).mount('#app');
    </script>
  </body>
</html>
```

说明：

（1）方法是在选项对象的 methods 选项中定义的，该选项是一个对象属性。在 methods 选项中定义的方法，可以直接通过组件实例访问，也可以从组件的模板中访问这些方法。在模板中，方法最常用作事件监听器。

🔊 **注意：**

> 一定不要使用箭头函数定义方法（如 plus: () => this.a++）。这是因为箭头函数绑定的是父级作用域的上下文，所以 this 将不会按照期望指向组件实例，this.a 将为 undefined。

（2）虽然 v-on 指令的表达式中可以直接书写 JavaScript 语句（如例 5-11 中的①），但在实际开发中，由于事件处理逻辑通常比较复杂，所以常用的还是例 5-11 中的②、③形式。

（3）在页面渲染的结果中，并不会在 v-on 指令所在元素上出现对应的 JavaScript 事件属性。例 5-11 渲染的结果如图 5-19 所示。

（4）当组件实例销毁时，所有的事件监听器都会被自动删除，所以无须担心如何清理它们。

如果在事件绑定的方法中需要访问原始的 DOM 事件，可以使用特殊的变量 $event 把它传入方法。我们知道，在单击链接的时候，会跳转到链接指向的页面，然而有时候会根据某个条件是否达成来决定是否跳转，如果条件不满足，这时会调用事件对象的 preventDefault() 方法阻止跳转。**在使用 v-on 指令绑定事件处理器时，就可以使用 $event 传入原始的 DOM 事件对象，然后在事件处理器方法中访问原生的事件对象**。代码如下所示：

图 5-19　例 5-11 渲染的结果

```
<a href="/login" v-on:click="login($event)">登录 </a>

//...
methods: {
    login(event){
        //...
        if(event)
            event.preventDefault();
    }
}
```

上述代码也可以使用事件修饰符 .prevent 实现相同的功能。

此外，在事件方法中如果要访问事件绑定的原始 DOM 元素节点对象，可以调用 event.

currentTarget 得到。

在使用 v-on 指令绑定的事件处理器中可以有多个方法，方法之间用逗号运算符分隔。代码如下所示：

```
<!-- 当单击按钮时，one() 和 two() 方法都将执行 -->
<button @click="one($event), two($event)">
  Submit
</button>

// ...
methods: {
  one(event) {
    // 第一个处理程序逻辑 ...
  },
  two(event) {
    // 第二个处理程序逻辑 ...
  }
}
```

1. 事件修饰符

在事件处理程序中调用 event.preventDefault() 方法或 event.stopPropagation() 方法是非常常见的需求，为了解决这个问题，Vue.js 提供了事件修饰符，让我们可以专注于纯粹的数据逻辑，而不需要考虑如何处理 DOM 事件细节。

修饰符是由圆点（.）开头的指令后缀表示的，紧接在事件名称后书写。针对 v-on 指令，Vue 提供了以下修饰符。

- .stop：调用 event.stopPropagation()。
- .prevent：调用 event.preventDefault()。
- .capture：添加事件监听器时使用 capture 模式。
- .self：仅当事件是从侦听器绑定的元素本身触发时才触发回调。
- .{ keyAlias }：仅当事件是从特定按键触发时才触发回调。
- .once：仅触发一次回调。
- .left：仅当按鼠标左键时触发。
- .right：仅当按鼠标右键时触发。
- .middle：仅当按鼠标中键时触发。
- .passive：以 { passive: true } 模式添加侦听器。

针对前面调用 event.preventDefault() 方法阻止默认的链接跳转行为的需求，使用事件修饰符就可以轻松实现相同的功能。代码如下所示：

```
<a href="/login" v-on:click.prevent ="login"> 登录 </a>

//...
methods: {
    login(){
```

```
        //...
    }
}
```

下面是上述部分事件修饰符的用法。

```
<!-- 阻止单击事件继续传播 -->
<a v-on:click.stop="doThis"></a>

<!-- 提交事件不再重新加载页面 -->
<form v-on:submit.prevent="onSubmit"></form>

<!-- 修饰符可以串联 -->
<a v-on:click.stop.prevent="doThat"></a>

<!-- 只有修饰符 -->
<form v-on:submit.prevent></form>

<!-- 添加事件监听器时使用事件捕获模式 -->
<!-- 即内部元素触发的事件先在该事件处理函数中处理，然后交由内部元素进行处理 -->
<div v-on:click.capture="doThis">...</div>

<!-- 只当在 event.target 是当前元素自身时触发处理函数 -->
<!-- 即事件不是从内部元素触发的 -->
<div v-on:click.self="doThat">...</div>

<!-- 单击事件处理函数将只执行一次 -->
<a v-on:click.once="doThis"></a>

<!-- 对象语法 -->
<button v-on="{ mousedown: doThis, mouseup: doThat }"></button>
```

说明：

（1）DOM 事件规范支持两种事件模型，即捕获型事件和冒泡型事件，捕获型事件从最外层的对象（大部分兼容标准的浏览器使用 window 对象作为最外层对象）开始，直到引发事件的对象；冒泡型事件从引发事件的对象开始，一直向上传播，直到最外层的对象结束。任何发生在 DOM 事件模型中的事件，首先进入捕获阶段，直到达到目标对象，再进入冒泡阶段。v-on 指令提供的 .stop 和 .capture 修饰符即与此有关，所以了解了 JavaScript 的 DOM 事件模型，就很容易理解这两个修饰符的作用。

（2）修饰符可以串联在一起使用，但顺序很重要。例如，使用 v-on:click.prevent.self 会阻止所有的单击，而 v-on:click.self.prevent 只会阻止对元素自身的单击。

（3）如果某个事件只需要响应一次，可以使用 .once 修饰符。

（4）Vue 提供的 .passive 修饰符，与 addEventListener 的 passive 选项相对应。.passive 修饰符对于提高移动设备的性能特别有用。

2. 按键修饰符

在监听键盘事件时，经常需要检查详细的按键，为此，可以在 v-on 监听键盘事件时添加按键修饰符。

```
<!-- 只有在按键是回车键时调用 submit() 方法 -->
<input v-on:keyup.enter="submit">
```

Vue 为最常用的按键提供了以下别名：

- .enter
- .tab
- .delete（捕获"删除"和"退格"键）
- .esc
- .space
- .up
- .down
- .left
- .right

3. 系统修饰键

Vue 还提供了以下系统修饰键，用来实现仅在按下相应按键时才触发鼠标或键盘事件的监听器。

- .ctrl
- .alt
- .shift
- .meta

📢 **注意：**

在 Mac 系统键盘上，meta 对应 command 键（⌘）；在 Windows 系统键盘上，meta 对应 Windows 徽标键（⊞）；在 Sun 操作系统键盘上，meta 对应实心钻石键（◆）。

例如：

```
<!-- Alt + Enter -->
<input @keyup.alt.enter="clear">

<!-- Ctrl + Click -->
<div @click.ctrl="doSomething">Do something</div>
```

📢 **注意：**

修饰键与常规按键并不同，当和 keyup 事件一起使用时，事件触发时修饰键必须处于按下状态，如下面的代码：

```html
<input @keyup.ctrl.c="doSomething">
```

当同时按下 Ctrl+C 键时，doSomething() 方法并不会被调用，只有在按住 Ctrl 键的情况下释放字母键 C 才能触发 doSomething() 方法的调用。要想在同时按下 Ctrl+ 某个键时触发 keyup.ctrl，那么需要用 Ctrl 的虚拟键代码 17 代替 Ctrl 修饰键。代码如下所示：

```html
<input @keyup.17.c="doSomething">
```

4. .exact 修饰符

.exact 修饰符用于精确控制系统修饰符组合触发的事件。

```html
<!-- 即使同时按下 Alt 或 Shift 键，也会触发 -->
<button @click.ctrl="onClick">A</button>

<!-- 只有在按下 Ctrl 键而不按其他键时才会触发 -->
<button @click.ctrl.exact="onCtrlClick">A</button>

<!-- 只有在没有按下系统修饰键时才会触发 -->
<button @click.exact="onClick">A</button>
```

5. 鼠标按钮修饰符

以下鼠标按钮修饰符分别对应鼠标的左键、右键和中键。

- .left
- .right
- .middle

例如，下面的代码只有在鼠标右击的时候才会触发事件处理函数。

```html
<input @click.right="doSomething">
```

扫一扫，看视频

5.1.7　v-text

v-text 指令用于更新元素的文本内容（即元素的 textContent 属性）。代码如例 5-12 所示。

例 5-12　v-text.html

```html
<span v-text="message"></span>
<!-- 等价于
    <span v-text>{{message}}</span>
-->
<script>
    const vm = Vue.createApp({
            data() {
                return {
```

```
                  message: 'Hello Vue.js'
              }
          }
    }).mount('#app');
</script>
```

渲染结果如下：

```
<span>Hello Vue.js</span>
```

如果只是更新文本内容的其中一部分，那么还是用 {{ Mustache }} 插值形式。

📎 提示：

从本小节开始，为了更清晰地展示核心代码，方便读者阅读，一些完整页面中重复或无关的代码就不再列出，如例 5-12 就只给出了核心代码。

5.1.8　v-html

v-html 指令用于更新元素的 innerHTML，该部分内容作为普通的 HTML 代码插入，不会作为 Vue 模板进行编译。在 4.2 节中已经使用过 v-html 指令，这里再给出一个示例。代码如例 5-13 所示。

例 5-13　v-html.html

```
<div v-html="hElt"></div>
<script>
    const vm = Vue.createApp({
            data() {
                return {
                    hElt: "<h1>《Java 无难事》</h1>"
                }
            }
    }).mount('#app');
</script>
```

渲染结果如图 5-20 所示。

图 5-20　使用 v-html 指令的渲染结果

📢 **注意：**

在网站上动态渲染任意的 HTML 是非常危险的，因为很容易导致 XSS 攻击。切记，只在可信的内容上使用 v-html，永远不要在用户提交的内容上使用 v-html。

扫一扫，看视频

5.1.9   v-once

v-once 指令可以让元素或组件只渲染一次，该指令不需要表达式。之后再次渲染时，元素 / 组件及其所有的子节点将被视为静态内容并跳过。这可以用于优化更新性能。

下面看例 5-14 所示代码。

例 5-14   v-once.html

```html
<!DOCTYPE html>
<html>
    <head>
        <meta charset="UTF-8">
        <title></title>
        <style>
            a {
                margin: 20px;
            }
        </style>
    </head>
    <body>
        <div id="app">
            <h1>{{title}}</h1>
            <a v-for="nav in navs":href="nav.url" v-once>{{nav.name}}</a>
        </div>

        <script src="https://unpkg.com/vue@next"></script>
        <script>
            const vm = Vue.createApp({
                data() {
                    return {
                        title: 'v-once 指令的用法 ',
                            navs: [
                                {name: ' 首页 ', url: '/home'},
                                {name: ' 新闻 ', url: '/news'},
                                {name: ' 视频 ', url: '/video'},
                            ]
                    }
                }
            }).mount('#app');
        </script>
    </body>
</html>
```

渲染结果如图 5-21 所示。

图 5-21　例 5-14 页面的渲染结果

有的读者可能会问，貌似不用 v-once 指令，渲染结果也是这样吧？确实，v-once 指令在首次渲染时，是看不出有什么不同的。下面切换到 Console 窗口，输入下面的语句并按 Enter 键。

```
vm.navs.push({name: '论坛', url: '/bbs'})
```

我们会发现页面没有任何变化，如图 5-22 所示，这就是 v-once 指令的作用，只渲染一次，渲染的结果在之后将作为静态内容而存在。

图 5-22　修改 navs 数组的内容并未引起视图的更新

5.1.10　v-pre

v-pre 指令也不需要表达式，用于跳过这个元素及其所有子元素的编译。v-pre 指令可以用来显示原始 Mustache 标签。对于大量没有指令的节点使用 v-pre 指令可以加快编译速度。

下面看例 5-15 所示代码。

例 5-15　v-pre.html

```
<h1 v-pre>{{message}}</h1>
<script>
    const vm = Vue.createApp({
```

扫一扫，看视频

```
    data() {
        return {
            message: 'Java 无难事 ',
        }
    }
}).mount('#app');
</script>
```

渲染结果为 {{message}}。

5.1.11　v-cloak

　　v-cloak 指令也不需要表达式，这个指令保留在元素上直到关联的组件实例编译结束，编译结束后该指令被移除。当和 CSS 规则（如 [v-cloak] { display: none }）一起使用时，这个指令可以隐藏未编译的 Mustache 标签直到组件实例准备完毕。

　　下面看例 5-16 所示代码。

例 5-16　v-cloak.html

```
<!DOCTYPE html>
<html>
    <head>
        <meta charset="UTF-8">
        <title></title>
        <style>
            [v-cloak] {
                display: none;
            }
        </style>
    </head>
    <body>
        <div id="app">
            <h1 v-cloak>{{message}}</h1>
        </div>

        <script src="https://unpkg.com/vue@next"></script>
        <script>
            const vm = Vue.createApp({
                data() {
                    return {
                        message: 'Vue.js 无难事 '
                    }
                }
            }).mount('#app');
        </script>
    </body>
</html>
```

浏览器在加载页面时，如果网速较慢或页面较大，那么浏览器在构造完 DOM 树后会在页面中直接显示 {{message}} 字样，直到 Vue 的 JS 文件加载完毕，组件实例创建、模板编译后，{{message}} 才会被替换为数据对象中的内容。在这个过程中，页面是会有闪烁的，这给用户的体验很不好。如果加上一项 CSS 规则：[v-cloak] { display: none }，配合 v-cloak 指令一起使用，就可以解决这个问题，如例 5-16 所示。

在使用 Vue.js 独立版本的页面开发中，使用 v-cloak 解决初始化慢所导致的页面闪烁是非常有效的。但是在较大的项目中，由于都是采用模块化的开发，项目的主页面只有一个空的 div 元素，剩下的内容都是由路由去挂载不同的组件来完成的，也就没必要使用 v-cloak 指令了。

5.1.12　v-slot

v-slot 指令用于提供命名的插槽或需要接收 prop 的插槽。详细内容请参看 10.6.3 小节和 10.6.4 小节。

5.2　自定义指令

前面介绍了 Vue 中的内置指令，这些指令可以满足大多数业务需求，然而，在某些特殊情况下，我们希望可以对普通的 DOM 元素进行底层操作，这时就要用到自定义指令。

5.2.1　自定义指令的注册

自定义指令需要注册后才能使用，Vue 提供了两种注册方式：全局注册和本地注册。全局注册使用应用程序实例的 directive() 方法注册一个全局自定义指令，该方法接受两个参数，第一个参数是指令的名字；第二个参数是一个定义对象或函数对象，将指令要实现的功能在这个对象中定义。语法形式如下：

```
app.directive( name, [definition] )
```

例如，要编写一个让元素自动获取焦点的全局指令。代码如下所示：

```
const app = Vue.createApp({});
app.directive('focus', {
  ...
})
```

本地注册是在组件实例的选项对象中使用 directives 选项进行注册。代码如下所示：

```
directives: {
  focus: {
    // 指令定义
    mounted(el) {
      el.focus()
    }
  }
}
```

然后在模板中就可以在任何元素上使用 v-focus 指令了，例如：

```
<input v-focus>
```

5.2.2　钩子函数

自定义指令的功能是在定义对象中实现的，而定义对象则是由钩子函数组成的，Vue 提供了下面几个钩子函数，这些钩子函数都是可选的。

- beforeMount：当指令第一次绑定到元素并且在挂载父组件之前调用。指令如果需要一些一次性的初始化设置，可以放到这个钩子函数中。
- mounted：在挂载绑定元素的父组件时调用。
- beforeUpdate：指令所在组件的 VNode 更新之前调用。
- updated：指令所在组件的 VNode 及其子组件的 Vnode 全部更新后调用。
- beforeUnmount：在卸载绑定元素的父组件之前调用。
- unmounted：只调用一次，指令与元素解绑且父组件已卸载时调用。

扫一扫，看视频

根据指令要实现功能的不同，选择相应的钩子函数来编写代码。例如，5.2.1 小节中的 v-focus 指令，我们希望在绑定元素被挂载到 DOM 时就自动获得焦点，那么就可以在 mounted 钩子函数中编写自动聚焦的代码，代码如例 5-17 所示。

例 5-17　v-focus.html

```
<div id="app">
    <input v-focus>
</div>

<script>
    const app = Vue.createApp({});
    // 注册一个全局自定义指令
    app.directive('focus', {
            // 当绑定元素被挂载到 DOM 中时
        mounted(el) {
            // 聚焦元素
            el.focus()
        }
    })
    app.mount('#app')
</script>
```

浏览器中的显示效果如图 5-23 所示。

指令的钩子函数可以带有一些参数，例 5-17 中 mounted 函数的 el 参数就是其中之一，这些参数如下。

（1）el：指令所绑定的元素，可以用来直接操作 DOM。

（2）binding：一个对象，包含以下属性。

图 5-23　使用 v-focus 指令后的渲染效果

1）instance：使用指令的组件的实例。

2）value：传给指令的值。例如，在 v-my-directive="1 + 1" 中，value 的值为 2。

3）oldValue：前一个值，仅在 beforeUpdate 和 updated 钩子中可用。无论值是否改变都可用。

4）arg：传给指令的参数，可选。例如，在 v-my-directive:foo 中，arg 的值为 "foo"。

5）modifiers：一个包含修饰符的对象。例如，在 v-my-directive.foo.bar 中，modifiers 对象的值为 { foo: true, bar: true }。

6）dir：注册指令时作为参数传递的对象。如下面注册指令的代码：

```
app.directive('focus', {
  mounted(el) {
    el.focus()
  }
})
```

dir 是下面的对象。

```
{
  mounted(el) {
    el.focus()
  }
}
```

（3）vnode：Vue 编译生成的虚拟节点。

（4）oldVnode：上一个虚拟节点，仅在 beforeUpdate 和 updated 钩子中可用。

需要注意的是，除了 el 参数外，其他参数都应该是只读的，切勿进行修改。

下面编写一个自定义指令，在其钩子函数中将各个参数输出。代码如例 5-18 所示。

例 5-18　HookFunction.html

```
<div id="app">
    <p v-demo:foo.a.b="message"></p>
</div>

<script>
    const app = Vue.createApp({
        data() {
            return {
                message: 'Java 无难事'
            }
        }
    })

    app.directive('demo', {
        mounted (el, binding, vnode) {
            let s = JSON.stringify
            el.innerHTML =
                'instance: '  + s(binding.instance) + '<br>' +
```

```
                            'value: '     + s(binding.value) + '<br>' +
                            'argument: '  + s(binding.arg) + '<br>' +
                            'modifiers: ' + s(binding.modifiers) + '<br>' +
                            'vnode keys: ' + Object.keys(vnode).join(', ')
                }
        })
        app.mount('#app')
</script>
```

我们将 bind 钩子函数的所有参数信息取出来拼接成字符串，赋值给 `<div>` 元素的 innerHTML 属性。渲染结果如下：

```
instance: {"message":"Java 无难事 "}
value: "Java 无难事 "
argument: "foo"
modifiers: {"a":true,"b":true}
vnode keys: __v_isVNode, __v_skip, type, props, key, ref, scopeId, children,
component, suspense, ssContent, ssFallback, dirs, transition, el, anchor, target,
targetAnchor, staticCount, shapeFlag, patchFlag, dynamicProps, dynamicChildren,
appContext
```

5.2.3　动态指令参数

在 4.3 节中已经介绍过指令的参数可以是动态参数，同样地，自定义的指令也可以使用动态参数。例如，在 v-mydirective:[argument]="value" 中，argument 参数可以根据组件实例数据进行更新，这使自定义指令可以在应用中被灵活使用。

例如，我们想让某个元素固定在页面中的某个位置，在出现滚动条时，元素也不会随着滚动。这可以通过设置 CSS 样式属性 position 为 fixed 来实现，同时使用 top、right、bottom 和 left 等属性以窗口为参考点进行定位。下面通过自定义指令来实现这个功能，如例 5-19 所示。

扫一扫，看视频

例 5-19　DynamicDirectiveArgument.html

```
<div id="app">
    <!-- 直接给出指令的参数 -->
    <p v-pin:top = "100">
        Java 无难事
    </p>
    <!-- 使用动态参数 -->
    <p v-pin:[direction]="100">
        Java 无难事
    </p>
</div>

<script>
    const app = Vue.createApp({
        data() {
```

```
                return {
                    direction: 'left'
                }
            }
        })
        app.directive('pin', {
          beforeMount(el, binding, vnode) {
            el.style.position = 'fixed';
            let s = binding.arg || 'left';
            el.style[s] = binding.value + 'px'
          }
        })
        app.mount('#app')
</script>
```

浏览器中的显示结果如图 5-24 所示。

5.2.4　函数简写

如果自定义指令在 mounted 和 updated 钩子函数中的行为一致，且只需要用到这两个钩子函数，那么可以在注册时传递一个函数对象作为参数。代码如下所示：

图 5-24　例 5-19 页面渲染效果

```
app.directive('color-swatch', (el, binding) => {
  el.style.backgroundColor = binding.value
})
```

5.2.5　对象字面量

如果指令需要多个值，则可以传入一个 JavaScript 对象字面量。但要记住的是，指令可以接受所有合法的 JavaScript 表达式。

```
<div v-demo="{ color: 'white', text: 'hello!' }"></div>

app.directive('demo', (el, binding) => {
  console.log(binding.value.color) //"white"
  console.log(binding.value.text)  //"hello!"
})
```

5.3　实　　例

5.3.1　通过指令实现下拉菜单

下拉菜单在实际应用中很常见，当鼠标移动到某个菜单上时会弹出一个子菜单列表，每个子菜单项都是可以单击的，当鼠标移出整个菜单列表区域，子菜单列表隐藏。

　　为了让读者对指令的应用有更深的认识，这里模仿天猫首页的下拉菜单给出一个自己的实现。最终的呈现效果如图 5-25 所示。

图 5-25　本案例下拉菜单的展示效果

　　菜单是导航链接的另一种呈现形式，通常用 <a> 元素定义。在页面中编写菜单时，一种方式是将所有的菜单和子菜单项硬编码实现，换句话说，就是一堆 <a> 元素堆砌在一起；另一种方式是把菜单和子菜单项按照层级关系定义为一个大的 JavaScript 对象，然后通过脚本动态呈现。前者实现起来简单、直观，但扩展和维护不方便；后者定义的对象稍显复杂，但扩展和维护很方便，此外，还能让模板代码更为简洁清晰。本案例采用第二种方式，然后按照菜单的层级关系通过嵌套的 v-for 指令循环输出。

　　在 Vue 实例的数据属性中定义一个 menus 数组，将各个顶层菜单定义为一个对象，作为数组中的元素，子菜单作为顶层菜单对象的属性嵌套定义。代码如下所示：

```
data: {
  menus: [
    {
      name: '我的淘宝 ', url: '#', show: false, subMenus: [
          {name: '已买到的宝贝 ', url: '#'},
          {name: '已卖出的宝贝 ', url: '#'}
        ]
    },
    {
      name: '收藏夹 ', url: '#', show: false, subMenus: [
          {name: '收藏的宝贝 ', url: '#'},
          {name: '收藏的店铺 ', url: '#'}
        ]
    }
  ]
}
```

　　我们为每一个顶层菜单对象定义了一个 show 属性，初始值为 false，该属性主要用于控制其下的子菜单是否显示。前面已经说过，下拉菜单的子菜单列表初始是不显示的，只有当鼠标移动到顶层菜单上时才会显示，当鼠标移动到菜单列表外面，子菜单列表要隐藏。这里定义的 show 属性就是用来标记这两种情况的，当需要显示时，将 show 设置为 true；当需要隐藏时，将 show 设置为 false。

　　接下来就该使用 v-for 指令循环输出菜单了。对于这种有多个菜单的，采用 v-for 指令进行渲染是非常方便的，菜单可能有二级菜单、三级菜单，这都没关系，无非就是嵌套使用多个 v-for 指令。

另外，子菜单的显示是鼠标移动到顶层菜单上，隐藏是鼠标移动到顶层菜单外部，因此还需要为所有的顶层菜单绑定两个鼠标事件：mouseover 和 mouseout。最终的代码如下所示。

```html
<div id = "app" v-cloak>
    <li v-for="menu in menus"
        @mouseover="menu.show = !menu.show" @mouseout="menu.show = !menu.show">
        <a :href="menu.url" >
            {{menu.name}}
        </a>
        <ul v-show="menu.show">
            <li v-for="subMenu in menu.subMenus">
                <a :href="subMenu.url">{{subMenu.name}}</a>
            </li>
        </ul>
    </li>
</div>
```

说明：

（1）在 <div> 元素中使用了 v-cloak 指令避免页面加载时的闪烁问题，当然，这需要和 CSS 样式规则 [v-cloak] { display: none } 一起使用。

（2）绑定 mouseover 和 mouseout 事件时采用了 v-on 指令的简写语法，menu.show 初始为 false，因此 @mouseover 的表达式计算结果是将 menu.show 设为 true，而 @mouseout 表达式的计算结果是将 menu.show 设为 false。

（3）子菜单放在一个 <ul> 元素内部，在该元素上使用 v-show 指令根据表达式 menu.show 的值动态控制子菜单的隐藏和显示。这里不适合使用 v-if 指令，因为子菜单的显示和隐藏可能会频繁切换。

本例主要的逻辑代码就是上面列出的，剩下的主要是 CSS 样式的设置。完整的代码如例 5-20 所示。

扫一扫，看视频

例 5-20　menu.html

```html
<!DOCTYPE html>
<html>
    <head>
        <meta charset="UTF-8">
        <title></title>
        <style>
            body {
                width: 600px;
            }
            a {
                text-decoration: none;
                display: block;
                color: #fff;
                width: 120px;
```

```
            height: 40px;
            line-height: 40px;
            border: 1px solid #fff;
            border-width: 1px 1px 0 0;
            background: #255f9e;
        }
        li {
            list-style-type: none;
        }
        #app > li {
            list-style-type: none;
            float: left;
            text-align: center;
            position: relative;
        }
        #app li a:hover {
            color: #fff;
            background: #ffb100;
        }
        #app li ul {
            position: absolute;
            left: -40px;
            top: 40px;
            margin-top: 1px;
            font-size: 12px;
        }
        [v-cloak] {
            display: none;
        }
    </style>
</head>
<body>
    <div id = "app" v-cloak>
        <li v-for="menu in menus" @mouseover="menu.show = !menu.show"
@mouseout="menu.show = !menu.show">
            <a :href="menu.url" >
                {{menu.name}}
            </a>
            <ul v-show="menu.show">
                <li v-for="subMenu in menu.subMenus">
                    <a :href="subMenu.url">{{subMenu.name}}</a>
                </li>
            </ul>
        </li>
    </div>

    <script src="https://unpkg.com/vue@next"></script>
    <script>
```

```
            const data = {
              menus: [
                {
                      name: '我的淘宝', url: '#', show: false, subMenus: [
                              {name: '已买到的宝贝', url: '#'},
                              {name: '已卖出的宝贝', url: '#'}
                          ]
                },
                {
                      name: '收藏夹', url: '#', show: false, subMenus: [
                              {name: '收藏的宝贝', url: '#'},
                              {name: '收藏的店铺', url: '#'}
                          ]
                }
              ]
            };
            const vm = Vue.createApp({
              data() {
                  return data;
              }
            }).mount('#app');
        </script>
    </body>
</html>
```

5.3.2　使用自定义指令实现随机背景色

有时候会使用一幅图片作为网页中某个元素的背景图, 当网络状况不好时, 或者图片本身较大时, 图片的加载会比较慢, 在这种情况下, 可以先在该元素的区域用随机的背景色填充, 等图片加载完成后, 再把元素的背景替换为图片。

使用自定义指令可以很方便地实现上述功能。代码如例 5-21 所示。

例 5-21　v-img.html

```
<!DOCTYPE html>
<html>
    <head>
        <meta charset="UTF-8">
        <title></title>

        <style>
            div{
                width: 567px;
                height: 567px;
            }
        </style>
```

```
    </head>
    <body>
        <div id="app">
            <div v-img="'images/bg.jpg'"></div>
        </div>

        <script src="https://unpkg.com/vue@next"></script>
        <script>
            const app = Vue.createApp({});
            app.directive('img', {
                mounted: function(el, binding){
                    let color = Math.floor(Math.random()* 1000000);
                    el.style.backgroundColor = '#' + color;
                    let img = new Image();
                    img.src = binding.value;
                    img.onload = function(){
                        el.style.backgroundImage='url('+ binding.value + ')';
                    }
                }
            })
            app.mount('#app');
        </script>
    </body>
</html>
```

相信通过本节的学习，读者对指令的应用会有更好的认识。

5.4 小　结

本章详细介绍了 Vue 的内置指令，常用的指令就是 v-if、v-for、v-on、v-bind 和 v-model，读者可重点掌握这 5 个指令的用法，在需要用到其他指令时，可以再回顾本章的内容。

此外，本章还介绍了自定义指令的开发。不过要注意的是，自定义指令只应该用于封装对 DOM 的操作，不要将其用作别的用途。在某些特殊需求下，通过自定义指令封装 DOM 操作，可以简化代码的编写，提高重用性。

第6章 计算属性

在模板中使用表达式非常方便，但如果表达式的逻辑过于复杂，模板就会变得臃肿不堪且难以维护。例如：

```
<div id="app">
    <p>{{ message.split('').reverse().join('') }}</p>
</div>
```

Mustache 语法中的表达式调用了 3 个方法来最终实现字符串的反转，逻辑过于复杂，如果在模板中还要多次引用此处的翻转字符串，就更加难以处理了，这时就应该使用计算属性。

6.1 计算属性的定义

表达式的逻辑过于复杂的时候，应当考虑使用计算属性。计算属性是以函数形式，在选项对象的 computed 选项中定义。我们将上面字符串翻转的功能使用计算属性实现。代码如例 6-1 所示。

扫一扫，看视频

例 6-1 ComputedProperties.html

```
<div id="app">
  <p>原始字符串：{{ message }}</p>
  <p>计算后的反转字符串：{{ reversedMessage }}</p>
</div>

<script>
  const vm = Vue.createApp({
      data() {
          return {
              message: 'Hello，Java 无难事！'
          }
      },
      computed: {
          // 计算属性的 getter
          reversedMessage(){
              return this.message.split('').reverse().join('');
          }
      }
  }).mount('#app');
</script>
```

在例 6-1 中，我们声明了一个计算属性 reversedMessage，可以像普通属性一样将数据绑定到模板中的计算属性。

例 6-1 在浏览器中的渲染结果如下：

> 原始字符串：Hello, Java 无难事！
>
> 计算后的反转字符串：！事难无 avaJ, olleH

当 message 属性的值改变时，reversedMessage 的值也会自动更新，并且会自动同步更新 DOM 部分。在浏览器的 Console 窗口中修改 vm.message 的值，可以发现 reversedMessage 的值也会随之改变。

扫一扫，看视频

计算属性默认只有 getter，因此是不能直接修改计算属性的，如果需要，则可以提供一个 setter。代码如例 6-2 所示。

例 6-2　ComputedPropertiesSetter.html

```html
<div id="app">
  <p>First name: <input type="text" v-model="firstName"></p>
  <p>Last name: <input type="text" v-model="lastName"></p>
  <p>{{ fullName }}</p>
</div>

<script>
    const vm = Vue.createApp({
      data() {
          return {
              firstName: 'Smith',
              lastName: "Will"
          }
      },
      computed: {
        fullName: {
            // getter
            get() {
                return this.firstName + ' ' + this.lastName
            },
            // setter
            set(newValue) {
                let names = newValue.split(' ')
                this.firstName = names[0]
                this.lastName = names[names.length - 1]
            }
        }
      }
    }).mount('#app');
</script>
```

任意修改 firstName 或 lastName 的值，fullName 的值也会自动更新，这是调用它的 getter() 函数实现的。在浏览器的 Console 窗口中输入 vm.fullName = "Bruce Willis"，可以看到 firstName 和 lastName 的值也同时发生了改变，这是调用 fullName 的 setter 函数实现的。

6.2　计算属性的缓存

复杂的表达式也可以放到方法中实现，然后在绑定表达式中调用方法即可。例 6-3 的代码使用方法实现了字符串的翻转，最终结果和例 6-1 使用计算属性相同。

扫一扫，看视频

例 6-3　method.html

```
<div id="app">
  <p>原始字符串：{{ message }}</p>
  <p>方法调用后的反转字符串：{{ reversedMessage() }}</p>
</div>

<script>
    const vm = Vue.createApp({
        data() {
            return {
              message: 'Hello，Vue.js 无难事！'
            }
        },
        methods: {
            reversedMessage() {
                return this.message.split('').reverse().join('');
            }
        }
    }).mount('#app');
</script>
```

既然使用方法能实现与计算属性相同的结果，那么还有必要使用计算属性吗？答案是有必要，这是因为计算属性是基于它的响应式依赖进行缓存的，只有在计算属性的相关响应式依赖发生改变时才会更新值。这就意味着只要 message 还没有发生改变，多次访问 reversedMessage 计算属性会立即返回之前的计算结果，而不会再次执行函数；而如果采用方法，那么不管什么时候访问 reversedMessage()，该方法都会被调用。

为了对计算属性和方法的区别有更直观的认识，下面给出一个示例代码，同时使用方法和计算属性。代码如例 6-4 所示。

例 6-4　ComputedPropertiesAndMethods.html

```
<!DOCTYPE html>
<html>
    <head>
            <meta charset="UTF-8">
            <title>计算属性</title>
```

```
        </head>
        <body>
            <div id="app">
                <p>原始字符串：{{ message }}</p>
                <p>计算后的反转字符串：{{ reversedMessage }}</p>
                <p>方法调用后的反转字符串：{{ reversedMessage2() }}</p>
            </div>

            <script src="https://unpkg.com/vue@next"></script>
            <script>
                const vm = Vue.createApp({
                data() {
                    return {
                    message: 'Hello, Vue.js 无难事！'
                    }
                },
                computed: {
                    // 计算属性的 getter
                    reversedMessage: function () {
                        alert(" 计算属性 ");
                        return this.message.split('').reverse().join('');
                    }
                },
                methods: {
                    reversedMessage2: function () {
                        alert(" 方法 ");
                        return this.message.split('').reverse().join('');
                    }
                }
                }).mount('#app');
                let msg = vm.reversedMessage;
                msg = vm.reversedMessage2();
            </script>
        </body>
    </html>
```

在计算属性 reversedMessage 的 getter() 函数和 reversedMessage2() 方法中调用 alert() 语句显示一个消息框，在根组件实例构建后，分别访问 vm.reversedMessage 计算属性和调用 vm.reversedMessage2() 方法。

使用浏览器打开该页面，可以依次看到"计算属性""方法""方法"共 3 个消息框，前两个消息框是模板中的 Mustache 标签被替换时显示的，最后一个"方法"消息框是代码最后调用 vm.reversedMessage2() 方法显示的，可以看到最后对 vm.reversedMessage 计算属性的访问并没有弹出消息框，这是因为它所依赖的 message 属性并未发生改变。

下面代码中的计算属性 now 在初次渲染后不会再更新，因为 Date.now() 不是响应式依赖。

```
computed: {
  now: function () {
    return Date.now();
  }
}
```

那么为什么需要缓存呢？假设有一个性能开销比较大的计算属性 A，它需要遍历一个巨大的数组并做大量的计算，然后可能还有其他的计算属性依赖于 A。如果没有缓存，将不可避免地多次执行 A 的 getter。

如果业务实现不希望有缓存，那么可以使用方法来替代。

6.3　v-for 和 v-if 一起使用的替代方案

在 5.1.3 小节例 5-8 中，将 v-for 和 v-if 一起使用，在渲染列表时，根据 v-if 指令的条件表达式的计算结果过滤列表中不满足条件的列表项。实际上，使用计算属性完成这个功能会更好一些，修改 5.1.3 小节中例 5-8 的代码，如例 6-5 所示。

扫一扫，看视频

例 6-5　v-for-ComputedProperties.html

```html
<!DOCTYPE html>
<html>
    <head>
        <meta charset="UTF-8">
        <title>v-for 与计算属性 </title>
    </head>
    <body>
        <div id="app">
            <h1> 已完成的工作计划 </h1>
                <ul>
                        <li v-for="plan in completedPlans">
                                {{plan.content}}
                        </li>
                </ul>
                <h1> 未完成的工作计划 </h1>
                <ul>
                        <li v-for="plan in incompletePlans">
                                {{plan.content}}
                        </li>
                </ul>
        </div>

        <script src="https://unpkg.com/vue@next"></script>
        <script>
            const vm = Vue.createApp({
            data() {
                return {
```

```
                plans: [
                 {content: '写《Java 无难事》', isComplete: false},
                 {content: '买菜', isComplete: true},
                 {content: '写PPT', isComplete: false},
                 {content: '做饭', isComplete: true},
                 {content: '打羽毛球', isComplete: false}
                ]
            }
        },
        computed: {
            completedPlans() {
                return this.plans.filter(plan => plan.isComplete);
            },
            incompletePlans(){
                return this.plans.filter(plan => !plan.isComplete);
            }
        }
    }).mount('#app');
    </script>
  </body>
</html>
```

Vue.js 的作者不建议将 v-for 和 v-if 一起使用，这是因为即使由于 v-if 指令的使用只渲染了部分元素，但在每次重新渲染的时候仍然要遍历整个列表，而不论渲染的元素内容是否发生了改变。

采用计算属性过滤后再遍历，可以获得以下好处：

- 过滤后的列表只会在 plans 数组发生相关变化时才被重新计算，过滤更高效。
- 使用 v-for="plan in completedPlans" 之后，在渲染的时候只遍历已完成的计划，渲染更高效。
- 解耦渲染层的逻辑，可维护性（对逻辑的更改和扩展）更强。

6.4 实例：购物车的实现

电商网站的购物车，相信对于每个读者都不陌生，选购的商品会先添加到购物车中，单击"进入购物车"按钮，会跳转到购物车页面，页面中会显示所有已选购商品的信息，这些信息通常包括商品名称、商品单价、商品数量、单项商品的合计金额，以及删除该项商品的链接，最后会有一个购物车中所有商品的总价，如图 6-1 所示。

序号	商品名称	单价	数量	金额	操作
1	Java无难事	188	- 1 +	188	删除
2	VC++深入详解	168	- 1 +	168	删除
3	Servlet/JSP深入详解	139	- 1 +	139	删除

总价：￥495

图 6-1　购物车页面

要实现一个购物车实例，当然得先有商品信息，为了简化，我们直接在代码中给出所有的商品信息。相信读者已经知道在什么地方定义数据了，那就是组件实例的 **data** 选项中。代码如例 6-6 所示。

例 6-6　组件实例的 data 选项

```
data() {
    return {
        books: [
            {
                id: 1,
                title: 'Java 无难事 ',
                price: 188,
                count: 1
            },
            {
                id: 2,
                title: 'VC++ 深入详解 ',
                price: 168,
                count: 1
            },
            {
                id: 3,
                title: 'Servlet/JSP 深入详解 ',
                price: 139,
                count: 1
            }
        ]
    }
}
```

购物车中的单项商品金额是动态的，是由商品的单价和商品的数量相乘得到的。此外，所有商品的总价也是动态的，是所有商品价格相加得到的，所以这两种数据就不适合在 book 对象的属性中定义了。

采用方法来实现单项商品金额，采用计算属性实现总价，删除操作的事件处理器也定义为一个方法。代码如例 6-7 所示。

例 6-7　采用方法和计算属性实现的实例

```
methods: {
    itemPrice(price, count){
        return price * count;
    },
    deleteItem(index){
        this.books.splice(index, 1);
    }
},
```

```
computed: {
    totalPrice(){
        let total = 0;
        for (let book of this.books) {
            total += book.price * book.count;
        }
        return total;
    }
}
```

说明：单项商品金额的实现方式可以有多种，本例采用组件实例的方法实现只是为了简单。

数据、方法、计算属性都写好了，下面是购物车中商品的展示。books 是一个数组对象，我们自然会想到用 v-for 指令循环输出商品信息，同时为了让商品信息显示得规整，使用表格进行布局。代码如例 6-8 所示。

例 6-8   使用 v-for 指令输出商品信息

```html
<div id="app" v-cloak>
  <table>
    <tr>
        <th>序号</th>
        <th>商品名称</th>
        <th>单价</th>
        <th>数量</th>
        <th>金额</th>
        <th>操作</th>
    </tr>
    <tr v-for="(book, index) in books" :key="book.id">
        <td>{{ book.id }}</td>
        <td>{{ book.title }}</td>
        <td>{{ book.price }}</td>
        <td>
            <button v-bind:disabled="book.count === 0"
                        v-on:click="book.count-=1">-</button>
            {{ book.count }}
            <button v-on:click="book.count+=1">+</button>
        </td>
        <td>
            {{ itemPrice(book.price, book.count) }}
        </td>
        <td>
            <button @click="deleteItem(index)">删除</button>
        </td>
    </tr>
  </table>
  <span>总价：￥{{ totalPrice }}</span>
</div>
```

说明：

（1）在 \<div\> 元素中，我们使用了 v-cloak 指令避免页面加载时的闪烁问题，当然，这需要和 CSS 样式规则 [v-cloak] { display: none } 一起使用。

（2）使用 v-for 指令时，我们同时使用了 key 属性（采用 v-bind 的简写语法），如果读者忘记了该属性的作用，可以再回顾一下 5.1.3 小节。

（3）商品数量的左右两边各添加了一个减号和加号按钮，用于递减和递增商品数量，当商品数量为 0 时，通过 v-bind:disabled="book.count === 0" 禁用按钮。此外，由于这两个按钮的功能都很简单，所以在使用 v-on 指令时，没有绑定 click 事件处理方法，而是直接使用了 JavaScript 语句。

（4）单项商品的价格通过调用 itemPrice() 方法输出。

（5）所有商品总价通过计算属性 totalPrice 输出。

（6）单项商品的删除通过 v-on 指令（采用了简写语法）绑定 deleteItem() 方法实现。
完整的代码如例 6-9 所示。

扫一扫，看视频

例 6-9　cart.html

```html
<!DOCTYPE html>
<html>
    <head>
        <meta charset="UTF-8">
        <title>购物车</title>
        <style>
            body {
                width: 600px;
            }
            table {
                border: 1px solid black;
            }
            table {
                width: 100%;
            }
            th {
                height: 50px;
            }
            th, td {
                border-bottom: 1px solid #ddd;
                text-align: center;
            }
            span {
                float: right;
            }

            [v-cloak] {
                display: none;
            }
        </style>
```

```
    </head>
<body>
    <div id="app" v-cloak>
      <table>
        <tr>
            <th>序号 </th>
            <th>商品名称 </th>
            <th>单价 </th>
            <th>数量 </th>
            <th>金额 </th>
            <th>操作 </th>
        </tr>
        <tr v-for="(book, index) in books" :key="book.id">
            <td>{{ book.id }}</td>
            <td>{{ book.title }}</td>
            <td>{{ book.price }}</td>
            <td>
                <button v-bind:disabled="book.count === 0"
                v-on:click="book.count-=1">-</button>
                {{ book.count }}
                <button v-on:click="book.count+=1">+</button>
            </td>
            <td>
                {{ itemPrice(book.price, book.count) }}
            </td>
            <td>
            <button @click="deleteItem(index)"> 删除 </button>
            </td>
        </tr>
    </table>
    <span> 总价：￥{{ totalPrice }}</span>
    </div>

    <script src="https://unpkg.com/vue@next"></script>
    <script>
        const vm = Vue.createApp({
        data() {
            return {
                books: [
                    {
                      id: 1,
                      title: 'Java 无难事 ',
                      price: 188,
                      count: 1
                    },
                    {
                      id: 2,
                      title: 'VC++ 深入详解 ',
```

```
                              price: 168,
                              count: 1
                          },
                          {
                              id: 3,
                              title: 'Servlet/JSP深入详解',
                              price: 139,
                              count: 1
                          }
                      ]
                  }
              },
              methods: {
                      itemPrice(price, count){
                          return price * count;
                      },
                      deleteItem(index){
                          this.books.splice(index, 1);
                      }
              },
              computed: {
                  totalPrice(){
                      let total = 0;
                      for (let book of this.books) {
                          total += book.price * book.count;
                      }
                      return total;
                  }
              }
          }).mount('#app');
      </script>
   </body>
</html>
```

相信通过对本例的学习，读者对前面知识的掌握会有一些感觉。

6.5 小　结

本章介绍了 Vue 中的计算属性，计算属性主要用于封装对现有数据对象的各种操作，并返回一个新的数据。可以像普通的数据属性一样使用计算属性，不过要注意，如果要修改计算属性，需要为它提供 setter 函数。此外，计算属性会根据依赖的数据变化而更新，并且在该数据没有变化时，使用缓存的计算属性数据。

本章最后通过一个购物车实例，让读者能够更好地理解计算属性的应用。

第 7 章 监 听 器

Vue 提供了一种更通用的方式来观察和响应 Vue 实例上的数据变动：监听器。当有一些数据需要随着其他数据变化而变动时，就可以使用监听器。听起来这好像和计算属性的作用差不多，从功能的描述来看，确实是，不过在实际应用中两者是有很大差别的。接下来一步步学习监听器的使用，以及它与计算属性的差别。

7.1 使用监听器

监听器在 Vue 实例的选项对象的 watch 选项中定义。下面通过监听器实现千米和米之间的换算，如例 7-1 所示。

扫一扫，看视频

例 7-1 watch.html

```
<div id = "app">
    千米 : <input type = "text" v-model="kilometers">
    米 : <input type = "text" v-model="meters">
</div>

<script>
const vm = Vue.createApp({
    data() {
        return {
            kilometers: 0,
            meters: 0
        }
    },
    watch: {
        kilometers(val) {
            this.meters = val * 1000;
        },
        // 监听器函数也可以接受两个参数，val 是当前值，oldVal 是改变之前的值
        meters(val, oldVal) {
            this.kilometers = val / 1000;
        }
    }
}).mount('#app');
</script>
```

我们编写了两个监听器，分别监听数据属性 kilometers 和 meters 的变化，当其中一个数据属性

的值发生改变时，对应的监听器就会被调用，经过计算得到另一个数据属性的值。

浏览器中的显示效果如图 7-1 所示。

在"千米"或"米"输入框中输入数据，可以看到
另一个输入框中的数据也会跟着改变。

图 7-1　watch.html 页面的显示效果

🔊 **注意：**

> 不要使用箭头函数定义监听器函数，如下面的代码：
>
> ```
> kilometers: (val) => {
>   this.kilometers = val;
>   this.meters = this.kilometers * 1000
> }
> ```
>
> 箭头函数绑定的是父级作用域的上下文，这里的 this 指向的是 window 对象而不是组件实例，this.kilometers 和 this.meters 都是 undefined。

当需要在数据变化时执行异步或开销较大的操作时，使用监听器是最合适的。例如，在一个在线问答系统中，用户输入的问题需要到服务端获取答案，就可以考虑对问题属性进行监听，在异步请求答案的过程中，可以设置中间状态，向用户提示"请稍候..."，而这样的功能使用计算属性就无法做到了。

为了让读者有更直观的印象，下面给出一个使用监听器实现斐波那契数列计算的例子。斐波那契数列的计算比较耗时，我们采用 HTML 5 新增的 WebWorker 来计算，将斐波那契数列的计算放到一个单独的 JS 文件中。代码如例 7-2 所示。

例 7-2　fibonacci.js

```
function fibonacci(n){
    return n < 2 ? n : arguments.callee(n-1) + arguments.callee(n-2);
}

onmessage = function(event){
    var num = parseInt(event.data, 10);
    postMessage(fibonacci(num));
}
```

接下来是主页面，代码如例 7-3 所示。

例 7-3　watch-fibonacci.html

扫一扫，看视频

```
<div id = "app">
        请输入要计算斐波那契数列的第几个数：
    <input type="text" v-model="num">
    <p v-show="result">{{result}}</p>
</div>

<script>
```

```
    const vm = Vue.createApp({
        data() {
            return {
            num: 0,
            result: ''
        }
    },
    watch: {
        num(val) {
①              this.result = " 请稍候 ...";
                if(val > 0){
                    const worker = new Worker("fibonacci.js");
②                  worker.onmessage = (event) => this.result = event.data;
                    worker.postMessage(val);
                }
                else{
                    this.result = '';
                }
            }
        }
    }).mount('#app');;
</script>
```

说明：

（1）斐波那契数列的计算比较耗时，所以在①处给 result 数据属性设置了一个中间状态，给用户一个提示。

（2）worker 实例是异步执行的，当后台线程执行完任务后通过 postMessage() 调用（参看例 7-2）通知创建者线程的 onmessage 回调函数，在该函数中可以通过 event 对象的 data 属性得到数据。在这种异步回调的执行过程中，this 的指向会发生变化，如果 onmessage() 回调函数写成如下形式：

```
worker.onmessage = function(event){this.result = event.data};
```

那么在执行 onmessage() 函数时，this 实际上指向的是 worker 对象，自然 this.result 就是 undefined。因此，在②处使用了箭头函数，因为箭头函数绑定的是父级作用域的上下文，在这里绑定的就是 vm 对象。在使用 Vue 的开发过程中，经常会遇到 this 指向的问题，合理地使用箭头函数可以避免很多问题，后面还会遇到类似的情况。

使用浏览器打开例 7-3 的页面，输入一个数，如 40，会看到 "请稍候 ..." 提示信息，一段时间后会看到斐波那契数列的第 40 个数，如图 7-2 所示。

请输入要计算斐波那契数列的第几个数：40

请稍候...

请输入要计算斐波那契数列的第几个数：40

102334155

图 7-2　使用监听器和 WebWorker 实现斐波那契数列的计算

提示：

> Chrome 浏览器的安全限制比较严格，本例使用了 WebWorker，如果直接在文件系统中打开页面，会提示如下错误信息：
>
> Uncaught (in promise) DOMException: Failed to construct 'Worker': Script at 'file:///F:/Vue3Lesson/ch07/fibonacci.js' cannot be accessed from origin 'null'.
>
> 解决办法就是将本例部署到本地的一个 Web 服务器中访问，如 Tomcat 或 nginx 等。

7.2　监听器的更多形式

扫一扫，看视频

监听器在定义时，除了直接写一个函数外，还可以接一个方法名。代码如下所示。

```html
<div id = "app">
    年龄：<input type = "text" v-model="age">
    <p v-if="info">{{info}}</p>
</div>

<script>
    const vm = Vue.createApp({
        data() {
            return {
                age: 0,
                info: ''
            }
        },
        methods: {
            checkAge(){
              if(this.age >= 18)
                        this.info = '已成年';
                else
                        this.info = '未成年';
            }
        },
        watch : {
            age: 'checkAge'
        }
    }).mount('#app');
</script>
```

监听器还可以监听一个对象的属性变化。代码如下所示：

```html
<div id = "app">
    年龄：<input type = "text" v-model="person.age">
    <p v-if="info">{{info}}</p>
```

```
    </div>

<script>
    const vm = Vue.createApp({
        data() {
            return {
                person: {
                    name: 'lisi',
                    age: 0
                },
                info: ''
            }
        },
        watch : {
            // 该回调会在 person 对象的属性改变时被调用，无论该属性被嵌套多深
            person: {
                handler(val, oldVal){
                        if(val.age >= 18)
                            this.info = '已成年';
                        else
                            this.info = '未成年';
                },
                deep: true
            }
        }
    }).mount('#app');
</script>
```

　　要注意在监听对象属性改变时，使用了两个新的选项：handler 和 deep，前者用于定义当数据变化时调用的监听器函数，后者主要在监听对象属性变化时使用，如果该选项的值为 true，表示无论该对象的属性在对象中的层级有多深，只要该属性的值发生变化，都会被监测到。

　　监听器函数在初始渲染时并不会被调用，只有在后续监听的属性发生变化时才会被调用；如果要让监听器函数在监听开始后立即执行，可以使用 immediate 选项，将其值设置为 true。例如：

```
watch : {
    person: {
        handler(val, oldVal){
            if(val.age > = 18)
                this.info = '已成年';
            else
                this.info = '未成年';
        },
        deep: true,
        immediate: true
    }
}
```

当页面加载后，就会立即显示"未成年"。

如果仅仅是监听对象的一个属性变化，且变化也不影响对象的其他属性，那么就没必要这么麻烦，直接监听该对象属性即可。代码如下所示：

```
watch : {
    'person.age': function(val, oldVal){
        ...
    }
}
```

📢 注意：

监听对象属性时，因为有特殊字符点号（.），因此要使用一对单引号（''）或双引号（""）将其包裹起来。

7.3　实 例 方 法 $watch

除了在 watch 选项中定义监听属性外，还可以使用组件实例的 $watch 方法观察组件实例上的响应式属性或计算属性的更改。需要注意的是，对于顶层数据属性、prop 和计算属性，只能以字符串的形式传递它们的名字。例如：

```
vm.$watch('kilometers', (newValue, oldValue) => {
        // 这个回调将在 vm.kilometers 改变后调用
        document.getElementById("info").innerHTML = "修改前值为：" + oldValue
+ "，修改后值为：" + newValue;
    })
```

对于更复杂的表达式或嵌套属性，则需要使用函数形式。代码如下所示：

```
const app = Vue.createApp({
  data() {
    return {
      a: 1,
      b: 2,
      c: {
        d: 3,
        e: 4
      }
    }
  },
  created() {
    // 顶层属性名
    this.$watch('a', (newVal, oldVal) => {
      // do something
```

```
    })

    // 用于监听单个嵌套属性的函数
    this.$watch(
      () => this.c.d,
      (newVal, oldVal) => {
        // do something
      }
    )

    // 用于监听复杂表达式的函数
    this.$watch(
      // 每次表达式 "this.a + this.b" 产生不同的结果时
      // 都会调用处理程序。就好像我们在观察一个计算属性而没有定义计算属性本身
      () => this.a + this.b,
      (newVal, oldVal) => {
        // do something
      }
    )
  }
})
```

　　$watch 方法还可以接受一个可选的选项对象作为其第 3 个参数。例如，要监听对象内部的嵌套属性的变化时，可以在选项参数中传入 deep:true。代码如下所示：

```
vm.$watch('person', callback, {
  deep: true
})
vm.person.age = 20
// 回调函数被触发
```

7.4　小　　结

　　本章介绍了 Vue 中的监听器，它主要用于监测组件实例的数据变动，并依据该数据变动作出响应，如更新另一个数据，或者发起异步请求从服务端请求数据。与计算属性不同的是，监听器不需要返回新的数据，不能被当作数据属性使用，当需要在数据变化时执行异步或开销较大的操作时，使用监听器是最合适的。

第 8 章　class 与 style 绑定

HTML 元素有两个设置样式的属性：class 和 style，前者用于指定样式表中的 class，后者用于设置内联样式。在 Vue.js 中可以用 v-bind 指令来处理它们，只需要通过表达式计算出字符串结果即可。不过，字符串拼接比较麻烦，而且容易出错，因此，在将 v-bind 指令用于 class 和 style 时，Vue.js 专门做了增强。表达式结果的类型除了字符串之外，还可以是对象或数组。

8.1　绑定 HTML class

扫一扫，看视频

8.1.1　对象语法

可以给 v-bind:class 传递一个对象，以动态地切换 class。例如：

```
<style>
    .active {
        width: 100px;
        height: 100px;
        background: green;
    }
</style>

<div id = "app">
    <div v-bind:class="{ active: isActive }"></div>
</div>

<script>
    const vm = Vue.createApp({
        data() {
            return {
                isActive: true
            }
        }
    }).mount('#app');
</script>
```

粗体显示的代码中 active 这个 class 存在与否将取决于数据属性 isActive 的值。isActive 计算为 true 时，这个样式类起作用；反之，则相当于没有加样式。

也可以向对象中传入更多属性来动态切换多个 class。此外，v-bind:class 指令也可以和普通的 class 属性一起使用。例如：

```
<style>
    .static {
        border: solid 2px black;
    }
    .active {
        width: 100px;
        height: 100px;
        background: green;
    }
    .text-danger {
        background: red;
    }
</style>

<div id = "app">
    <div class="static"
             v-bind:class="{ active: isActive, 'text-danger': hasError }">
    </div>
</div>

<script>
    const vm = Vue.createApp({
        data() {
            return {
                isActive: true,
                hasError: false
            }
        }
    }).mount('#app');
</script>
```

最终渲染结果如下：

```
<div class="static active"></div>
```

当数据属性 isActive 或 hasError 改变时，class 列表将相应地更新。例如，如果 hasError 的值为 true，class 列表将变为 "static active text-danger"。

绑定的数据对象如果较为复杂，可以在数据属性中单独定义一个对象，然后绑定它。例如：

```
<div id = "app">
    <div v-bind:class="classObject"></div>
</div>

<script>
    const vm = Vue.createApp({
        data() {
            return {
                classObject: {
```

```
                        active: true,
                        'text-danger': false
                    }
                }
            }
    }).mount('#app');
</script>
```

当然，也可以考虑绑定一个返回对象的计算属性，这是一个常用且强大的模式。例如：

```
<div v-bind:class="classObject"></div>

<script>
    const vm = Vue.createApp({
        data() {
            return {
                isActive: true,
                error: null
            }
        },
        computed: {
            classObject() {
                return {
                    active: this.isActive && !this.error,
                    'text-danger': this.error && this.error.type === 'fatal'
                }
            }
        }
    }).mount('#app');
</script>
```

8.1.2　数组语法

扫一扫，看视频

除了给 v-bind:class 传递对象外，也可以传递一个数组，应用一个 class 列表。例如：

```
<style>
    .active {
        width: 100px;
        height: 100px;
        background: green;
    }
    .text-danger {
        background: red;
    }
</style>

<div id = "app">
    <div v-bind:class="[activeClass, errorClass]"></div>
```

```
    </div>

    <script>
        const vm = Vue.createApp({
            data() {
                return {
                    activeClass: 'active',
                    errorClass: 'text-danger'
                }
            }
        }).mount('#app');
    </script>
```

渲染结果如下：

```
<div class="active text-danger"></div>
```

也可以使用三元表达式根据条件切换 class。代码如下所示：

```
<div v-bind:class="[isActive ? activeClass : '', errorClass]"></div>

<script>
    const vm = Vue.createApp({
        data() {
            return {
                activeClass: 'active',
                errorClass: 'text-danger',
                isActive: true
            }
        }
    }).mount('#app');
</script>
```

样式类 errorClass 将始终添加，而 activeClass 只有在 isActive 计算为 trne 时才会添加。

当 class 属性的表达式中有多个条件时，这样写比较烦琐，因而可以在数组语法中使用对象语法来简化表达式。代码如下所示：

```
<div v-bind:class="[{ active: isActive }, errorClass]"></div>
```

8.1.3　在组件上使用 class 属性

当在一个具有单个根元素的自定义组件上使用 class 属性时，这些 class 将被添加到该组件的根元素上。这个元素上已经存在的 class 不会被覆盖。

例如，声明了以下组件：

```
const app = Vue.createApp({})

app.component('my-component', {
```

```
  template: `<p class="foo bar">Hi!</p>`
})
```

然后在使用该组件时添加一些 class：

```
<my-component class="baz boo"></my-component>
```

HTML 将被渲染为：

```
<p class="foo bar baz boo">Hi</p>
```

对于带数据绑定 class 也同样适用：

```
<my-component v-bind:class="{ active: isActive }"></my-component>
```

当 isActive 计算为 true 时，HTML 将被渲染为：

```
<p class="foo bar active">Hi</p>
```

如果组件有多个根元素，则需要定义哪个根元素来接收这个 class，这是通过使用 $attrs 组件属性来指定的。我们看下面的代码：

```
<div id="app">
  <my-component class="baz"></my-component>
</div>

const app = Vue.createApp({})
app.component('my-component', {
  template: `
    <p :class="$attrs.class">Hi!</p>
    <span>This is a child component</span>
  `
})
```

8.2　绑定内联样式

使用 v-bind:style 可以给元素绑定内联样式。

扫一扫，看视频

8.2.1　对象语法

v-bind:style 的对象语法非常像 HTML 的内联 CSS 样式语法，但其实是一个 JavaScript 对象。CSS 属性名可以用驼峰式（camelCase）或短横线分隔（kebab-case，记得用引号括起来）命名。代码示例如下：

```
<div id="app">
  <div
```

```
            v-bind:style="{ color: activeColor, fontSize: fontSize + 'px' }">
        《Vue.js 无难事》
    </div>
</div>

<script>
    const vm = Vue.createApp({
        data() {
            return {
                activeColor: 'red',
                fontSize: 30
            }
        }
    }).mount('#app');
</script>
```

显然，直接以对象字面量的方式设置 CSS 样式属性代码冗长，且可读性较差。为此，可以在数据属性中定义一个样式对象，然后直接绑定该对象，这样模板也会更清晰。代码如下所示：

```
<div id="app">
    <div v-bind:style="styleObject">《Java 无难事》</div>
</div>

<script>
    const vm = Vue.createApp({
        data() {
            return {
                styleObject: {
                            color: 'red',
                            fontSize: '30px'
                }
            }
        }
    }).mount('#app');
</script>
```

同样地，对象语法也常常结合返回对象的计算属性使用。

扫一扫，看视频

8.2.2　数组语法

v-bind:style 的数组语法可以将多个样式对象应用到同一个元素上。例如：

```
<div id = "app">
    <div v-bind:style="[baseStyles, moreStyles]"></div>
</div>

<script>
    const vm = Vue.createApp({
```

```
        data() {
        return {
            baseStyles: {
                    border: 'solid 2px black'
            },
            moreStyles: {
                    width: '100px',
                    height: '100px',
                    background: 'orange'
            }
        }
    }
  }).mount('#app');
});
</script>
```

8.2.3　多重值

可以为绑定的 style 属性提供一个包含多个值的数组，这常用于提供多个带前缀的值。例如：

```
<div :style="{ display: ['-webkit-box', '-ms-flexbox', 'flex'] }"></div>
```

这样写只会渲染数组中最后一个被浏览器支持的值。在本例中，如果浏览器支持不带浏览器前缀的 flexbox，那么就只会渲染 display: flex。

8.3　实例：表格奇偶行应用不同的样式

扫一扫，看视频

我们经常会用表格显示多行数据，当表格的行数较多时，为了让用户能够区分不同的行，通常会针对奇偶行应用不同的样式，这样用户看起来会更清晰。

在本实例中，先定义一个针对偶数行的样式规则。代码如下所示：

```
.even {
    background-color: #cdcdcd;
}
```

表格数据采用 v-for 指令循环输出，我们知道，v-for 指令可以带一个索引参数，因此可以根据这个索引参数判断奇偶行，循环索引是从 0 开始的，对应的是第 1 行，为了判断简便，将其加 1 后再进行判断。判断规则为（index + 1）% 2 === 0，采用 v-bind:class 的对象语法，当该表达式计算为 true 时应用样式类 even。代码如下所示：

```
<tr v-for="(book, index) in books"
    :key="book.id" :class="{even : (index+1) % 2 === 0}">
    ...
</tr>
```

剩下的代码与 6.4 节的实例代码类似，这里就不再赘述了。完整的代码如例 8-1 所示。

例 8-1　table.html

```html
<!DOCTYPE html>
<html>
    <head>
        <meta charset="UTF-8">
        <title></title>
        <style>
            body {
                width: 600px;
            }
            table {
                border: 1px solid black;
            }
            table {
                width: 100%;
            }
            th {
                height: 50px;
            }
            th, td {
                border-bottom: 1px solid #ddd;
                text-align: center;
            }

            [v-cloak] {
                display: none;
            }
            .even {
                background-color: #cdcdcd;
            }
        </style>
    </head>
    <body>
        <div id = "app" v-cloak>
            <table>
              <tr>
                  <th> 序号 </th>
                  <th> 书名 </th>
                  <th> 作者 </th>
                  <th> 价格 </th>
                  <th> 操作 </th>
              </tr>
              <tr v-for="(book, index) in books"
                :key="book.id" :class="{even : (index+1) % 2 === 0}">
                 <td>{{ book.id }}</td>
```

```
                    <td>{{ book.title }}</td>
                    <td>{{ book.author }}</td>
                    <td>{{ book.price }}</td>
                    <td>
                      <button @click="deleteItem(index)">删除 </button>
                    </td>
              </tr>
      </table>
        </div>

      <script src="https://unpkg.com/vue@next"></script>
      <script>
            const vm = Vue.createApp({
                data() {
                    return {
                        books: [
                            {
                                    id: 1,
                                    title: 'Java 无难事 ',
                                    author: ' 孙鑫 ',
                                    price: 188
                            },
                            {
                              id: 2,
                              title: 'VC++ 深入详解 ',
                              author: ' 孙鑫 ',
                              price: 168
                            },
                            {
                              id: 3,
                              title: 'Servlet/JSP 深入详解 ',
                              author: ' 孙鑫 ',
                              price: 139
                            },
                            {
                              id: 4,
                              title: 'Vue.js 从入门到实战 ',
                              author: ' 孙鑫 ',
                              price: 89.8
                            }
                          ]
                        }
                },
                methods: {
                    deleteItem(index){
                                this.books.splice(index, 1);
                        }
                    }
```

```
                        }).mount('#app');
                    </script>
            </body>
            </html>
```

上述代码在浏览器中的显示效果如图 8-1 所示。

序号	书名	作者	价格	操作
1	Java无难事	孙鑫	188	删除
2	VC++深入详解	孙鑫	168	删除
3	Servlet/JSP深入详解	孙鑫	139	删除
4	Vue.js从入门到实战	孙鑫	89.8	删除

图 8-1   表格偶数行应用不同样式后的显示效果

8.4   小   结

本章介绍了 class 与 style 的绑定，这让我们在使用 CSS 样式时，可以有更多的选择、更灵活的处理。

第 9 章　表单输入绑定

5.1.5 小节已经简单介绍了 v-model 指令，表单控件的数据绑定就是用 v-model 指令实现的，它会根据控件类型自动选取正确的方法更新元素。由于表单控件有不同的类型，如文本输入框、复选框、单选按钮、选择框等，v-model 指令在不同的表单控件上应用时也会有所差异。本章将详细介绍各个表单控件的输入绑定。

9.1　单行文本输入框

扫一扫，看视频

下面看例 9-1 所示的代码。

例 9-1　text.html

```
<div id = "app">
    <input type="text" v-model="message" value="Hello Vue.js">
    <p>message: {{message}}</p>
</div>

<script>
    const vm = Vue.createApp({
        data() {
            return {
                message: 'Java 无难事'
            }
        }
    }).mount('#app');
</script>
```

在 <input> 元素中，使用 value 属性设置了一个初始值"Hello Vue.js"，用 v-model 指令绑定一个表达式 message，对应的数据属性是 message。

在浏览器中的显示效果如图 9-1 所示。

从图 9-1 中可以看到，文本输入框中显示的是数据属性 message 的值，而并没有看到 <input> 元素的 value 属性的值。这是**因为 v-model 指令会忽略所有表单元素的 value、checked、selected 属性的初始值，而总是将当前活动实例的数据属性作为数据来源**。我们应该总是在 JavaScript 脚本中声明初始值，或者在组件的 data 选项中声明初始值。

> Java无难事
>
> **message：Java无难事**
>
> 图 9-1　例 9-1 页面的显示效果

在文本输入框中随意输入一些数据，可以看到输入框下方的内容也会同时发生改变。

用户在输入数据的时候，往往会不经意地在实际数据前后输入了空格字符，或者在粘贴数据时不小心带上了制表符，表单的数据通常是要提交到服务端的，因此在提交之前需要编写 JavaScript 代码对数据做一些验证，包括去掉数据前后的空白字符。**v-model 指令提供了一个 trim 修饰符，可以帮我们自动过滤输入数据首尾的空白字符**。修改例 9-1<input> 元素的 v-model 指令的代码如下所示：

```
<input type="text" v-model.trim="message" value="Hello Vue.js">
```

除了 trim 修饰符外，v-model 指令还可以使用下面两个修饰符。

● .lazy

默认情况下 v-model 在每次 input 事件触发后将输入框的值与数据进行同步，如果使用了该修饰符，则会转变为使用 change 事件进行同步。还记得例 7-3 计算斐波那契数列的代码吗？如下：

```
<input type="text" v-model="num">
watch : {
    num(val){
        ...
    }
}
```

假如想计算斐波那契数列的第 40 个数，在输入 4 的时候，监听器函数就开始执行了，很显然，我们并不想这样，所以在这里加上 lazy 修饰符会更好一些。代码如下所示：

```
<input type="text" v-model.lazy="num">
```

● .number

如果想自动将用户的输入数据转为数值类型，可以给 v-model 添加 number 修饰符。这通常很有用，因为即使在 type="number" 时，HTML 输入元素的值也总是返回字符串。如果这个值无法被parseFloat() 解析，则会返回原始值。

扫一扫，看视频

9.2　多行文本输入框

多行文本输入框 <textarea> 的默认值是放在元素的开始标签和结束标签之间的，所以，可能想要按以下方式绑定数据。

```
<textarea>{{message}}</textarea>
```

但是，这并不能实现双向数据绑定，在文本框中输入的数据并不会影响 message 属性，解决这个问题，自然还是用 v-model。代码如下所示：

```
<textarea v-model="message"></textarea>
```

9.3　复　选　框

复选框在单独使用和多个复选框一起使用时，v-model 绑定的值会有所不同，对于前者，绑定的是布尔值，选中则值为 true，未选中则值为 false；后者绑定的是同一个数组，选中的复选框的值将被保存到数组中。

下面看例 9-2 所示代码。

例 9-2 checkbox.html

```html
<div id = "app">
    <h3> 单个复选框: </h3>
    <input id="agreement" type="checkbox" v-model="isAgree">
    <label for="agreement">{{ isAgree }}</label>

    <h3> 多个复选框: </h3>
    <input id="basketball" type="checkbox" value=" 篮球 " v-model="interests">
      <label for="basketball"> 篮球 </label>
        <input id="football" type="checkbox" value=" 足球 " v-model="interests">
        <label for="football"> 足球 </label>
        <input id="volleyball" type="checkbox"  value=" 排球 " v-model="interests">
        <label for="volleyball"> 排球 </label>
        <input id="swim" type="checkbox"  value=" 游泳 " v-model="interests">
        <label for="swim"> 游泳 </label>

        <p> 你的兴趣爱好是 : {{ interests }}</p>
</div>

<script src="https://unpkg.com/vue@next"></script>
<script>
    const vm = Vue.createApp({
        data() {
            return {
                isAgree: false,
                interests: []
            }
        }
    }).mount('#app');
</script>
```

浏览器中的显示效果如图 9-2 所示。

随意选中几个复选框, 显示结果如图 9-3 所示。

单个复选框:

☐ false

多个复选框:

☐ 篮球 ☐ 足球 ☐ 排球 ☐ 游泳

你的兴趣爱好是: []

单个复选框:

☑ true

多个复选框:

☐ 篮球 ☑ 足球 ☑ 排球 ☐ 游泳

你的兴趣爱好是: ["排球", "足球"]

图 9-2 例 9-2 页面的显示效果　　图 9-3 选中复选框后的渲染效果

对于这种一组复选框一起使用的场景，可以考虑将变化的部分抽取出来放到组件实例的 data 选项中，定义为一个 JavaScript 对象或数组，然后通过 v-for 指令循环渲染输出。有兴趣的读者可以自行尝试一下。

对于复选框，v-model 指令监听的是 change 事件。

9.4 单 选 按 钮

扫一扫，看视频

当单选按钮被选中时，v-model 指令绑定的数据属性的值会被设置为该单选按钮的 value 值。下面看例 9-3 所示代码。

例 9-3   radio.html

```
<div id = "app">
    <input id="male" type="radio" value="1" v-model="gender">
    <label for="male">男 </label>
    <br>
    <input id="female" type="radio" value="0" v-model="gender">
    <label for="female">女 </label>
    <br>
    <span>性别：{{ gender }}</span>
</div>

<script>
    const vm = Vue.createApp({
        data() {
            return {
                gender: ''
            }
        }
    }).mount('#app');
</script>
```

当选中"男"时，gender 的值为 1；当选中"女"时，gender 的值为 0。

对于单选按钮，v-model 指令监听的是 change 事件。

9.5 选 择 框

与复选框类似，因为选择框可以是单选，也可以是多选（指定 <select> 元素的 multiple 属性），因此，v-model 在这两种情况下的绑定值会有所不同。单选时，绑定的是选项的值（<option> 元素 value 属性的值）；多选时，绑定到一个数组，所有选中的选项的值被保存到数组中。

下面看例 9-4 所示代码。

例 9-4 select.html

扫一扫,看视频

```
<div id = "app">
    <h3> 单选选择框 </h3>
    <select v-model="education">
        <option disabled value=""> 请选择您的学历 </option>
        <option> 高中 </option>
        <option> 本科 </option>
        <option> 硕士 </option>
        <option> 博士 </option>
    </select>
    <p> 您的学历是: {{ education }}</p>

    <h3> 多选选择框 </h3>
    <select v-model="searches" multiple>
        <option v-for="option in options" :value="option.value">
            {{ option.text }}
        </option>
    </select>
    <p> 您选择的搜索引擎是: {{ searches }}</p>
</div>

<script>
    const vm = Vue.createApp({
        data() {
            return {
                education: '',
                searches: [],
                options: [
                        {text: '百度', value: 'baidu.com'},
                        {text: '谷歌', value: 'google.com'},
                        {text: '必应', value: 'bing.com'}
                ]
            }
        }
    }).mount('#app');
</script>
```

单选选择框的 v-model 绑定的是数据属性 education, 选中 "本科" 时, education 的值是字符串 "本科"。多选选择框绑定的是数据属性 searches(数组类型), 如果同时选中 "百度" 和 "谷歌", 其值为 ["baidu.com", "google.com"]。

前面说过, 重复的元素可以使用 v-for 指令循环渲染, 这里的多选选择框的选项元素 <option> 就是使用 v-for 渲染的, 我们需要做的就是把数据部分抽取出来, 组织成一个对象或数组, 在组件 实例的 data 选项中定义好。

对于选择框, v-model 指令监听的是 change 事件。

9.6 值 绑 定

v-model 针对不同的表单控件，绑定的值都有默认的约定。例如，单个复选框绑定的是布尔值；多个复选框绑定的是一个数组，选中的复选框 value 属性的值被保存到数组中。

有时候可能想要改变默认的绑定规则，那么可以使用 v-bind 把值绑定到当前活动实例的一个动态属性上，并且这个属性的值可以不是字符串。

9.6.1 复选框

在使用单个复选框时，在 `<input>` 元素上可以使用两个特殊的属性 true-value 和 false-value 来指定选中状态下和未选中状态下 v-model 绑定的值是什么。

例如下面的代码：

```
<div id = "app">
    <input id="agreement" type="checkbox" v-model="isAgree"
        true-value="yes"
        false-value="no">
    <label for="agreement">{{ isAgree }}</label>
</div>

<script>
    const vm = Vue.createApp({
        data() {
            return {
                isAgree: false
            }
        }
}).mount('#app');
</script>
```

数据属性 isAgree 的值初始为 false，当选中复选框时，其值为 true-value 属性的值：yes，之后再取消复选框，其值为 false-value 属性的值：no，如图 9-4 所示。

☐ false ☑ yes ☐ no

图 9-4 单个复选框初始、选中和未选中的值

true-value 属性和 false-value 属性也可以使用 v-bind，将它们绑定到 data 选项中的某个数据属性上。代码如下所示：

```
<div id = "app">
    <input id="agreement" type="checkbox" v-model="isAgree"
        :true-value="trueVal"
        :false-value="falseVal">
    <label for="agreement">{{ isAgree }}</label>
</div>

<script>
```

```
    const vm = Vue.createApp({
        data() {
            return {
                isAgree: false,
                trueVal: '真',
                falseVal: '假'
            }
        }
    }).mount('#app');
</script>
```

数据属性 isAgree 的值初始为 false，当选中复选框时，其值为 true-value 绑定的数据属性 trueVal 的值：真，之后再取消复选框，其值为 false-value 绑定的数据属性 falseVal 的值：假，如图 9-5 所示。

☐ false ☑ 真 ☐ 假

图 9-5　使用 v-bind 后单个复选框初始、选中和未选中的值

9.6.2　单选按钮

单选按钮被选中时，v-model 绑定的数据属性的值默认被设置为该单选按钮的 value 值，可以使用 v-bind 将 <input> 元素的 value 属性再绑定到另一个数据属性上，这样选中后的值就是这个 value 属性绑定的数据属性的值。代码如下所示：

```
<div id = "app">
    <input id="male" type="radio" v-model="gender"
            :value="genderVal[0]" >
    <label for="male">男 </label>
    <br>
    <input id="female" type="radio" v-model="gender"
            :value="genderVal[1]" >
    <label for="female"> 女 </label>
    <br>
    <span> 性别：{{ gender }}</span>
</div>

<script>
    const vm = Vue.createApp({
        data() {
            return {
                gender: '',
                genderVal: [' 帅哥 ', ' 美女 ']
            }
        }
}).mount('#app');
</script>
```

当选中"男"时，gender 的值是"帅哥"；当选中"女"时，gender 的值是"美女"，如图 9-6 所示。

图 9-6　使用 v-bind 后单选按钮初始和选中后的值

9.6.3　选择框的选项

通过选择框选择内容后，其值是选项的值（<option> 元素的 value 属性的值），选项的 value 属性也可以使用 v-bind 指令绑定到一个数据属性上。在例 9-4 中已经这样使用过了，代码如下所示。

```
<option v-for="option in options" v-bind:value="option.value">
```

也可以像以下的写法，将 value 属性绑定到一个对象字面上。

```
<select v-model="selected">
    <!-- 内联对象字面量 -->
  <option v-bind:value="{ number: 123 }">123</option>
</select>
```

当选中时：

```
typeof vm.selected // 'object'
vm.selected.number // 123
```

9.7　实例：用户注册

在单页应用程序中，用户注册在提交时使用 Ajax 发送数据到服务端，数据格式采用 JSON 格式，JSON 是 JavaScript 对象字面量语法的子集，在表单提交前，通常是将要发送的数据先组织为一个 JavaScript 对象或数组，然后转换为 JSON 字符串进行发送。使用 Vue.js，数据组织为对象的过程就变得异常简单了。可以使用 v-model 指令将输入控件直接绑定到某个对象的属性上，然后使用 v-on 指令绑定提交按钮的 click 事件，在事件处理函数中直接发送该对象即可。完整的代码如例 9-5 所示。

例 9-5　register.html

```
<!DOCTYPE html>
<html>
    <head>
        <meta charset="UTF-8">
        <title>用户注册</title>
```

```html
</head>

<body>
    <div id = "app">
    <form>
        <table border="0">
            <tr>
                <td>用户名:</td>
                <td>
                    <input type="text" name="username" v-model="user.username">
                </td>
            </tr>
            <tr>
                <td>密码:</td>
                <td>
                    <input type="password" name="password" v-model="user.password">
                </td>
            </tr>
            <tr>
                <td>性别: </td>
                <td>
                <input type="radio" name="gender" value="1" v-model="user.gender">男
                <input type="radio" name="gender" value="0" v-model="user.gender">女
                </td>
            </tr>
            <tr>
                <td>邮件地址: </td>
                <td>
                    <input type="text" name="email" v-model="user.email">
                </td>
            </tr>
            <tr>
                <td>密码问题: </td>
                <td>
                <input type="text" name="pwdQuestion" v-model="user.pwdQuestion">
                </td>
            </tr>
            <tr>
                <td>密码答案: </td>
                <td>
                    <input type="text" name="pwdAnswer" v-model="user.pwdAnswer">
                </td>
            </tr>
            <tr>
                <td>
                    <input type="submit" value=" 注册 " @click.prevent="register">
                </td>
```

```
                        <td><input type="reset" value=" 重填 "></td>
                    </tr>
                </table>
            </form>
        </div>

        <script src="https://unpkg.com/vue@next"></script>
        <script>
            const vm = Vue.createApp({
                data() {
                    return {
                        user: {
                            username: '',
                            password: '',
                            gender: '',
                            email: '',
                            pwdQuestion: '',
                            pwdAnswer: ''
                        }
                    }
                },
                methods: {
                    register: function(){
                        // 直接发送 this.user 对象
                        //...
                        console.log(this.user);
                    }
                }
            }).mount('#app');
        </script>
    </body>
</html>
```

在"提交"按钮上，我们绑定 click 事件时使用了 .prevent 修饰符，这是因为本实例是在 click 事件响应函数中完成的用户注册数据的发送，并不希望表单的默认提交行为发生，因此使用 .prevent 修饰符来阻止表单的默认提交行为。

剩余的代码逻辑比较简单，这里不再详述。浏览器中的显示效果如图 9-7 所示。

输入用户注册信息，然后单击"注册"按钮，在浏览器的 Console 窗口中将看到如图 9-8 所示的用户信息。

Proxy {username: "张三", password: "1234", gender: "1", email: "zhang@163.com", pwdQuestion: "my name", …}

图 9-7 例 9-5 页面的显示效果   图 9-8 浏览器 Console 窗口中输出的用户注册信息

9.8　小　　结

　　表单控件的输入绑定是通过 v-model 指令实现的，v-model 指令会根据控件类型自动选取正确的方法更新元素。不过由于表单控件有不同的类型，v-model 指令在这些控件上应用时会有些差异，这些差异就是我们在开发时需要注意的地方，要避免不正确的数据绑定导致页面渲染的结果出现问题。

第 10 章 组   件

前面介绍的 Vue.js 的知识都是"开胃菜"，现在来到了"正餐"环节。

组件是 Vue.js 最核心的功能，在前端应用程序中可以采用模块化的开发，实现可重用、可扩展。组件是带有名字的可复用的实例，因此在根组件实例中的各个选项在组件中也一样可以使用。

组件系统让我们可以使用独立可复用的小组件构建大型应用，几乎任意类型应用的界面都可以抽象为一个组件树，如图 10-1 所示。

图 10-1   以一棵嵌套的组件树的形式来组织应用

扫一扫，看视频

10.1   全局注册与本地注册

与自定义指令类似，组件也有两种注册方式：全局注册与本地注册。全局注册组件使用应用程序实例的 component() 方法注册，该方法接受两个参数，第一个参数是组件的名字，第二个参数是一个函数对象，或者是一个选项对象。语法形式如下：

```
app.component({string} name,{Function | Object} definition (optional) )
```

本地注册是在组件实例的选项对象中使用 components 选项注册。

下面看一个全局注册组件的例子。

```
const app = Vue.createApp({});

app.component('ButtonCounter', {
    data() {
        return {
            count: 0
        }
    },
    template: `
    <button @click="count++">
```

```
            You clicked me {{ count }} times.
        </button>`
});

app.mount('#app');
```

组件的内容通过 template 选项定义，当使用组件时，组件所在的位置将被 template 选项的内容所替换。

组件注册后，怎么使用呢？很简单，把组件当成自定义元素，按照元素的方式使用，元素的名称就是注册时指定的组件的名称。代码如下所示：

```
<div id="app">
    <ButtonCounter></ButtonCounter>
</div>
```

不幸的是，上述代码并不能正常工作。这是因为 HTML 并不区分元素和属性的大小写，所以浏览器会把所有大写字符解释为小写字符，即 buttoncounter，而注册时使用的名称是 ButtonCounter，这就导致找不到组件而出现错误。解决办法是在 DOM 模板中采用 kebab-case 命名引用组件。代码如下所示：

```
<div id="app">
    <button-counter></button-counter>
</div>
```

只要组件注册时采用的是 PascalCase（首字母大写）命名，就可以采用 kebab-case 命名来引用。不过，在非 DOM 模板中（如字符串模板或单文件组件内），是可以使用组件的原始名称的，即 <ButtonCounter> 和 <button-counter> 都是可以的。当然，如果想要保持名字的统一性，也可以在注册组件时，直接使用 kebab-case 命名来为组件命名。例如：

```
app.component('button-counter', ...)
```

此外，由于 HTML 并不支持自闭合的自定义元素，所以在 DOM 模板中不要把 ButtonCounter 组件当作自闭合元素来使用。例如，不要使用 <button-counter/>，而要使用 <button-counter> </button-counter>。当然，在非 DOM 模板中没有这个限制，**相反，还鼓励将没有内容的组件作为自闭合元素来使用，这可以明确该组件没有内容，由于省略了结束标签，代码也更简洁。**

本例的渲染结果如图 10-2 所示。

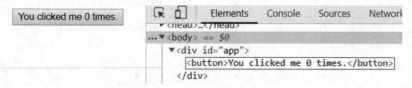

图 10-2 ButtonCounter 组件的渲染结果

本地注册组件的代码如下。

```
const MyComponent = {
    data() {
        return {
                count: 0
        }
    },
    template:
            `<button v-on:click="count++">
                You clicked me {{ count }} times.
            </button>`
}

const app = Vue.createApp({
    components: {
        ButtonCounter: MyComponent
    }
}).mount('#app');
```

对于 components 选项对象，它的每个属性的名称就是自定义元素的名称，其属性值就是这个组件的选项对象。

全局注册组件可以在该应用程序中的任何组件实例的模板中使用，而局部注册组件只能在父组件的模板中使用。

扫一扫，看视频

10.2 使用 prop 向子组件传递数据

组件是当作自定义元素来使用的，元素一般是有属性的，同样，组件也可以有属性。在使用组件时，为组件元素设置属性，组件内部如何接收呢？首先需要在组件内部注册一些自定义的属性，称为 prop，这些 prop 是在组件的 props 选项中定义的；之后，在使用组件时，就可以将这些 prop 的名称作为元素的属性名来使用，通过属性向组件传递数据，这些数据将作为组件实例的属性被使用。代码如下所示：

```
<div id="app">
    <post-item post-title="Java 无难事 "></post-item>
</div>

<script>
    const app = Vue.createApp({});
    app.component('PostItem', {
        // 声明 props
        props: ['postTitle'],
            // postTitle 就像 data 中定义的数据属性一样，
            // 在该组件中可以如 "this.postTitle" 这样使用
            template: '<h3>{{ postTitle }}</h3>'
    });
```

```
        app.mount('#app');
</script>
```

渲染结果为：

```
<h3> Java 无难事 </h3>
```

说明：

（1）正如代码注释中所述，在 props 选项中定义的 prop，可以作为该组件实例的数据属性使用。

（2）props 选项中声明的每一个 prop，在使用组件时，作为元素的自定义属性使用，属性值会被传递给组件内部的 prop。

（3）已不止一次提到过，HTML 中的属性名是不区分大小写的，浏览器在加载 HTML 页面的时，会统一转换为小写字符，采用 camelCase（驼峰命名法）的 prop 名要使用其等价的 kebab-case（短横线分隔命名）名称。如果在字符串模板中或单文件组件内使用，则没有这个限制。

上述说明的第（3）点，我们给出一个父子组件的例子，可以让读者对字符串模板有更好的认识。

```
<div id="app">
    <post-list></post-list>
</div>

<script>
    const app = Vue.createApp({});
    const PostItem = {
        props: ['postTitle'],
        template: '<h3>{{ postTitle }}</h3>'
    };

    app.component('PostList', {
        components: {
                PostItem
        },
        // 在字符串模板中可以直接使用 PascalCase 命名的组件名
        // 和 camelCase 命名的 prop 名
        template: '<div><PostItem postTitle="Java 无难事 " /></div>'
    });

    app.mount('#app');
</script>
```

在本地注册组件时，使用了 ES6 的属性初始值的简写语法。

在字符串模板中，除了各种命名可以直接使用外，组件还可以作为自闭合元素使用。

下面稍微修改一下 PostList 组件，给它定义一个数据属性 title，然后用 title 的值给子组件 PostItem 的 postTitle 属性赋值。代码如下所示：

```
Vue.component('PostList', {
    data() {
        return {
            title: 'Java 无难事'
        }
    },
    components: {
        PostItem
    },
    template: '<div><PostItem postTitle="title"></PostItem></div>'
});
```

渲染输出的结果为：<h3>title</h3>。为什么没有输出 title 属性的值呢？因为在解析的时候，title 并没有作为表达式来解析，而仅仅是作为一个静态的字符串值传递给 postTitle 属性。与普通的 **HTML** 元素的属性传值一样，要想接收动态值，需要使用 **v-bind** 指令，否则，接收的值都是静态的字符串值。

修改 PostList 组件的模板字符串，代码如下所示：

```
template: '<div><PostItem :postTitle="title"></PostItem></div>'
```

渲染输出的结果为：

```
<h3>Java 无难事 </h3>
```

如果组件需要接收多个传值，那么可以定义多个 prop。代码如下所示：

```
<div id="app">
    <post-list></post-list>
</div>

<script>
    const app = Vue.createApp({});
    const PostItem = {
        props: ['author', 'title', 'content'],
        template: `
        <div>
            <h3>{{ title }}</h3>
            <p> 作者：{{ author }}</p>
            <p>{{ content }}</p>
        </div>`
    };

    app.component('PostList', {
        data() {
            return {
                author: ' 孙鑫 ',
                title: 'Java 无难事 ',
                content: ' 这本书不错 '
            }
        },
```

```
        components: {
                PostItem
        },
        template: `<div>
            <PostItem
                :author="author"
                :title="title"
                :content="content">
            </PostItem>
        </div>`
    });

    app.mount('#app');
</script>
```

从这个例子中可以看到，如果子组件定义的 prop 较多，调用时就需要写较多的属性，然后一一赋值，这很麻烦。为此，可以使用不带参数的 v-bind 命令传入一个对象，只需要将该对象的属性和组件的 prop 一一对应即可。代码如下所示：

```
app.component('PostList', {
    data() {
        return {
            post: {
                author: '孙鑫',
                title: 'Vue.js无难事',
                content: '这本书不错'
            }
        }
    },
     template: '<div><PostItem v-bind="post" /></div>'

});
```

在 data 中，定义了一个 post 对象，它的属性值和 PostItem 的 prop 一一对应。在 <PostItem> 元素上使用了不带参数的 v-bind 指令，传入 post 对象，该对象的所有属性将作为 prop 传入。

虽然直接传入一个对象，将其所有属性值作为 prop 传入可以简化代码的编写，但也容易造成一些混乱，而在实际业务组件开发时，子组件通常是以对象接收数据，父组件以对象的方式传值。代码示例如下：

```
const app = Vue.createApp({});
const PostItem = {
    props: ['post'],
    template: `
      <div>
          <h3>{{ post.title }}</h3>
          <p> 作者: {{ post.author }}</p>
```

```
            <p>{{ post.content }}</p>
        </div>`
};

app.component('PostList', {
    data() {
        return {
            post: {
                author: '孙鑫',
                title: 'Java 无难事',
                content: '这本书不错'
            }
        }
    },
    template: '<div><PostItem :post="post"/></div>'
});
```

10.2.1 单向数据流

通过 prop 传递数据是单向的，父组件的属性变化会向下传递给子组件，但是反过来不行。这可以防止子组件意外改变父组件的状态，从而导致应用程序的数据流难以理解。

每次父组件更新时，子组件中所有的 prop 都会刷新为最新的值。这意味着不应该在一个子组件内部去改变 prop，如果这样做了，则 Vue 会在 Chrome 浏览器的 Console 窗口中给出警告。

在下面两种情况下可能需要改变组件的 prop。

第一种情况是定义一个 prop，以方便父组件传递初始值，在子组件内将这个 prop 作为一个本地的数据使用。遇到这种情况的解决办法是定义一个本地的 data 属性，然后将 prop 的值作为其初始值，后续操作只访问这个 data 属性。代码示例如下：

```
props: ['initialCounter'],
data: function () {
  return {
    counter: this.initialCounter
  }
}
```

第二种情况是 prop 接收数据后需要转换后使用。在这种情况下，可以使用计算属性解决。代码示例如下：

```
props: ['size'],
computed: {
  normalizedSize() {
    return this.size.trim().toLowerCase()
  }
}
```

后续的操作直接访问计算属性 normalizedSize。

扫一扫，看视频

🔊)) **注意:**

　　JavaScript 中对象和数组是通过引用传入的，所以对于一个数组或对象类型的 prop，在子组件中改变这个对象或数组本身将影响到父组件的状态。

10.2.2　prop 验证

　　当开发一个通用组件时，我们希望父组件通过 prop 传递的数据类型是符合要求的。例如，组件定义的一个 prop 是数组类型，结果父组件传的是一个字符串类型的值，这显然不合适。为此，Vue 也提供了 prop 的验证机制，在定义 props 选项时，用一个带验证需求的对象代替之前一直使用的字符串数组（props: ['author', 'title', 'content']）。代码示例如下:

```
app.component('my-component', {
  props: {
    // 基本类型检查（'null 和 'undefined' 会通过任何类型验证）
    age: Number,
    // 多个可能的类型
    tel: [String, Number],
    // 必填的字符串
    username: {
      type: String,
      required: true
    },
    // 具有默认值的数字
    sizeOfPage: {
      type: Number,
      default: 10
    },
    // 具有默认值的对象
    greeting: {
      type: Object,
      // 对象或数组默认值必须从一个工厂函数获取
      default: function () {
        return { message: 'hello' }
      }
    },
    // 自定义验证函数
    info: {
      validator: function (value) {
        // 这个值必须匹配下列字符串中的一个
        return ['success', 'warning', 'danger'].indexOf(value) !== -1
      }
    },
    // 具有默认值的函数
    msg: {
      type: Function,
```

```
        // 与对象或数组默认值不同，这不是一个工厂函数，而是一个用作默认值的函数
        default: function() {
          return 'Default function'
        }
      }
    }
  })
```

当 prop 验证失败时，在开发版本下，Vue 会在 Console 中抛出一个警告。

📢 **注意：**

prop 验证发生在组件实例创建之前，因此实例的属性（如 data、计算属性等）在 default 或 validator 函数中是不可用的。

验证的类型（type）可以是下列原生构造函数中的一个：

- String
- Number
- Boolean
- Array
- Object
- Date
- Function
- Symbol

此外，type 还可以是一个自定义的构造函数。代码示例如下：

```
function Person (firstName, lastName) {
  this.firstName = firstName
  this.lastName = lastName
}


app.component('blog-post', {
  props: {
    // 验证 author 的值是否是通过 new Person 创建的
    author: Person
  }
})
```

10.2.3 非 prop 的属性

在使用组件时，组件的使用者可能会向组件传入未定义 prop 的属性。在 Vue.js 中，这也是允许的，常见的例子包括 class、style 和 id 属性，可以通过 $attrs 访问这些属性。

当组件返回单个根节点时，非 prop 的属性将自动添加到根节点的属性中。

1. 属性继承

请看下面的示例代码：

```
<style>
    .child {
        background-color: red;
    }

    .parent {
        opacity: 0.5;
    }
</style>

<div id="app">
    <my-input type="text" class="parent"></my-input>
</div>

<script>
    const app = Vue.createApp({});
    app.component('MyInput', {
        template: '<input class="child">'
    }
    );

    app.mount('#app');
</script>
```

MyInput 组件没有定义任何的 prop，根元素是 <input>，在 DOM 模板中使用 <my-input> 元素时设置了 type 属性，这个属性将被添加到 MyInput 组件的根元素 <input> 上，渲染结果为 <input type="text">。此外，在 MyInput 组件的模板中还使用了 class 属性，同时在 DOM 模板中也设置了 class 属性，在这种情况下，两个 class 属性的值会被合并，最终渲染为 <input class="child parent" type="text">。需要注意的是，只有 class 和 style 属性的值会合并，对于其他属性，从外部提供给组件的值会替换掉组件内部设置好的值。假设 MyInput 组件的模板是 <input type="text">，如果父组件传入 type="checkbox"，就会替换掉 type="text"，最后渲染结果就变成了 <input type="checkbox">。

2. 禁用属性继承

如果不希望组件自动继承属性，可以在组件的选项中设置 inheritAttrs: false。例如：

```
app.component('my-component', {
  inheritAttrs: false,
  //...
})
```

禁用属性继承的常见情况是需要将属性应用于根节点之外的其他元素。将 inheritAttrs 选项设置为 false 后，可以通过使用组件的 $attrs 属性将在组件上设置的属性应用到其他元素上。代码如下所示：

```
<date-picker data-status="activated"></date-picker>

app.component('date-picker', {
  inheritAttrs: false,
  template: `
    <div class="date-picker">
      <input type="datetime" v-bind="$attrs" />
    </div>
  `
})
```

data-status 属性将被应用到 \<input\> 元素上，而不是 \<div\> 元素。date-picker 组件最终渲染的结果如下所示。

```
<div class="date-picker">
  <input type="datetime" data-status="activated" />
</div>
```

3. 多个根节点上的属性继承

与单个根节点组件不同，具有多个根节点的组件无法自动继承属性，需要显式地在指定元素上绑定 $attrs 属性，如果没有绑定，会发出运行时警告。代码如下所示：

```
<custom-layout id="custom-layout" @click="changeValue"></custom-layout>

app.component('custom-layout', {
  template: `
    <header>...</header>
    <main v-bind="$attrs">...</main>
    <footer>...</footer>
  `
})
```

custom-layout 组件最终渲染的结果如下所示。

```
<header>...</header>
<main id="custom-layout">...</main>
<footer>...</footer></div>
```

如果在 \<main\> 元素上单击，将触发父组件实例的 changeValue() 方法。

10.3   监听子组件事件

前面介绍了父组件可以通过 prop 向子组件传递数据，反过来，子组件的某些功能需要与父组件进行通信，那该如何实现呢？

在 Vue.js 中，这是通过自定义事件实现的。子组件使用 $emit() 方法触发事件，父组件使用

v-on 指令监听子组件的自定义事件。$emit() 方法的语法形式如下。

```
$emit( eventName, [...args] )
```

eventName 为事件名，args 为附加参数，这些参数会传给事件监听器的回调函数。如果子组件需要向父组件传递数据，就可以通过第二个参数来传。

例如，有如下子组件：

```
app.component('child', {
    data: function(){
        return {
            name: '张三'
        }
    },
    methods: {
        handleClick(){
            // 调用实例的 $emit() 方法触发自定义事件 greet，并传递参数
            this.$emit('greet', this.name);
        }
    },
    template: '<button @click="handleClick">开始欢迎</button>'
})
```

子组件的按钮接收到 click 事件后，调用 $emit() 方法触发一个自定义事件。使用组件时，可以使用 v-on 指令监听 greet 事件。代码如下所示：

```
<div id="app">
    <child @greet="sayHello"></child>
</div>

const app = Vue.createApp({
    methods: {
                // 自定义事件的附加参数会自动传入方法
                sayHello(name){
                        alert("Hello, " + name);
                }
    }
});
```

与组件和 prop 不同，事件名不提供任何自动大小写转换。调用 $emit() 方法触发的事件名称与用于监听该事件名称要完全匹配。

如果在 v-on 指令中直接使用 JavaScript 语句，则可以通过 $event 访问自定义事件的附加参数。例如，在子组件中：

```
<button @click="$emit('enlarge-text', 0.1)">
  Enlarge text
</button>
```

在父组件的模板中：

```
<blog-post ... @enlarge-text="postFontSize += $event"></blog-post>
```

下面看一个实际的例子。通过帖子列表功能设计两个组件，实现一个 BBS 项目：PostList 和 PostListItem，PostList 负责整个帖子列表的渲染，PostListItem 负责单个帖子的渲染。帖子列表数据在 PostList 组件中维护，当增加新帖子或删除旧帖子时，帖子列表数据会发生变化，从而引起整个列表数据的重新渲染。这里有一个问题，就是每个帖子都有一个"点赞"按钮，当单击按钮时，点赞数加 1。对于单个帖子，除了点赞数要变化外，其他信息（如标题、发帖人等）都不会变化，那么如果在 PostListItem 中维护点赞数，状态的管理就会比较混乱，子组件和父组件都会有状态变化，显然这不是很合理。为此，我们决定在 PostList 中维护点赞数，而把 PostListItem 设计成无状态组件，这样所有的状态变化都在父组件中维护。"点赞"按钮在子组件中，为了向父组件通知单击事件，可以使用自定义事件的方式，通过 $emit() 方法触发，父组件通过 v-on 指令监听自定义事件。代码如例 10-1 所示。

扫一扫，看视频

例 10-1　components-custom-events2.html

```
<div id="app">
    <post-list></post-list>
</div>

<script src="https://unpkg.com/vue@next"></script>
<script>
    const app = Vue.createApp({});
    // 子组件
    const PostListItem = {
            methods: {
                    handleVote(){
                            // 触发自定义事件
                            this.$emit('vote');
                    }
            },
            props: ['post'],
            template: `
              <li>
                  <p>
                            <span> 标题：{{post.title}} | 发帖人：{{post.author}} |
发帖时间：{{post.date}} | 点赞数：{{post.vote}}</span>
                            <button @click="handleVote"> 赞 </button>
                  </p>
              </li>`
    };
        // 父组件
    app.component('PostList', {
            data() {
                    return {
                            posts: [
```

```
                                    {id: 1, title: '《Servlet/JSP 深入详解》怎么样 ',
author: ' 张三 ', date: '2019-10-21 20:10:15', vote: 0},
                                    {id: 2, title: '《VC++ 深入详解》观后感 ', author:
' 李四 ', date: '2019-10-10 09:15:11', vote: 0},
                                    {id: 3, title: '《Java 无难事》怎么样 ', author: '
王五 ', date: '2020-11-11 15:22:03', vote: 0}
                        ]
                    }
            },
            components: {
                PostListItem
            },
            methods: {
                // 自定义事件 vote 的事件处理器方法
                handleVote(id){
                        this.posts.map(item => {
                                item.id===id ?{...item,vote:++item.vote}: item;
                        })
                }
            },
        template: `
            <div>
                <ul>
                    <PostListItem
                        v-for="post in posts"
                        :key="post.id"
                        :post="post"
                        @vote="handleVote(post.id)"/> <!-- 监听自定义事件 -->
                </ul>
            </div>`
        });

        app.mount('#app');
</script>
```

浏览器中的显示效果如图 10-3 所示。

- 标题：《Servlet/JSP深入详解》怎么样 | 发帖人：张三 | 发帖时间：2019-10-21 20:10:15 | 点赞数：0 赞
- 标题：《VC++深入详解》观后感 | 发帖人：李四 | 发帖时间：2019-10-10 09:15:11 | 点赞数：0 赞
- 标题：《Java无难事》怎么样 | 发帖人：王五 | 发帖时间：2020-11-11 15:22:03 | 点赞数：0 赞

图 10-3　例 10-1 在浏览器中的显示效果

在子组件中触发的事件可以在 emits 选项中进行定义。例如：

```
app.component('custom-form', {
  emits: ['in-focus', 'submit', ]
})
```

如果在 emits 选项中定义了原生事件（如 click 事件），那么将使用组件事件而不是原生事件监听器。

Vue 3.0 删除了 v-on 指令的 .native 修饰符，该修饰符用于让组件可以监听原生事件，而现在，Vue 3.0 会把子组件中未定义为组件触发的事件的所有事件监听器作为原生事件侦听器添加到子组件的根元素上（除非在子组件的选项中设置了 inheritAttrs: false）。

建议在组件中定义所有要触发的事件，以便可以更好地记录组件应该如何工作。

与 prop 的类型验证类似，也可以采用对象语法而不是数组语法为定义的事件进行验证。要添加验证，需要为事件分配一个函数，该函数接收传递给 $emit 调用的参数，并返回一个布尔值以指示事件是否有效。代码如下所示：

```
app.component('custom-form', {
  emits: {
    // 无验证
    click: null,

    // 验证 submit 事件
    submit: ({ email, password }) => {
      if (email && password) {
        return true
      } else {
        console.warn('Invalid submit event payload!')
        return false
      }
    }
  },
  methods: {
    submitForm() {
      this.$emit('submit', { email, password })
    }
  }
})
```

10.4　在组件上使用 v-model 指令

在表单元素上使用 v-model 指令可以实现数据双向绑定。例如：

```
<input type="text" v-model="message" />
```

等同于：

```
<input :value="message" @input="message = $event.target.value" />
```

很多表单 UI 组件都是对 HTML 的表单控件的封装，在使用这些 UI 组件时，也可以使用 v-model 指令实现数据双向绑定。但是在组件上使用 v-model 指令时，情况会有所不同，如下面的代码：

```
<my-input v-model="message"></my-input>
```

v-model 会执行下面的操作：

```
<my-input
    :model-value="message"
    @update:model-value="message = $event">
</my-input>
```

这样的话，组件内部 <input> 元素就必须将 value 属性绑定到 modelValue prop 上，在 input 事件发生时，使用新的输入值触发 update:modelValue 事件。按照这个要求，可以给出如下的 MyInput 组件的实现代码：

```
const app = Vue.createApp({
    data() {
        return {
          message: 'Java 无难事'
        }
    }
});
app.component('MyInput', {
    props: ['modelValue'],
    template: `
        <input :value="modelValue"
            @input="$emit('update:modelValue', $event.target.value)">`
});

app.mount('#app');
```

在自定义组件中创建 v-model 功能的另一种方法是使用计算属性，在计算属性中定义 get() 和 set() 方法，get() 方法返回 modelValue 属性或用于绑定的任何属性，set() 方法为该属性触发相应的 $emit。

修改上述 MyInput 组件的代码如下所示：

```
app.component('MyInput', {
props: ['modelValue'],
    template: `
        <input v-model="value">
     `,
    computed: {
        value: {
            get(){
                return this.modelValue
            },
            set(newValue){
                this.$emit('update:modelValue', newValue);
            }
        }
    }
});
```

完整的代码如例 10-2 所示。

例 10-2　components-input-v-model.html

```html
<div id="app">
    <my-input v-model="message"></my-input>
</div>

<script>
    const app = Vue.createApp({
        data() {
            return {
                message: 'Java 无难事'
            }
        }
    });

    app.component('MyInput', {
        data: function(){
            return {
                inpuStyles: {
                    'background-color': '#cdcdcd',
                    opacity: 0.5
                },
            }
        },
        props: ['modelValue'],
        template: `
            <div>
                <input :value="modelValue"
                    :style="inpuStyles"
                    @input="$emit('update:modelValue', $event.target.value)">
                <label>{{ modelValue }}</label>
            </div>
            `
    });
    const vm = app.mount('#app');
</script>
```

注意代码中粗体显示的部分。在 props 选项中定义了 modeValue prop，modeValue 可以作为数据属性使用。关于这一点，前面已经介绍过了。

在浏览器中的渲染效果如图 10-4 所示。

图 10-4　MyInput 组件在浏览器中的渲染效果

在 Console 窗口中输入 vm.message="hello"，可以看到文本输入控件中的内容和 <label> 元素的内容都发生了改变，如图 10-5 所示。

图 10-5　修改 message 属性的值引起 MyInput 组件重新渲染

10.4.1　v-model 的参数

默认情况下，组件上的 v-model 使用 modelValue 作为 prop，update:modelValue 作为事件，可以给 v-model 指令传递一个参数来修改默认的名称。

例如，要使用名字 title 作为 prop，可以将 title 作为参数传递给 v-model 指令。代码如下所示。

```
<my-input v-model:title="message"></my-input>
```

在这种情况下，MyInput 组件需要一个 title prop，以及触发 update:title 事件保证同步。代码如下所示：

```
app.component('MyInput', {
    props: {
        title: String
    },
    template: `
        <div>
            <input :value="title"
                @input="$emit('update:title', $event.target.value)">
            <label>{{ title }}</label>
        </div>
    `
});
```

从 Vue 3.0 开始，可以在同一个组件上进行多个 v-model 绑定。利用 v-model 的参数机制，每个 v-model 可以同步到不同的 prop，而不需要在组件中添加额外的选项。

我们看下面的代码：

```
<user-name
  v-model:first-name="firstName"
  v-model:last-name="lastName"
></user-name>
```

```
const app = Vue.createApp({})

app.component('user-name', {
  props: {
    firstName: String,
    lastName: String
  },
  template: `
    <input
      type="text"
      :value="firstName"
      @input="$emit('update:firstName', $event.target.value)">

    <input
      type="text"
      :value="lastName"
      @input="$emit('update:lastName', $event.target.value)">
  `
})
```

10.4.2　处理 v-model 的修饰符

在第 9 章讲解 v-model 指令时，我们介绍了 .trim、.lazy 和 .number 这 3 个内置修饰符，但某些情况下，我们可能想要添加自定义修饰符。

接下来创建一个自定义修饰符 capitalize，它将 v-model 绑定提供的字符串的第一个字母大写。添加到组件 v-model 的修饰符将通过 modelModifiers prop 提供给组件。代码如下所示：

```
<my-input v-model.capitalize="message"></my-input>

app.component('MyInput', {
  props: {
    modelValue: String,
    // modelModifiers prop 默认为空对象
    modelModifiers: {
      default: () => ({})
    }
  },
  template: `
    <div>
      <input :value="modelValue"
        @input="$emit('update:modelValue', $event.target.value)">
      <label>{{ modelValue }}</label>
    </div>
  `,
  created(){
    console.log(this.modelModifiers) // { capitalize: true }
  }
});
```

当组件的 created 生命周期钩子触发时，modelModifiers prop 包含 capitalize 属性，它的值为
true。接下来可以通过检查 capitalize 值的真假，在 \<input\> 元素触发 input 事件时，将字符串的首字
母大写。代码如下所示：

```
<my-input v-model.capitalize="message"></my-input>

const app = Vue.createApp({
    data() {
        return {
            message: ''
        }
    }
});

app.component('MyInput', {
    props: {
            modelValue: String,
            // modelModifiers prop 默认为空对象
            modelModifiers: {
                default: () => ({})
            }
    },
    methods: {
        emitValue(e) {
            let value = e.target.value
            if (this.modelModifiers.capitalize) {
                value = value.charAt(0).toUpperCase() + value.slice(1)
            }
            this.$emit('update:modelValue', value)
        }
    },
    template: `
        <div>
            <input :value="modelValue" @input="emitValue">
            <label>{{ modelValue }}</label>
        </div>
        `
});
const vm = app.mount('#app');
```

在文本输入框中输入英文字符，其首字母会自动转换为大写。

对于带参数的 v-model 绑定，生成的 prop 的名字是 arg + "Modifiers"。我们看下面的代码：

```
<my-input v-model:title.capitalize="message"></my-input>

app.component('MyInput', {
    props: {
            title: String,
            titleModifiers: {
```

```
                default: () => ({})
            }
        },
        methods: {
            emitValue(e) {
                let value = e.target.value
                if (this.titleModifiers.capitalize) {
                        value = value.charAt(0).toUpperCase() + value.slice(1)
                }
                this.$emit('update:title', value)
            }
        },
        template: `
            <div>
                <input :value="title"
                    @input="emitValue">
                <label>{{ title }}</label>
            </div>
        `
});
```

10.5   实例：combobox

很多界面 UI 库中都有组合框（combobox），它是由一个文本框和下拉列表框组成的，HTML
原生的表单控件中是没有组合框的，不过我们可以利用 Vue.js 提供的组件功能自己实现一个组合
框。本节实现的组合框如图 10-6 所示。

从下拉列表框中选择一项，文本输入框中会显示所选的内容，如图 10-7 所示。

图 10-6   组合框示例   图 10-7   下拉列表框选中的内容出现在文本输入框中

也可以直接在文本框中输入内容，如果输入的内容在下拉列表框的选项中存在，那
么下拉列表框也会同步选中该项内容。整个组件的值以文本输入框中的内容为准。

完整的代码如例 10-3 所示。

扫一扫，看视频

例 10-3   combobox.html

```
<div id="app">
    <combobox
        label=" 请选择了解信息的渠道 "
        :list="[' 报纸 ', ' 网络 ', ' 朋友介绍 ']"
        v-model="selectedVal">
    </combobox>
```

```
        <span>选中的值是: {{selectedVal}}</span>
</div>

<script src="https://unpkg.com/vue@next"></script>
<script>
    const app = Vue.createApp({
        data() {
            return {
                selectedVal: ''
            }
        }
    });

app.component('combobox', {
        props: ['label', 'list', 'modelValue'],
        template: `
            <div>
                <label style="float: left;">
                    {{ label }}
                </label>
                <table>
                    <tr>
                        <td>
                            <input
                                :value="modelValue"
                                @input="$emit('update:modelValue',$event.target.value)">
                        </td>
                    </tr>
                    <tr>
                        <td>
                            <select
                                :value="modelValue"
                                @change="$emit('update:modelValue',$event.target.value)">
                                <option disabled value="">请选择</option>
                                <option v-for="item in list" :value="item">
                                {{item}}
                                </option>
                            </select>
                        </td>
                    </tr>
                </table>
            </div>
        `
    })
    app.mount('#app');
</script>
```

代码中涉及的知识点,前面都已经介绍过了,这里就不再赘述。读者应重点注意代码中粗体显示的部分,并结合 10.4 节一起看。combobox 组件还有需要完善的地方,如 list 属性现在只能接收数组，也应该允许能够接收一个对象，然后用对象属性名作为 <option> 元素 value 属性的值，用对象属性的值作为 <option> 元素的内容，这个交给有兴趣的读者自行完善。

在浏览器中的显示效果如图 10-8 所示。

请选择了解信息的渠道 _____

请选择 ▼

选中的值是：

图 10-8　例 10-3 在浏览器中的显示效果

当选中一个选项时，父组件模板中也会同步显示该值。如果在文本框中输入了下拉列表框中没有的数据，那么父组件模板也会显示输入的值。毕竟，我们是以文本输入框中的内容作为整个组件的值，如图 10-9 所示。

请选择了解信息的渠道 朋友介绍　　　请选择了解信息的渠道 广告推送

朋友介绍 ▼　　　　　　　　　▼

选中的值是：朋友介绍　　　　选中的值是：广告推送

图 10-9　combobox 组件演示效果

10.6　使用插槽分发内容

组件是当作自定义元素使用的，元素可以有属性和内容，通过组件定义的 prop 接收属性值，可以解决属性问题，那么内容呢？这可以通过 <slot> 元素解决。此外，插槽（slot）也可以作为父子组件之间通信的另一种实现方式。

下面是一个简单的自定义组件。

```
Vue.component('greeting', {
  template: '<div><slot></slot></div>'
})
```

在组件模板中，<div> 元素内部使用了一个 <slot> 元素，可以把这个元素理解为占位符。

使用该组件的代码如下：

```
<greeting>Hello, Vue.js</greeting>
```

<greeting> 元素给出了内容，在渲染组件时，这个内容会置换组件内部的 <slot> 元素。最终渲染结果如下：

```
<div>Hello, Vue.js</div>
```

是不是很简单！

扫一扫，看视频

10.6.1　编译作用域

如果想通过插槽向组件传递动态数据。例如：

```
<greeting>Hello, {{name}}</greeting>
```

那么要清楚一点，name 是在父组件的作用域下解析的，而不是在 greeting 组件的作用域下解析。换句话说，在 greeting 组件内部定义的 name 数据属性，在这里是访问不到的，name 必须存在于父组件的 data 选项中。这就是编译作用域的问题。

要记住，**父组件模板中的所有内容都是在父级作用域内编译；子组件模板中的所有内容都是在子作用域内编译。**

10.6.2　默认内容

在组件内部使用 <slot> 元素时，可以给该元素指定一个默认内容，以防止组件的使用者没有给该组件传递内容。例如，一个用作提交按钮的组件 <submit-button> 的模板内容如下：

```
<button type="submit">
  <slot> 提交 </slot>
</button>
```

在父级组件中使用 <submit-button>，但是不提供插槽内容。代码如下所示：

```
<submit-button></submit-button>
```

那么该组件的渲染结果如下：

```
<button type="submit">
  提交
</button>
```

如果父级组件提供了插槽内容，代码如下所示：

```
<submit-button> 注册 </submit-button>
```

那么该组件的渲染结果如下：

```
<button type="submit">
  注册
</button>
```

10.6.3　命名插槽

在开发组件时，可能需要用到多个插槽。例如，有一个布局组件 <base-layout>，它的模板内容需要如下的形式：

```
<div class="container">
  <header>
    <!-- 我们希望把页头放这里 -->
  </header>
```

```
   <main>
     <!-- 我们希望把主要内容放这里 -->
   </main>
   <footer>
     <!-- 我们希望把页脚放这里 -->
   </footer>
</div>
```

遇到这种情况，可以使用命名的插槽，<slot> 元素有一个 name 属性，可以定义多个插槽。代码如下所示：

```
<div class="container">
  <header>
    <slot name="header"></slot>
  </header>
  <main>
    <slot></slot>
  </main>
  <footer>
    <slot name="footer"></slot>
  </footer>
</div>
```

没有使用 name 属性的 <slot> 元素具有隐含名称 default。

在向命名插槽提供内容的时候，在一个 <template> 元素上使用 v-slot 指令，并以 v-slot 参数的形式指定插槽的名称。代码如下所示：

```
<base-layout>
  <template v-slot:header>
    <h1> 这里是页头部分，如导航栏 </h1>
  </template>

  <p> 主要内容的一个段落 </p>
  <p> 另一个段落 </p>

  <template v-slot:footer>
    <p> 这里是页脚部分，如联系信息，友情链接等 </p>
  </template>
</base-layout>
```

现在 <template> 元素中的所有内容都将被传递给相应的插槽（不包含 <template> 元素本身）。任何没有被包裹在带有 v-slot 的 <template> 元素中的内容都会被视为默认插槽的内容。

对于默认插槽的内容传递，也可以利用默认插槽的隐含名称 default，使用 <template> 元素对内容进行包裹。代码如下所示：

```
<base-layout>
  <template v-slot:header>
```

```
      <h1> 这里是页头部分，如导航栏 </h1>
   </template>

   <template v-slot:default>
      <p> 主要内容的一个段落 </p>
      <p> 另一个段落 </p>
   </template>

   <template v-slot:footer>
      <p> 这里是页脚部分，如联系信息，友情链接等 </p>
   </template>
</base-layout>
```

无论采用哪种方式，最终渲染的结果都是一样的。代码如下所示：

```
<div class="container">
   <header>
      <h1> 这里是页头部分，如导航栏 </h1>
   </header>
   <main>
      <p> 主要内容的一个段落 </p>
      <p> 另一个段落 </p>
   </main>
   <footer>
      <p> 这里是页脚部分，如联系信息，友情链接等 </p>
   </footer>
</div>
```

要注意，v-slot 指令只能在 \<template\> 元素或组件元素上使用。在组件元素上使用有一些限制，请参见 10.6.4 小节。

与 v-bind 和 v-on 指令一样，v-slot 指令也有缩写语法，即用"#"号替换"v-slot:"。代码如下所示：

```
<base-layout>
   <template #header>
      <h1> 这里是页头部分，如导航栏 </h1>
   </template>

   <template #default>
      <p> 主要内容的一个段落 </p>
      <p> 另一个段落 </p>
   </template>

   <template #footer>
      <p> 这里是页脚部分，如联系信息，友情链接等 </p>
   </template>
</base-layout>
```

10.6.4　作用域插槽

前面介绍过，在父级作用域下，在插槽内容中是无法访问到子组件的数据属性的，但有时候需要在父级的插槽内容中访问子组件的数据，为此，可以在子组件的 <slot> 元素上使用 v-bind 指令绑定一个 prop。代码如下所示：

```
app.component('my-button', {
    data(){
        return {
            titles: {
                login: '登录',
                register: '注册'
            }
        }
    },
    template: `
      <button>
        <slot :values = "titles">
            {{ titles.login }}
        </slot>
      </button>`

});
```

这个按钮的名称可以在 "登录" 和 "注册" 之间切换，为了让父组件可以访问 titles，在 <slot> 元素上使用 v-bind 指令绑定一个 values 属性，称为插槽 prop，这个 prop 不需要在 props 选项中声明。

在父级作用域下使用该组件时，可以给 v-slot 指令一个值来定义组件提供的插槽 prop 的名字。代码如下所示：

```
<my-button>
    <template v-slot:default="slotProps">
        {{slotProps.values.register}}
    </template>
</my-button>
```

因为 <my-button> 组件内的插槽是默认插槽，所以这里使用其隐含的名字 default，然后给出一个名字 slotProps，这个名字可以随便取，代表的是包含组件内所有插槽 prop 的一个对象，然后就可以利用这个对象访问组件的插槽 prop，values prop 是绑定到 titles 数据属性上的，所以可以进一步访问 titles 的内容。最后渲染的结果是：<button> 注册 </button>。

在上面的例子中，父级作用域只是给默认插槽提供了内容，在这种情况下，可以省略 <template> 元素，把 v-slot 指令直接用在组件的元素标签上。代码如下所示：

```
<my-button v-slot:default="slotProps">
    {{slotProps.values.register}}
</my-button>
```

上述代码还可以进一步简化，省略 default 参数。代码如下所示：

```
<my-button v-slot="slotProps">
    {{slotProps.values.register}}
</my-button>
```

正如未指明的内容对应默认插槽一样，不带参数的 v-slot 指令被假定为对应默认插槽。

默认插槽的简写语法很好，但不能与命名的插槽混合使用，因为它会导致作用域不明确。例如：

```
<!-- 无效，会导致警告 -->
<my-button v-slot="slotProps">
    {{slotProps.values.register}}
    <template v-slot:other="otherSlotProps">
            slotProps 在这里不可用
    </template>
</my-button>
```

只要出现多个插槽，就应该始终为所有的插槽使用完整的基于 <template> 的语法。代码如下所示：

```
<my-button>
    <template v-slot:default="slotProps">
        {{slotProps.values.register}}
    </template>

    <template v-slot:other="otherSlotProps">
        ...
    </template>
</my-button>
```

作用域插槽的内部工作原理是将插槽内容包装到传递单个参数的函数中来工作。代码如下所示：

```
function (slotProps) {
  // 插槽内容
}
```

这意味着 v-slot 的值实际上可以是任何能够作为函数定义中的参数的 JavaScript 表达式。所以在支持 ES 6 的环境下，可以使用解构语法提取特定的插槽 prop。代码如下所示：

```
<my-button v-slot="{values}">
    {{values.register}}
</my-button>
```

这使模板更加简洁，尤其是在该插槽提供了多个 prop 的时候。与对象解构语法（参看 3.7.1 节）中可以重命名对象属性一样，提取插槽 prop 的时候也可以重命名。代码如下所示：

```
<my-button v-slot="{values:titles}">
    {{titles.register}}
</my-button>
```

10.6.5　动态插槽名

动态指令参数也可以用在 v-slot 指令上，定义动态的插槽名。代码如下所示：

```
<base-layout>
  <template v-slot:[dynamicSlotName]>
    ...
  </template>
</base-layout>
```

dynamicSlotName 需要在父级作用域下能够正常解析，如存在对应的数据属性或计算属性。如果是在 DOM 模板中使用，还要注意元素属性名的大小写问题。

10.7　动态组件

在页面应用程序中，经常会遇到多标签页面，在 Vue.js 中，可以通过动态组件来实现。组件的动态切换是通过在 <component> 元素上使用 is 属性来实现的。

下面通过一个例子学习动态组件的使用。本例的界面显示效果如图 10-10 所示。

图 10-10 中的 3 个标签是 3 个按钮，下面的内容部分由组件来实现，3 个按钮对应 3 个组件，按钮响应 click 事件，单击不同按钮时切换至不同的组件，组件切换通过 <component> 元素和其上的 is 属性实现。

图 10-10　多标签页面

3 个组件的实现代码如下：

```
app.component('tab-introduce', {
    data(){
        return {
            content: 'Java 无难事 '
        }
    },
    template: '<div><input v-model="content"></div>'
})
app.component('tab-comment', {
    template: '<div> 这是一本好书 </div>'
})
app.component('tab-qa', {
    template: '<div> 有人看过吗？怎么样？ </div>'
})
```

第一个组件的模板使用了一个 <input> 元素，便于我们修改内容，这主要是为了引出后面的知识点，读者先把疑惑放一下。

在根实例中定义了两个数据属性和一个计算属性，主要是为了便于使用 v-for 指令循环渲染 button 按钮，以及动态切换组件。代码如下所示：

```
const app = Vue.createApp({
    data() {
        return {
            currentTab: 'introduce',
            tabs: [
                {title: 'introduce', displayName: '图书介绍'},
                {title: 'comment', displayName: '图书评价'},
                    {title: 'qa', displayName: '图书问答'}
            ]
        }
    },
    computed: {
        currentTabComponent: function () {
            return 'tab-' + this.currentTab
        }
    }
})
...
app.mount('#app')
```

数据属性 currentTab 代表当前的标签页，tabs 是一个数组对象，通过 v-for 指令渲染代表标签的 3 个按钮，计算属性 currentTabComponent 代表当前选中的组件。

接下来就是在与实例关联的 DOM 模板中渲染按钮，以及动态切换组件的代码。代码如下所示：

```
<div id="app">
    <button
      v-for="tab in tabs"
      :key="tab.title"
      :class="['tab-button', { active: currentTab === tab.title }]"
      @click="currentTab = tab.title">
      {{ tab.displayName }}
    </button>

    <component
      :is="currentTabComponent"
      class="tab">
    </component>
</div>
```

当单击某个标签按钮时，更改数据属性 currentTab 的值，这将导致计算属性 currentTabComponent 的值更新，<component> 元素的 is 属性使用 v-bind 指令绑定到一个已注册组件的名字上，随着计算属性 currentTabComponent 值的改变，组件也就自动切换了。

剩下的代码就是 CSS 样式的设置了。完整的代码如例 10-4 所示。

例 10-4   dynamic-component.html

```html
<!DOCTYPE html>
<html>
    <head>
        <meta charset="UTF-8">
        <title>动态组件</title>
        <style>
            div {
                width: 400px;
            }
            .tab-button {
              padding: 6px 10px;
              border-top-left-radius: 3px;
              border-top-right-radius: 3px;
              border: solid 1px #ccc;
              cursor: pointer;
              background: #f0f0f0;
              margin-bottom: -1px;
              margin-right: -1px;
            }
            .tab-button:hover {
              background: #e0e0e0;
            }
            .tab-button.active {
              background: #cdcdcd;
            }
            .tab {
              border: solid 1px #ccc;
              padding: 10px;
            }
        </style>
    </head>
    <body>
        <div id="app">
            <button
            v-for="tab in tabs"
            :key="tab.title"
            :class="['tab-button', { active: currentTab === tab.title }]"
            @click="currentTab = tab.title">
            {{ tab.displayName }}
              </button>
              <keep-alive>
                    <component
                       :is="currentTabComponent"
                        class="tab">
                    </component>
                </keep-alive>
```

```
        </div>

    <script src="https://unpkg.com/vue@next"></script>
      <script>
          const app = Vue.createApp({
              data() {
                  return {
                      currentTab: 'introduce',
                        tabs: [
                            {title: 'introduce', displayName: '图书介绍'},
                            {title: 'comment', displayName: '图书评价'},
                                {title: 'qa', displayName: '图书问答'}
                        ]
                    }
                },
            computed: {
                currentTabComponent: function () {
                  return 'tab-' + this.currentTab
                }
            }
        })
          app.component('tab-introduce', {
                  data(){
                      return {
                          content: 'Java 无难事'
                      }
                  },
                  template: '<div><input v-model="content"></div>'
          })
          app.component('tab-comment', {
                  template: '<div>这是一本好书</div>'
          })
          app.component('tab-qa', {
                  template: '<div>有人看过吗？怎么样？</div>'
          })

      app.mount('#app');
      </script>
  </body>
</html>
```

例 10-4 第一个组件的模板中使用了一个 <input> 元素，因此可以修改该组件的内容，修改后，切换到其他标签页，然后再切换回来，你会发现之前修改的内容并没有保存下来，如图 10-11 所示。

图 10-11　组件的状态无法保持

这是因为每次切换新标签的时候，Vue 都创建一个新的 currentTabComponent 实例。在本例中，希望组件在切换的时候，可以保持组件的状态，以避免重复渲染导致的性能问题，也为了让用户的体验更好。要解决这个问题，可以用一个 <keep-alive> 元素将动态组件包裹起来。代码如下所示：

```
<keep-alive>
    <component
      v-bind:is="currentTabComponent"
      class="tab">
    </component>
</keep-alive>
```

再次测试例 10-4 的页面，可以发现组件的状态被保存下来，如图 10-12 所示。

图 10-12　组件的状态被保存了下来

10.8　异步组件

在大型的应用中，可能需要将应用分割成较小的代码块，并且只在需要时才从服务器加载组件。为了实现这一点，Vue 给出了一个 defineAsyncComponent() 方法，该方法接受一个返回 Promise 的工厂函数，当从服务器检索到组件定义的时候，应该调用 Promise 的 resolve 回调。代码如下所示：

```
const app = Vue.createApp({})

const AsyncComp = Vue.defineAsyncComponent(
  () =>
    new Promise((resolve, reject) => {
      resolve({
        template: '<div>I am async!</div>'
      })
    })
)

app.component('async-example', AsyncComp)
```

当然也可以调用 reject(reason) 指示加载失败。

也可以在工厂函数中返回一个 Promise，因此对于 Webpack 2 或更高版本，以及 ES6 语法，可以执行以下操作。

```
import { defineAsyncComponent } from 'vue'

const AsyncComp = defineAsyncComponent(() =>
  import('./components/AsyncComponent.vue')
)

app.component('async-component', AsyncComp)
```

在本地注册组件时，也可以使用 defineAsyncComponent() 方法。代码如下所示：

```
import { createApp, defineAsyncComponent } from 'vue'

createApp({
  // ...
  components: {
    AsyncComponent: defineAsyncComponent(() =>
      import('./components/AsyncComponent.vue')
    )
  }
})
```

defineAsyncComponent() 方法还可以接受一个对象作为参数。代码如下所示：

```
import { defineAsyncComponent } from 'vue'

const AsyncComp = defineAsyncComponent({
  // 工厂函数
  loader: () => import('./Foo.vue')
  // 加载异步组件时要使用的组件
  loadingComponent: LoadingComponent,
  // 加载失败时要使用的组件
  errorComponent: ErrorComponent,
  // 显示加载组件前的延迟时间，默认值是 200ms
  delay: 200,
  // 如果给出了超时值并超过超时值，则显示错误组件。默认没有超时值
    timeout: 3000,
  // 定义组件是否可悬挂，默认值为 true
  suspensible: false,
  /**
   *
   * @param {*} error 错误消息对象
   * @param {*} retry 指示当加载器 promise 拒绝时异步组件是否应重试的函数
   * @param {*} fail   失败结束
   * @param {*} 允许重试的最大尝试次数
   */
  onError(error, retry, fail, attempts) {
    if (error.message.match(/fetch/) && attempts <= 3) {
      // 获取错误时重试，最多尝试 3 次
      retry()
    } else {
      // 请注意，重试 / 失败类似于 promise 的 resolve/reject:
      // 要继续进行错误处理，必须调用其中的一个
      fail()
    }
  },
})
```

10.9　组件的生命周期

每个组件实例在创建时都要经过一系列的初始化步骤。例如，它需要设置数据观察、编译模板、将实例挂载到 DOM 中，并在数据发生变化时更新 DOM。在此过程中，它还运行称为生命周期钩子的函数，使用户有机会在特定阶段添加自己的代码。

例如，created 钩子可以在一个实例被创建后运行代码。代码如下所示：

```
Vue.createApp({
  data() {
    return { count: 1 }
  },
  created() {
    // this 指向组件实例
    console.log('count is: ' + this.count) // => "count is: 1"
  }
})
```

为了方便在组件实例的不同阶段加入定制的功能，Vue 提供了如下的生命周期钩子。

1. beforeCreate

在实例初始化之后，数据观测（data observation）和事件 / 监听器配置之前被调用。此时组件实例管理的根 DOM 元素 $el 为 undefined，数据属性还不能访问。

可以在这一阶段添加 loading 事件。

2. created

在实例创建完成后立即调用。在这一阶段，实例已经完成对选项的处理，这意味着以下选项已经被配置：数据观测、计算属性、方法、watch/event 回调。然而，挂载阶段还没有开始，$el 属性目前还不可用。此时数据属性已经可以访问，监听器、事件、方法也配置好了，在需要根据后台接口动态改变数据的场景下，可以使用这个钩子。

可以在这一阶段结束 loading，请求数据为 mounted 渲染做准备。

3. beforeMount

在挂载开始之前调用：render() 函数将首次被调用。此时 DOM 还无法操作，相较于 created 钩子，在这一阶段只是多了一个 $el 属性，但其值仍然是 undefined。关于 render() 函数，请参看第 12 章。

4. mounted

在实例被挂载后调用，其中传递给 Vue.createApp({}).mount() 方法的元素被 vm.$el 替换。如果根实例被挂载到一个文档内元素，则调用 mounted 时，vm.$el 也在文档内。此时元素已经渲染完成了，如果有依赖于 DOM 的代码可以放在这里，如手动监听 DOM 事件。

可以在这个钩子中向服务端发起请求，获取数据。不过要注意，向服务端请求数据是异步行为，如果模板渲染依赖该数据，最好不要在这个钩子中去获取，因为可能会出现数据还未获取到，模板已经渲染了的情况。

注意，mounted 并不保证所有的子组件也已挂载。如果希望等到整个视图渲染完毕，可以在 mounted 钩子中使用 vm.$nextTick。

5. beforeUpdate

在修补 DOM 之前，当数据更改时调用。这里适合在更新之前访问现有的 DOM，如手动移除已添加的事件监听器。可以在这个钩子中进一步修改组件实例的数据属性，而不会触发额外的重新渲染过程。

6. updated

在数据更改导致的虚拟 DOM 被重新渲染和修补后调用该钩子。

当这个钩子调用时，组件的 DOM 已经被更新，所以在这里可以执行依赖于 DOM 的操作。然而在大多数情况下，应该避免在这个钩子中的更改状态（即修改组件实例的数据属性），这容易导致死循环。要对状态更改做出响应，最好使用计算属性或监听器。

注意，updated 并不保证所有子组件已重新渲染。如果希望等到整个视图渲染完毕，可以在 updated 钩子中使用 vm.$nextTick。

7. activated

当 keep-alive 组件激活时调用。

8. deactivated

当 keep-alive 组件停用时调用。

9. beforeUnmount

在卸载组件实例之前调用。在这一阶段，实例仍然是完全可用的。

10. unmounted

在卸载组件实例后调用。调用这个钩子时，组件实例的所有指令都已解除绑定，所有的事件监听器都已移除，所有的子组件实例也已卸载。

11. errorCaptured

当捕获一个来自任何后代组件的错误时被调用。此钩子接收 3 个参数：错误对象、发生错误的组件实例，以及一个包含错误来源信息的字符串。此钩子可以返回 false，以阻止错误进一步传播。

12. renderTracked

在跟踪虚拟 DOM 重新渲染时调用。钩子接收调试器事件作为参数，此事件告诉你哪个操作跟踪了组件以及该操作的目标对象和键。

renderTracked 钩子的用法如下所示：

```
<div id="app">
  <button v-on:click="addToCart">Add to cart</button>
  <p>Cart({{ cart }})</p>
</div>

const app = Vue.createApp({
  data() {
    return {
      cart: 0
    }
  },
  renderTracked({ key, target, type }) {
    console.log({ key, target, type })
```

```
      /* 当组件第一次呈现时，它将被记录：
      {
        key: "cart",
        target: {
          cart: 0
        },
        type: "get"
      }
      */
    },
    methods: {
      addToCart() {
        this.cart += 1
      }
    }
})

app.mount('#app')
```

13. renderTriggered

当虚拟 DOM 重新渲染被触发时调用。与 renderTracked 钩子类似，它也接收调试器事件作为参数，此事件告诉你是什么操作触发了重新渲染，以及该操作的目标对象和键。

renderTriggered 钩子的用法如下所示：

```
<div id="app">
  <button v-on:click="addToCart">Add to cart</button>
  <p>Cart({{ cart }})</p>
</div>

const app = Vue.createApp({
  data() {
    return {
      cart: 0
    }
  },
  renderTriggered({ key, target, type }) {
    console.log({ key, target, type })
  },
  methods: {
    addToCart() {
      this.cart += 1
      /* 这将导致 renderTriggered 调用
        {
          key: "cart",
          target: {
            cart: 1
          },
```

```
            type: "set"
          }
      */
    }
  }
})

app.mount('#app')
```

需要注意的是，所有的生命周期钩子都自动将它们的 this 上下文绑定到实例，因此可以访问实例的数据、计算属性和方法。这也意味着不能使用箭头函数定义一个生命周期方法（如 created: () => this.fetchTodos()），这是因为箭头函数绑定的是父上下文，在箭头函数中的 this 并不是期望的组件实例，this.fetchTodos() 将是 undefined。

下面为例 10-4 的 tab-comment 组件添加生命周期钩子方法，直观感受一下组件的各个生命周期阶段。代码如例 10-5 所示。

例 10-5　lifecycle.html

```
app.component('tab-comment', {
    template: '<div>这是一本好书</div>',
    data(){
            return {
                count: 0
            }
    },
    beforeCreate () {
        console.log('--------' + 'beforeCreated' + '--------')
        console.log("$el: " + this.$el)
        console.log(this.$data)
        console.log("data.count: " + this.count)
    },
    created () {
        console.log('--------' + 'created' + '--------')
        console.log("$el: " + this.$el)
        console.log(this.$data)
        console.log("data.count: " + this.count)
    },
    beforeMount () {
        console.log('--------' + 'beforeMount' + '--------')
        console.log("$el: " + this.$el)
        console.log(this.$data)
        console.log("data.count: " + this.count)
    },
    mounted () {
        console.log('--------' + 'mounted' + '--------')
        console.log("$el: " + this.$el)
        console.log(this.$data)
```

```
            console.log("data.count: " + this.count)
        },
        beforeUpdate () {
            console.log('--------' + 'beforeUpdate' + '--------')
            console.log("$el: " + this.$el)
            console.log(this.$data)
            console.log("data.count: " + this.count)
        },
        updated () {
            console.log('--------' + 'updated' + '--------')
            console.log("$el: " + this.$el)
            console.log(this.$data)
            console.log("data.count: " + this.count)
        },
        activated () {
            console.log('--------' + 'activated' + '--------')
            console.log("$el: " + this.$el)
            console.log(this.$data)
            console.log("data.count: " + this.count)
        },
        deactivated () {
            console.log('--------' + 'deactivated' + '--------')
            console.log("$el: " + this.$el)
            console.log(this.$data)
            console.log("data.count: " + this.count)
        },
        beforeUnmount () {
            console.log('--------' + 'beforeUnmount' + '--------')
            console.log("$el: " + this.$el)
            console.log(this.$data)
            console.log("data.count: " + this.count)
        },
        unmounted () {
            console.log('--------' + 'unmounted' + '--------')
            console.log("$el: " + this.$el)
            console.log(this.$data)
            console.log("data.count: " + this.count)
        },
    })
```

我们在组件中添加了一个数据属性 count 和大部分的生命周期钩子方法，$el 是组件实例管理的根 DOM 元素，$data 是组件实例观察的数据对象，组件实例代理了对其数据对象的属性的访问。

使用浏览器打开例 10-5 生成的页面，切换到 Console 窗口，单击"图书评价"标签页，在 Console 窗口中输出的内容如图 10-13 所示。

接下来，单击其他标签页，如"图书问答"，Console 窗口中输出的内容如图 10-14 所示。

```
--------beforeCreated--------
$el: null
▶ {}
data.count: undefined
--------created--------
$el: null
▶ Proxy {count: 0}
data.count: 0
--------beforeMount--------
$el: null
▶ Proxy {count: 0}
data.count: 0
--------mounted--------
$el: [object HTMLDivElement]
▶ Proxy {count: 0}
data.count: 0
--------activated--------
$el: [object HTMLDivElement]
▶ Proxy {count: 0}
data.count: 0
```

```
--------deactivated--------
$el: [object HTMLDivElement]
▶ Proxy {count: 0}
data.count: 0
```

图 10-13　组件初次渲染触发的生命周期钩子方法　图 10-14　keep-alive 组件停用时触发 deactivated 钩子方法

　　需要注意的是，例 10-5 的组件使用了 <keep-alive> 元素进行包裹，组件的状态会被缓存，这样当组件切换时，才会触发 activated 和 deactivated 这两个钩子方法；如果去掉该元素，当组件切换时，先前的组件实例会被销毁，当切换回来后，又会重新创建该实例。读者可以自行测试，观察一下结果。

　　接下来利用生命周期钩子实现 loading 事件，主要作用是界面渲染较慢时，或者向服务器请求一个比较耗时的操作时，给用户一个提示信息。

　　将 loading 图片的加载、显示、销毁放到一个 JavaScript 脚本中实现。代码如例 10-6 所示。

例 10-6　js/loading.js

```
const Loading = {
    img : '',
    init(){
        img = document.createElement("img");
        img.setAttribute("src", "./images/loading.gif");
    },

    show(){
        document.body.appendChild(img);
    },

    close(){
        if(img)
            document.body.removeChild(img);
    }
}
Loading.init();
```

接下来在组件的 beforeCreate 钩子中显示 loading 图片，在 created 钩子中销毁 loading 图片。代码如例 10-7 所示。

例 10-7   lifecycle-loading.html

```html
<!DOCTYPE html>
<html>
    <head>
        <meta charset="UTF-8">
    </head>
    <body>
        <div id="app">
            <my-component></my-component>
        </div>

        <script src="js/loading.js"></script>
        <script src="https://unpkg.com/vue@next"></script>
        <script>
            const app = Vue.createApp({});
            app.component('my-component', {
                data: function(){
                    return {
                        message: ''
                    }
                },
                template: '<p>{{message}}</p>',
                beforeCreate () {
                    Loading.show();
                },
                created () {
                    // 准备数据，例如，从服务端获取数据，当响应成功后，关闭 loading，设置数据
                    // 此处用 setTimeout 模拟耗时的操作
                    setTimeout(()=>{
                        Loading.close();
                        this.message = "Vue.js 无难事 ";
                    }, 2000);
                }
            });
            app.mount('#app');
        </script>
    </body>
</html>
```

加载页面后，初始显示 loading 图片，2s 后出现数据，如图 10-15 所示。

图 10-15   loading 事件演示效果

10.10　单文件组件

在很多 Vue 项目中，全局组件使用 app.component() 方法定义，然后使用 app.mount('#app') 在页面内绑定一个容器元素。这种方式在很多中小规模的项目中运作得很好，在这些项目里 JavaScript 只是被用来加强特定的视图。然而，在更复杂的项目中，或者前端完全由 JavaScript 驱动时，以下缺点将变得非常明显：

- 全局定义强制要求每个组件的命名不能重复。
- 字符串模板缺乏语法高亮显示，在 HTML 有多行的时候，需要用到反斜杠（\），或者 ECMAScript 6 中的反引号（`），而后者依赖于支持 ECMAScript 6 的浏览器。
- 没有 CSS 的支持意味着当 HTML 和 JavaScript 被模块化为组件时，CSS 明显被遗漏了。
- 没有构建步骤，这限制为只能使用 HTML 和 ES5 JavaScript，而不能使用预处理器，如 Pug（以前的 Jade）和 Babel。

在 Vue.js 中，可以使用单文件组件解决上述所有问题。在一个文件扩展名为 .vue 的文件中编写组件，可以将组件模板代码以 HTML 的方式书写，同时 JavaScript 与 CSS 代码也在同一个文件中编写。例如：

```
<template>
  <div>
    <ul class="item">
      <li class="username">用户名：{{post.user.username}}，留言时间：{{gstTime}} </li>
      <li class="title">主题：{{post.title}}, </li>
      <li>内容：{{post.content}}</li>
    </ul>
  </div>
</template>

<script>
export default {
  name: 'postItem',
  data(){
    return {
    }
  },
  props: ['post'],
  computed: {
    gstTime: function(){
      let d = new Date(this.post.gstTime);
      d.setHours(d.getHours() - 8);
      return d.toLocaleString();
    }
  }
}
</script>
<style scoped>
```

```
.item {
  border-top: solid 1px grey;
  padding: 15px;
  font-size: 14px;
  color: grey;
  line-height: 21px;
}
.username {
  font-size: 16px;
  font-weight: bold;
  line-height: 24px;
  color: #009a61;
}
.title {
  font-size: 16px;
  font-weight: bold;
  line-height: 24px;
  color: #009a61;
}
ul li {
  list-style: none;
}
</style>
```

在单文件组件中编写 CSS 样式规则时，可以添加一个 scoped 属性，如代码中粗体显示部分所示。该属性的作用是限定 CSS 样式只作用于当前组件的元素，相当于是组件作用域的 CSS。

在支持 Vue.js 的集成开发环境中，如 2.3 节配置的 Visual Studio Code，可以获得语法高亮显示的功能，还可以使用 Webpack 构建工具。

在进阶篇中，我们还会看到大量单文件组件的应用。

10.11　杂　　项

本节将介绍组件开发中一些不常用但特殊需求下会用到的功能。

10.11.1　组件通信的其他方式

总结一下前面介绍的组件通信的 3 种方式：

● 父组件通过 prop 向子组件传递数据。

● 子组件通过自定义事件向父组件发起通知或进行数据传递。

● 子组件通过 <slot> 元素充当占位符，获取父组件分发的内容；也可以在子组件的 <slot> 元素上使用 v-bind 指令绑定一个插槽 prop，向父组件提供数据。

本小节将介绍组件通信的其他实现方式。

1. 访问根实例

在每一个根组件实例的子组件中，都可以通过 $root 属性访问根实例。例如：

```html
<div id="app">
    <parent></parent>
</div>

<script>
    const app = Vue.createApp({
        data() {
            return {
                price: 98
            }
        },
        computed: {
            totalPrice(){
                    return this.price * 10;
            }
        },
        methods: {
            hello(){
                    return "Hello, Java 无难事 ";
            }
        }
    })

    app.component('parent', {
            template: '<child></child>'
    })

    app.component('child', {
        methods: {
            accessRoot(){
                    console.log(" 单价: " + this.$root.price);
                    console.log(" 总价: " + this.$root.totalPrice);
                    console.log(this.$root.hello());
            }
        },
        template: '<button @click="accessRoot"> 访问根实例 </button>'
    })

    app.mount('#app');
</script>
```

在浏览器中单击“访问根实例”按钮，在 Console 窗口中的输出如下：

```
单价: 188
总价: 1880
Hello, Java 无难事
```

不管组件是根实例的子组件，还是更深层级的后代组件，$root 属性总是代表了根实例。

2. 访问父组件实例

与 $root 类似，$parent 属性用于在一个子组件中访问父组件的实例，这可以替代父组件通过 prop 向子组件传数据的方式。

例如：

```
<div id="app">
    <parent></parent>
</div>

<script>
    const app = Vue.createApp({});
    app.component('parent', {
            data(){
                return {
                    price: 188
                }
            },
            computed: {
                totalPrice(){
                    return this.price * 10;
                }
            },
            methods: {
                hello(){
                    return "Hello, Java 无难事 ";
                }
            },
            template: '<child></child>'
    })

    app.component('child', {
        methods: {
        accessParent(){
          console.log(" 单价: " + this.$parent.price);
          console.log(" 总价: " + this.$parent.totalPrice);
          console.log(this.$parent.hello());
          }
        },
        template: '<button @click="accessParent"> 访问父组件实例 </button>'
    })

    app.mount('#app')
</script>
```

$parent 属性只能用于访问父组件实例，如果父组件之上还有父组件，那么该组件是访问不到的。

扫一扫,看视频

3. 访问子组件实例或子元素

现在反过来,如果父组件要访问子组件实例,应该怎么办? 在 Vue.js 中,父组件要访问子组件实例或子元素,可以给子组件或子元素添加一个特殊的属性 ref,为子组件或子元素分配一个引用 ID,然后父组件就可以通过 \$refs 属性访问子组件实例或子元素。代码示例如下:

```
<div id="app">
    <parent></parent>
</div>

<script>
    const app = Vue.createApp({});
    app.component('parent', {
            mounted(){
                    // 访问子元素 <input>,让其具有焦点
                    this.$refs.inputElement.focus();
                    // 访问子组件 <child> 的 message 数据属性
                    console.log(this.$refs.childComponent.message)
            },
            template: `
                <div>
                        <input ref="inputElement"><br> <!-- 子元素 -->
                        <child ref="childComponent"></child> <!-- 子组件 -->
                </div>`
    })

    app.component('child', {
            data(){
                    return {
                            message: 'Java 无难事 '
                    }
            },
            template: '<p>{{message}}</p>'
    })

    app.mount('#app');
</script>
```

需要注意的是,\$refs 属性只在组件渲染完成之后生效,并且它们不是响应式的。要避免在模板和计算属性中访问 \$refs。

4. provide 和 inject

\$root 属性用于访问根实例,\$parent 属性用于访问父组件实例,但如果组件嵌套的层级不确定,某个组件的数据或方法需要被后代组件所访问,又该如何实现呢? 这时需要用到两个新的实例选项: provide 和 inject。provide 选项允许指定要提供给后代组件的数据或方法,在后代组件中使用 inject 选项接收要添加到该实例中的特定属性。代码如例 10-8 所示。

例 10-8　ProvideAndInject.html

```
<div id="app">
    <parent></parent>
</div>

<script>
    const app = Vue.createApp({});
    app.component('parent', {
    data() {
        return {
            msg: 'Java 无难事 '
        }
    },
        methods: {
                sayHello(name){
                        console.log("Hello, " + name);
                }
        },
        provide(){
                return {
                        // 数据 message 和 sayHello 方法可供后代组件访问
                        message: msg,
                        hello : this.sayHello
                }
        },
            template: '<child/>'
})

    app.component('child', {
            // 接收 message 数据属性和 hello 方法
            inject: ['message', 'hello'],
            mounted(){
                    // 当自身的方法来访问
                    this.hello('zhangsan');
            },
            // 当自身的数据属性来访问
            template: '<p>{{message}}</p>'
    })

    const vm = app.mount('#app')
</script>
```

使用 provide 和 inject，父组件不需要知道哪些后代组件要使用它提供的属性，后代组件不需要知道被注入的属性来自哪里。

不过上述代码也存在一些问题。首先，注入的 message 属性并不是响应式的，当修改父组件的 msg 数据属性时，message 属性并不会跟着改变。这是因为默认情况下，provide/inject 绑定并不是响应式的，可以通过传递 ref 属性或 reactive 对象更改这个行为。关于这部分内容，我们放到第 11 章来讲述。

其次，provide 和 inject 将应用程序中的组件与它们当前的组织方式耦合起来，使重构变得更加困难。

如果数据需要在多个组件中访问，并且能够响应更新，可以考虑第 16 章介绍的真正的状态管理解决方案——Vuex。

10.11.2 递归组件

组件可以在自己的模板中递归调用自身，但这需要使用 name 选项为组件指定一个内部调用的名称。当调用 Vue.createApp({}).component({}) 全局注册组件时，这个全局的 ID 会自动设置为该组件的 name 选项。

递归组件和程序语言中的递归函数调用一样，都需要有一个条件结束递归，否则就会导致无限循环。例如，可以通过 v-if 指令（表达式计算为假时）结束递归。

下面来看一个分类树状显示的例子。代码如例 10-9 所示。

例 10-9　RecursiveComponents.html

```html
<div id="app">
    <category-component :list="categories"></category-component>
</div>

<script>
    const CategoryComponent = {
        name: 'catComp',
        props: {
            list: {
                type: Array
            }
        },
        data(){
            return {
                count: 0
            }
        },
        template: `
        <ul>
                <!-- 如果 list 为空，则表示没有子分类了，结束递归 -->
                <template v-if="list">
                        <li v-for="cat in list">
                                {{cat.name}}
                                <catComp :list="cat.children"/>
                        </li>
                </template>
        </ul>
```

```
    }
    const app = Vue.createApp({
        data(){
            return {
                categories: [
                    {
                        name: '程序设计',
                        children: [
                            {
                                name: 'Java',
                                children: [
                                    {name: 'Java SE'},
                                    {name: 'Java EE'}
                                ]
                            },
                            {
                                name: 'C++'
                            }
                        ]
                    },
                    {
                    name: '前端框架',
                    children: [
                            {name: 'Vue.js'},
                            {name: 'React'}
                    ]
                    }]
            }
        },
        components: {
                CategoryComponent
        }
    }).mount('#app');
</script>
```

在浏览器中的渲染效果如图 10-16 所示。

- 程序设计
  - Java
    - Java SE
    - Java EE
  - C++
- 前端框架
  - Vue.js
  - React

图 10-16　例 10-9 页面的渲染效果

10.11.3　异步更新队列

下面先来看一段代码，如例 10-10 所示。

例 10-10　nextTick.html

```html
<div id="app">
    <my-component></my-component>
</div>

<script>
    const app = Vue.createApp({});
    app.component('my-component', {
        data(){
            return {
                    message: 'Java 无难事'
            }
        },
        methods: {
            change(){
                this.message = 'VC++ 深入详解 ';
                console.log(this.$refs.msg.textContent);
                }
        },
        template: `
        <div>
                <p ref="msg">{{ message }}</p>
                <button @click="change">修改内容 </button>
        </div>`
    })

    app.mount('#app');
</script>
```

　　代码很简单，当单击"修改内容"按钮时，修改组件 message 数据属性的值，然后在 Console 窗口中输出组件模板中 <p> 元素的文本内容。按理说，<p> 元素的内容就是 message 属性的值，修改了 message 属性的值，在 change() 方法中理应输出修改后的值，但实际上输出的是"Java 无难事"。

　　这是因为 Vue 在数据变化需要更新 DOM 时并不是同步执行，而是异步执行的。每当侦听到数据更改时，Vue 将开启一个队列，并缓冲在同一事件循环中发生的所有数据变更。如果同一个观察者被多次触发，只会将其放入队列中一次。Vue 在缓冲时会去除重复数据，这样可以避免不必要的计算和 DOM 操作。然后，在下一个事件循环 tick 中，Vue 刷新队列并执行实际的工作。Vue 在内部对异步队列尝试使用原生的 Promise.then、MutationObserver 和 setImmediate，如果执行环境不支持，则会采用 setTimeout(fn, 0) 代替。

　　对于本例，当在 change() 方法中修改 message 属性值的时候，该组件不会立即重新渲染。当队列刷新时，组件会在下一个 tick 中更新。多数情况下，不需要关心这个过程，但是如果想在数据更改后立即访问更新后的 DOM，这时就需要用到 Vue.nextTick(callback) 方法，传递给 Vue.nextTick() 方法的回调函数会在 DOM 更新完成后被调用。

修改例 10-10 的 change() 方法，代码如下所示：

```
change(){
    this.message = 'VC++ 深入详解';
    Vue.nextTick(() => console.log(this.$refs.msg.textContent))
}
```

使用浏览器再次访问该页面，单击"修改内容"按钮，在 Console 窗口中的输出为 VC++ 深入详解。

除了使用全局的 Vue.nextTick() 方法外，在组件内部还可以使用实例的 $nextTick() 方法，这样在回调函数中的 this 会自动绑定到当前的组件实例上，而不用像上面的代码需要使用箭头函数来绑定 this 到组件实例。

```
change(){
    this.message = 'VC++ 深入详解';
    this.$nextTick(function(){
        console.log(this.$refs.msg.textContent);
    })
}
```

扫一扫，看视频

10.11.4 Teleport

Vue 可以通过将 UI 和相关行为封装到组件中构建 UI，组件之间可以嵌套，从而构成一个 UI 树。然而，有时组件模板的一部分在逻辑上属于该组件，但从技术角度来看，应该将模板的这一部分移到 DOM 中的其他地方，位于 Vue 应用程序实例之外。

一个常见的场景是创建一个包含全屏模态的组件。在大多数情况下，模态的逻辑都存在于组件中的，但是我们会发现，模态的定位很难通过 CSS 来解决，我们不得不考虑对组件进行拆分。

Vue 3.0 官网给出了一个例子，有如下的 HTML 结构：

```
<body>
  <div style="position: relative;">
    <h3>Tooltips with Vue 3.0 Teleport</h3>
    <div>
      <modal-button></modal-button>
    </div>
  </div>
</body>
```

modal-button 组件在嵌套很深的 div 元素中渲染。modal-button 组件的代码如下：

```
const app = Vue.createApp({});
```

```
app.component('modal-button', {
  template: `
    <button @click="modalOpen = true">
      Open full screen modal!
    </button>

    <div v-if="modalOpen" class="modal">
      <div>
        I'm a modal!
        <button @click="modalOpen = false">
          Close
        </button>
      </div>
    </div>
  `,
  data() {
    return {
      modalOpen: false
    }
  }
})
```

modal-button 组件有一个 \<button\> 元素触发模态的打开，以及一个具有 .modal 样式类的 div 元素，它包含模态的内容和一个用于自我关闭的按钮。

.modal 样式类使用了一个样式表属性"position: absolute;"，当 modal-button 组件在上面的 HTML 结构中渲染时，会发现由于模态在嵌套很深的 div 中渲染，样式属性 position: absolute 将相对于父级 div 元素应用。为了解决这个问题，Vue 3.0 给出了一个内置组件 teleport，该组件允许控制在 DOM 中的哪个父节点下渲染 HTML 片段。

teleport 组件有两个 prop，如下所示。

● to：字符串类型，必需的 prop。其值必须是有效的查询选择器或 HTML 的元素名（如果在浏览器的环境中使用）。teleport 组件的内容将被移动到指定的目标元素中。

● disabled：布尔类型，可选的 prop。disabled 可以用于禁用 teleport 组件的功能，这意味着它的插槽内容将不会被移动到任何位置，而是在周围父组件中指定 \<teleport\> 的地方渲染。

修改 modal-button 组件的代码，使用 \<teleport\> 来告诉 Vue"将这个 HTML 传送到 body 标签下"。代码如下所示：

```
app.component('modal-button', {
  template: `
    <button @click="modalOpen = true">
      Open full screen modal! (With teleport!)
    </button>

    <teleport to="body">
      <div v-if="modalOpen" class="modal">
        <div>
```

```
          I'm a teleported modal!
          (My parent is "body")
          <button @click="modalOpen = false">
            Close
          </button>
        </div>
      </div>
    </teleport>
  `,
  data() {
    return {
      modalOpen: false
    }
  }
})
```

现在，当单击 "Open full screen modal! (With teleport!)" 按钮，Vue 会正确地将模态的内容在 body 标签下渲染。

如果 <teleport> 的内容中包含了 Vue 组件，那么该组件在逻辑上仍然是 <teleport> 父组件的子组件。代码如下所示：

```
const app = Vue.createApp({
  template: `
    <h1>Root instance</h1>
    <parent-component />
  `
})

app.component('parent-component', {
  template: `
    <h2>This is a parent component</h2>
    <teleport to="#endofbody">
      <child-component name="John" />
    </teleport>
  `
})

app.component('child-component', {
  props: ['name'],
  template: `
    <div>Hello, {{ name }}</div>
  `
})
```

不管 child-component 组件在什么位置渲染，它仍将是 parent-component 组件的子组件，并从父组件接收 name prop。这意味着来自父组件的注入将按预期工作，并且子组件将嵌套在 Vue Devtools 中父组件之下，而不是放在实际内容移动到的位置。

一个常见的用例场景是一个可重用的 <Modal> 组件，其中可能同时有多个活动实例。对于这种情况，多个 <teleport> 组件可以将它们的内容挂载到同一个目标元素下。挂载顺序将是一个简单的追加，在目标元素中，后挂载的将位于先挂载的之后。代码如下所示：

```
<teleport to="#modals">
  <div>A</div>
</teleport>
<teleport to="#modals">
  <div>B</div>
</teleport>

<!-- 结果 -->
<div id="modals">
  <div>A</div>
  <div>B</div>
</div>
```

10.12　小　结

本章的内容较多，完整地介绍了 Vue 中组件开发涉及的各个知识点。读者在学习本章时需要保持一定的耐心，仔细阅读本章的内容，最好动手编写一些实例，这样能够更好地理解本章的内容。对于 10.11 节的杂项部分，可以先大致浏览一遍，在需要用到该部分内容的时候，再回过头仔细研读。

第 11 章　组合 API

组合（Composition）API 是在 Vue 3.0 中引入的，它是一组附加的、基于函数的 API，允许灵活地组合组件逻辑。

组合 API 并没有引入新的概念，更多地是将 Vue 的核心功能（如创建和观察响应状态）公开为独立的函数，以此来代替 Vue 2.x 中的表达组件逻辑的选项。

11.1　为什么要引入组合 API

使用 Vue 构建中小型应用程序是很容易的，但随着 Vue 逐渐被开发人员所认可，许多用户开始使用 Vue 构建大型项目，这些项目由一个多名开发人员组成的团队在很长一段时间内迭代和维护，在一些项目中遇到了 Vue 2.x 所要求的编程模型的限制，遇到的问题可以归纳为以下两类。

（1）随着时间的推移，复杂组件的代码越来越难以理解，尤其是当开发人员在阅读不是自己编写的代码时。根本原因是 Vue 2.x 的现有 API 强制按选项组织代码，但在某些情况下，按逻辑关注点组织代码更有意义。

（2）缺乏在多个组件之间提取和重用逻辑的干净且无成本的机制。

Vue 3.0 新增的组合 API 为用户组织组件代码提供了更大的灵活性。现在，可以将代码编写为函数，每个函数处理一个特定的功能，而不再需要按选项组织代码了。组合 API 还使在组件之间甚至外部组件之间提取和重用逻辑变得更加简单。

此外，由于组合 API 是一套基于函数的 API，因此能够更好地与 TypeScript 集成，使用组合 API 编写的代码可以享受完整的类型推断。

组合 API 也可以与现有的基于选项的 API 一起使用，不过组合 API 是在选项（data、computed 和 methods）之前解析，因此在组合 API 中是无法访问这些选项所定义的属性的。

11.2　setup() 函数

setup() 函数是一个新的组件选项，它作为在组件内部使用组合 API 的入口点。setup() 函数在初始的 prop 解析之后，组件实例创建之前被调用。对于组件的生命周期钩子，setup() 函数在 beforeCreate 钩子之前调用。

如果 setup() 函数返回一个对象，该对象上的属性将被合并到组件模板的渲染上下文中。在 1.3.3 小节的例 1-4 中，我们已经使用过 setup() 函数了，现在再来回顾下 setup() 函数的代码。代码如下所示：

```
setup(){
    // 为目标对象创建一个响应式对象
```

```
    const state = Vue.reactive({count: 0});
    function increment(){
        state.count++;
    }
    // 返回一个对象，该对象上的属性可以在模板中使用
    return {
        state,
        increment
    }
}
```

setup() 函数返回的对象有两个属性，一个是响应式对象（即为原始对象创建的代理对象），另一个是函数。在 DOM 模板中，可以直接使用这两个属性。代码如下所示：

```
<button @click="increment">count 值: {{ state.count }}</button>
```

需要注意的是，当和现有的基于选项的 API 一起使用时，从 setup() 函数返回的属性在选项中可以通过 this 访问。

setup() 函数可以接受两个可选的参数，第一个参数是已解析的 props，通过该参数可以访问在 props 选项中定义的 prop。代码如下所示：

```
app.component('PostItem', {
    // 声明 props
    props: ['postTitle'],
    setup(props){
        console.log(props.postTitle)
    }
})
```

setup() 函数接受的 props 对象是响应式的，也就是说，在组件外部传入新的 prop 值时，props 对象会更新，可以调用 watchEffect() 或 watch() 方法监听该对象并对更改做出响应。代码如例 11-1 所示。

例 11-1　setup-prop.html

```
<div id="app">
        <post-item :post-title="title"></post-item>
</div>

<script>
    const app = Vue.createApp({
        data(){
            return {
                title: 'Java 无难事'
            }
        }
    });
```

```
      app.component('PostItem', {
          // 声明 props
          props: ['postTitle'],
          setup(props){
              Vue.watchEffect(() => {
                  console.log(props.postTitle);
              })
          },
          template: '<h3>{{ postTitle }}</h3>'
      });
          const vm = app.mount('#app');
  </script>
```

在 Chrome 浏览器中打开例 11-1 的页面后，在 Console 窗口中输入 vm.title = "VC++ 深入详解"，会看到除了页面内容发生更新外，Console 窗口中也会输出"VC++ 深入详解"。

需要注意的是，不要去解构 props 对象，否则会失去响应性。

```
app.component('PostItem', {
    props: ['postTitle'],
    setup({postTitle}){
        Vue.watchEffect(() => {
            console.log(postTitle);   // 不再是响应式的
        })
    }
})
```

同时也要注意，不要试图去修改 props 对象，否则，将得到一个警告。

setup() 函数接受的第二个可选的参数是一个 context 对象，该对象是一个普通的 JavaScript 对象，它公开了 3 个组件属性。代码如下所示：

```
const MyComponent = {
    setup(props, context) {
        // 属性（非响应式对象）
        console.log(context.attrs)
        // 插槽（非响应式对象）
        console.log(context.slots)
        // 发出的事件（方法）
        console.log(context.emit)
    }
}
```

context 对象是一个普通的 JavaScript 对象，也就是说，它不是响应式的，这意味着可以安全地使用 ES6 的对象解构语法对 context 进行解构。

attrs 和 slots 是有状态的对象，当组件本身被更新时，它们也总是被更新。但 attrs 和 slots 对象本身并不是响应式的，所以不应该对它们进行解构，并始终将属性引用为 attrs.x 或 slots.x。代码如下所示：

```
const MyComponent = {
    setup(props, { attrs }) {
        // 在稍后阶段可能被调用的函数
        function onClick() {
            console.log(attrs.foo) // 保证是最新的引用
        }
    }
}
```

最后，要强调的是，当 setup() 函数和选项 API 一起使用时，在 setup() 函数内部不要使用 this。原因很简单，因为 setup() 函数是在选项被解析之前调用的。也就是说，在 setup() 函数内不能访问 data、computed 和 methods 组件选项。例如，下面的代码是错误的。

```
setup() {
    function onClick() {
        this // 并不是你预期的 this
    }
}
```

11.3　响应式 API

Vue 3.0 的核心功能主要是通过响应式 API 实现的，组合 API 将它们公开为独立的函数，本节介绍 Vue 3.0 的响应式 API。

11.3.1　reactive() 方法和 watchEffect() 方法

1. reactive() 方法

reactive() 方法可以对一个 JavaScript 对象创建响应式状态。在 HTML 页面中，可以编写如下代码：

```
<script src="https://unpkg.com/vue@next"></script>
<script>
    // 响应式状态
    const state = Vue.reactive({
        count: 0
    })
</script>
```

在单文件组件中，可以编写如下代码。

```
import { reactive } from 'vue'

// 响应式状态
const state = reactive({
    count: 0
})
```

reactive() 方法相当于 Vue 2.x 中的 Vue.observable() 方法。

2. watchEffect() 方法

上述代码返回的 state 是一个响应式对象，我们可以在渲染期间使用它。由于依赖关系的跟踪，当 state 对象发生变化时，视图会自动更新。在 DOM 中渲染内容被认为是一个"副作用"，要应用和自动重新应用基于响应式的 state 对象，可以使用 watchEffect API。完整代码如例 11-2 所示。

例 11-2　watchEffect.html

```html
<!DOCTYPE html>
<html>
    <head>
        <meta charset="UTF">
        <title></title>
    </head>
    <body>
        <script src="https://unpkg.com/vue@next"></script>
        <script>
            const {reactive, watchEffect} = Vue;
            const state = reactive({
                count: 0
            })

            watchEffect(() => {
                document.body.innerHTML = `count is ${state.count}`
            })
        </script>
    </body>
</html>
```

watchEffect() 方法接收一个函数对象作为参数，它会立即运行该函数，同时响应式地跟踪其依赖项，并在依赖项发生更改时重新运行该函数。watchEffect() 方法类似于 Vue 2.x 中的 watch 选项，但是它不需要分离监听的数据源和副作用回调。组合 API 还提供了一个 watch() 方法，其行为与 Vue 2.x 中的 watch 选项完全相同。

在 Chrome 浏览器中打开例 11-2 的页面，页面中初始显示内容为：count is 0，在浏览器的 Console 窗口中输入：state.count = 1，会发现页面内容同时发生了更新，如图 11-1 所示。

图 11-1　响应式对象的依赖跟踪

3. 解构响应性状态

当要使用一个较大的响应式对象的一些属性时，可能会考虑使用 ES6 的对象解构语法获得想要的属性。代码如例 11-3 所示。

例 11-3　destructuring-reactive-state.html

```
<div id="app">
    <p>作者：{{author}}</p>
    <p>书名：{{title}}</p>
</div>

<script>
    const {reactive, toRefs} = Vue;
    const app = Vue.createApp({
        setup(){
            const book = reactive({
                author: '孙鑫',
                year: '2020',
                title: 'Java无难事',
                description: '让Java的学习再无难事',
                price: '188'
            })
            let { author, title } = book;
            return {
                author,
                title
            }
        }
    })
    const vm = app.mount('#app');
</script>
```

但是，通过这种解构，author 和 title 的响应性将丢失，读者可以自行在 Chrome 浏览器的 Console 窗口中修改 vm.author 或 vm.title，就会发现页面内容并没有被更新。遇到这种情况，需要将响应式对象转换为一组 ref，这些 ref 将保留到源对象的响应式连接。这个转换是通过调用 toRefs() 方法完成的，该方法将响应式对象转换为普通对象，其中结果对象上的每个属性都是指向原始对象中相应属性的 ref。关于 ref，请参看 11.3.2 小节。

修改例 11-3，调用 toRefs() 方法对 book 对象进行转换。代码如下所示：

```
<script>
    const {reactive, toRefs} = Vue;
    const app = Vue.createApp({
        setup(){
            const book = reactive({
                author: '孙鑫',
                year: '2020',
                title: 'Java无难事',
```

```
            description: '让 Java 的学习再无难事 ',
            price: '188'
        })
        let { author, title } = toRefs(book);
        // title.value = 'VC++ 深入详解 '      // title 现在是一个 ref，需要使用 .value
        // console.log(book.title)             // 'VC++ 深入详解 '
        return {
            author,
            title
        }
    }
})
const vm = app.mount('#app');
</script>
```

现在可以再次尝试在 Chrome 浏览器的 Console 窗口中修改 vm.author 或 vm.title，可以发现页面内容也随着更新了。

Vue 3.0 中还有一个 toRef() 方法，该方法是为响应式源对象的某个属性创建 ref，然后可以传递这个 ref，并保持对其源属性的响应性连接。修改例 11-3，调用 toRef() 方法分别为 book 对象的 author 和 title 属性创建 ref 对象。代码如下所示：

```
<script>
    const {reactive, toRef} = Vue;
    const app = Vue.createApp({
        setup(){
            const book = reactive({
                author: '孙鑫',
                year: '2020',
                title: 'Java 无难事 ',
                description: '让 Java 的学习再无难事 ',
                price: '188'
            })
            const author = toRef(book, 'author');
            const title = toRef(book, 'title');

            return {
                author,
                title
            }
        }
    })
    const vm = app.mount('#app');
</script>
```

当把一个 prop 的 ref 传递给组合函数时，toRef() 方法就很有用了。代码如下所示：

```
export default {
```

```
setup(props) {
    useSomeFeature(toRef(props, 'foo'))
  }
}
```

4. 深入 watchEffect() 函数

当 watchEffect() 函数在组件的 setup() 函数或生命周期钩子中被调用时，监听器（watcher）被链接到组件的生命周期中，并在组件卸载（unmounted）时自动停止。在其他情况下，watchEffect() 函数返回一个停止句柄，可以调用该句柄显式地停止监听器。代码如下所示：

```
const stop = watchEffect(() => {
  /* ... */
})

// 之后想要停止监听器，可以调用 stop() 函数
stop()
```

有时候，watchEffect() 函数将执行异步副作用，当它失效时，需要清除这些副作用。例如，在副作用完成之前状态发生了改变，watchEffect() 函数可以接收一个 onInvalidate() 函数，该函数可用于注册一个无效回调，无效回调将在下面两种情况发生时被调用。

● 副作用将再次运行。

● 监听器被停止（例如，如果在组件的 setup() 函数或生命周期钩子中使用 watchEffect() 函数，则当组件被卸载时停止）。

看下面的代码：

```
watchEffect(onInvalidate => {
  const token = performAsyncOperation(id.value)
  onInvalidate(() => {
    // id 已更改或监听器已停止时，取消挂起的异步操作
    token.cancel()
  })
})
```

在执行数据抓取时，effect() 函数（即副作用）通常是异步函数。代码如下所示：

```
const data = ref(null)
watchEffect(async () => {
  // 在 Promise 解析之前注册清理函数
  onInvalidate(() => {...})
  data.value = await fetchData(props.id)
})
```

异步函数隐式地返回一个 Promise，但是清理函数需要在 Promise 解析之前立即注册。此外，Vue 依赖返回的 Promise 来自动处理 Promise 链中的潜在错误。

在 10.11.3 小节中，我们介绍过异步更新队列，effect() 函数的执行也是如此，当用户定义的 effect() 函数排队时，它总是在所有组件更新 effect() 函数之后调用。代码如例 11-4 所示。

例 11-4   effect-flush-timing.html

```
<div id="app">{{ count }}</div>

<script>
    const {ref, watchEffect} = Vue;
    const vm = Vue.createApp({
        setup(){
            const count = ref(0);
            watchEffect(() => {
                console.log(count.value);
            })
            return {
                count
            }
        }
    }).mount('#app');
</script>
```

当初始运行时，将同步记录 count 值，之后当 count 发生变化后，传入 watchEffect() 方法的回调函数会在组件更新后被调用。需要注意的是，第一次运行是在挂载组件之前执行的，如果想要在一个监听的 effect() 函数中访问 DOM 或模板的 ref（关于模板的 ref，可回顾 10.11.1 小节的"访问子组件实例或子元素"部分），则需要在 mounted 钩子中执行 watchEffect() 方法。代码如下所示：

```
onMounted(() => {
    watchEffect(() => {
        // 访问 DOM 或模板的 ref
    })
})
```

在需要同步或在组件更新之前重新运行监听的 effect() 函数的情况下，可以给 watchEffect() 方法传递一个附加的选项对象，在选项对象中使用 flush 选项，该选项的默认值为 'post'，即在组件更新后再次运行监听的 effect() 函数。

```
// 同步触发
watchEffect(
    () => {
        /* ... */
    },
    {
        flush: 'sync'
    }
)

// 在组件更新之前触发
watchEffect(
    () => {
```

```
      /* ... */
    },
    {
      flush: 'pre'
    }
)
```

11.3.2　ref

reactive() 方法为一个 JavaScript 对象创建响应式代理，如果需要对一个原始值（如字符串）创建响应式代理对象，一种方式是将该原始值作为某个对象的属性，调用 reactive() 方法为该对象创建响应式代理对象，另一种方式就是使用 Vue 给出的另一个方法 ref，该方法接受一个原始值，返回一个响应式和可变的 ref 对象，返回的对象只有一个 value 属性指向内部值。代码如例 11-5 所示。

例 11-5　ref.html

```
<!DOCTYPE html>
<html>
    <head>
            <meta charset="UTF-8">
            <title></title>
    </head>
    <body>
            <script src="https://unpkg.com/vue@next"></script>
            <script>
                const {ref, watchEffect} = Vue;
                const state = ref(0)

                watchEffect(() => {
                    document.body.innerHTML = `count is ${state.value}`
                })
                </script>
    </body>
</html>
```

此时取值需要访问 state 对象的 value 属性。例 11-5 在 Chrome 浏览器中的运行效果同例 11-2，如果要观察响应式对象的依赖跟踪，在 Console 窗口中需要修改 state.value 的值，而不是直接修改 state 对象。

当 ref 作为渲染上下文中的属性返回（从 setup 返回的对象）并在模板中访问时，它将自动展开为内部值，不需要在模板中添加 .value。代码如例 11-6 所示。

例 11-6　ref-unwrapping.html

```
<div id="app">
    <span>{{ count }}</span>
```

```
        <button @click="count ++">Increment count</button>
    </div>

    <script>
        const {ref} = Vue;
        const app = Vue.createApp({
            setup(){
                const count = ref(0);
                return {
                    count
                }
            }
        })
        app.mount('#app')
    </script>
```

　　当 ref 作为响应式对象的属性被访问或更改时，它会自动展开为内部值，其行为类似于普通属性。代码如下所示：

```
const count = ref(0)
const state = reactive({
    count
})

console.log(state.count) // 0

state.count = 1
console.log(count.value) // 1
```

　　如果一个新的 ref 被赋值给一个链接到现有 ref 的属性，它将替换旧的 ref。代码如下所示：

```
const otherCount = ref(2)

state.count = otherCount
console.log(state.count) // 2
console.log(count.value) // 1
```

　　ref 展开仅在嵌套在响应式对象内时发生，当从数组或本地集合类型（如 Map）中访问 ref 时，不会执行展开操作。

```
const books = reactive([ref('Vue3 从入门到实战 ')])
// 需要添加 .value
console.log(books[0].value)

const map = reactive(new Map([['count', ref(0)]]))
// 需要添加 .value
console.log(map.get('count').value)
```

11.3.3 readonly

有时我们希望跟踪响应对象（ref 或 reactive）的变化，但还希望阻止从应用程序的某个位置对其进行更改。例如，当我们有一个提供的响应式对象时，想要防止它在注入的地方发生更改，为此，可以为原始对象创建一个只读代理。代码如下所示。

```
import { reactive, readonly } from 'vue'

const original = reactive({ count: 0 })

const copy = readonly(original)

// 改变 origin 将触发依赖 copy 的观察者
original.count++

// 修改 copy 将失败并导致警告
copy.count++ // warning:"Set operation on key'count' failed:target is readonly."
```

11.3.4 computed

computed() 方法与 computed 选项作用一样，用于创建依赖于其他状态的计算属性，该方法接收一个 getter 函数，并为 getter 返回的值返回一个不可变的响应式 ref 对象。代码如下所示：

```
const count = ref(1)
const plusOne = computed(() => count.value + 1)

console.log(plusOne.value) // 2

plusOne.value++ // error
```

我们使用组合 API 重新实现 6.1 节的例 6-1。代码如例 11-7 所示。

例 11-7　computed.html

```
<div id="app">
    <p>原始字符串 : {{ message }}</p>
    <p>计算后的反转字符串 : {{ reversedMessage }}</p>
</div>

<script>
    const {ref, computed} = Vue;
    const vm = Vue.createApp({
        setup(){
            const message = ref('Hello, Java 无难事 !')
            const reversedMessage = computed(() =>
```

```
                    message.value.split('').reverse().join('')
                )
                return {
                    message,
                    reversedMessage
                }
            }
        }
    }).mount('#app');
</script>
```

与 computed 选项一样，computed() 方法也可以接受一个带有 get() 和 set() 函数的对象来创建一个可写的 ref 对象。代码如下所示：

```
const count = ref(1)
const plusOne = computed({
  get: () => count.value + 1,
  set: val => {
    count.value = val - 1
  }
})

plusOne.value = 1
console.log(count.value) // 0
```

我们使用组合 API 重新实现 6.1 节的例 6-2。代码如例 11-8 所示。

例 11-8   computedSetter.html

```
<div id="app">
    <p>First name: <input type="text" v-model="firstName"></p>
    <p>Last name: <input type="text" v-model="lastName"></p>
    <p>{{ fullName }}</p>
</div>

<script>
    const {ref, computed} = Vue;
    const vm = Vue.createApp({
        setup(){
            const firstName = ref('Smith');
            const lastName = ref('Will');
            const fullName = computed({
                get: () => firstName.value + ' ' + lastName.value,
                set: val => {
                    let names = val.split(' ')
                    firstName.value = names[0]
                    lastName.value = names[names.length - 1]
                }
            });
            return {
                firstName,
```

```
                        lastName,
                        fullName
                    }
            }
        }).mount('#app');
</script>
```

11.3.5　watch

watch() 方法等同于 Vue 2.x 的 this.$watch() 方法，以及相应的 watch 选项。watch() 方法需要监听特定的数据源，并在单独的回调函数中应用副作用。默认情况下，它也是惰性的，即只有当被监听的数据源发生变化时，才会调用回调函数。

与 watchEffect() 方法相比，watch() 方法有以下功能：

● 惰性地执行副作用；
● 更具体地说明什么状态应该触发监听器重新运行；
● 访问被监听状态的前一个值和当前值。

watch() 与 watchEffect() 方法共享行为，包括手动停止、副作用失效（将 onInvalidate 作为第 3 个参数传递给回调）、刷新时间和调试。

监听的数据源可以是返回值的 getter 函数，也可以是直接的 ref 对象。例如：

```
const state = reactive({ count: 0 })
// 监听返回值的 getter 函数
watch(
  () => state.count,
  (count, prevCount) => {
    /* ... */
  }
)

const count = ref(0)
// 直接监听一个 ref 对象
watch(count, (count, prevCount) => {
  /* ... */
})
```

监听器还可以使用数组同时监听多个数据源。例如：

```
watch([fooRef, barRef], ([foo, bar], [prevFoo, prevBar]) => {
  /* ... */
})
```

11.4　生命周期钩子

在组合 API 中，生命周期钩子通过调用 onXxx() 函数显式地进行注册。这些生命周期钩子注册函数只能在 setup() 期间同步使用，因为它们依赖内部全局状态定位当前活动实例［即其 setup() 正在被调用的组件实例］。在没有当前活动实例的情况下调用它们将导致错误。组件实例上下文也是在生命周期钩子的同步执行期间设置的，因此在生命周期钩子内同步创建的监听器和计算属性也会在组件卸载时被自动删除。

在 10.9 节，我们介绍了生命周期选项，这些选项与组合 API 之间的对应关系如下：

- beforeCreate 和 created 没有对应的 onXxx() 函数，取而代之使用 setup() 函数
- beforeMount → onBeforeMount
- mounted → onMounted
- beforeUpdate → onBeforeUpdate
- updated → onUpdated
- beforeUnmount → onBeforeUnmount
- unmounted → onUnmounted
- activated → onActivated
- deactivated → onDeactivated
- errorCaptured → onErrorCaptured
- renderTracked → onRenderTracked
- renderTriggered → onRenderTriggered

实际上很容易就可以看出，组合 API 中对应的生命周期钩子注册函数的名字就是生命周期选项的名字首字母大写并添加前缀 on。

下面是一个在单文件组件内使用组合 API 注册生命周期钩子的示例：

```
import { onMounted, onUpdated, onUnmounted } from 'vue'

const MyComponent = {
  setup() {
    onMounted(() => {
      console.log('mounted!')
    })
    onUpdated(() => {
      console.log('updated!')
    })
    onUnmounted(() => {
      console.log('unmounted!')
    })
  }
}
```

11.5　依赖注入

在 10.11.1 小节中，我们介绍过 provide 和 inject 选项，组合 API 中也给出了对应的 provide() 和 inject() 方法，以支持依赖注入。这两个方法只能在 setup() 期间使用当前活动实例来调用。

在 10.11.1 小节的例 10-8 中，我们提到过注入的 message 属性并不是响应式的，下面使用组合 API 的 provide() 和 inject() 方法改写例 10-8，同时解决 message 属性的响应式更改问题。代码如例 11-9 所示。

例 11-9　computedSetter.html

```html
<div id="app">
    <parent></parent>
</div>


<script>
    const {provide, inject, ref, onMounted} = Vue;
    const app = Vue.createApp({});

    const msgKey = Symbol();
    const helloKey = Symbol();

    app.component('parent', {
        setup(){
            const msg = ref('Java 无难事');
            const sayHello = function (name){
                    console.log("Hello, " + name);
              }
            // provide() 方法需要指定一个 Symbol 类型的 key
            provide(msgKey, msg);
            provide(helloKey, sayHello);
            return {
                msg
            }
        },
        template: '<child/>'
    })

    app.component('child', {
        setup(){
            // inject() 方法接受一个可选的默认值作为第 2 个参数
            // 如果没有提供默认值，并且在 provide 上下文中未找到该属性，则 inject 返回 undefined
            const message = inject(msgKey, ref('VC++ 深入详解 '));
            const hello = inject(helloKey);
            onMounted(() => hello('zhangsan'));

            return{
                message
            }
        },
        // 当自身的数据属性来访问
```

```
        template: '<p>{{message}}</p>'
    })
        const vm = app.mount('#app')
</script>
```

现在如果修改 parent 组件的 msg 属性的值，则会引起 child 组件中注入的 message 属性的更改。为了便于观察响应式依赖注入的更新，我们可以将 parent 组件的代码放到根组件实例中，这样在 Console 窗口中就可以通过修改 vm.msg 的值来观察 child 组件的模板内容的重新渲染。

修改例 11-9，代码如下所示：

```
<div id="app"></div>

<script>
    const {provide, inject, ref, onMounted} = Vue;

    const msgKey = Symbol();
    const helloKey = Symbol();

    const app = Vue.createApp({
        setup(){
            const msg = ref('Java 无难事 ');
            const sayHello = function (name){
                    console.log("Hello, " + name);
            }
            // provide() 方法需要指定一个 Symbol 类型的 key
            provide(msgKey, msg);
            provide(helloKey, sayHello);
            return {
                msg
            }
        },
        template: '<child/>'
    })

    app.component('child', {
        setup(){
            // inject() 方法接受一个可选的默认值作为第 2 个参数
            // 如果没有提供默认值，并且在 provide 上下文中未找到该属性，则 inject 返回 undefined
            const message = inject(msgKey, ref('VC++ 深入详解 '));
            const hello = inject(helloKey);
            onMounted(() => hello('zhangsan'));

            return{
                message
            }
        },
        // 当自身的数据属性来访问
```

```
            template: '<p>{{message}}</p>'
        })
        const vm = app.mount('#app')
</script>
```

在 Chrome 浏览器中的显示效果如图 11-2 所示。

图 11-2　依赖注入的响应式更新

11.6　逻辑提取和重用

当涉及跨组件提取和重用逻辑时，组合 API 非常灵活。组合函数并不依赖于 this，而只依赖于它的参数和全局导入的 Vue API。只需将组件逻辑导出为函数，就可以重用组件逻辑的任何部分，甚至可以通过导出组件的整个 setup() 函数实现扩展功能。

我们看一个跟踪鼠标的例子，由于跟踪鼠标的功能会在多个组件中用到，所以将它的实现逻辑提取出来，封装为一个函数并导出。代码如下所示：

```
// mouse.js

import { ref, onMounted, onUnmounted } from 'vue'

export function useMousePosition() {
  const x = ref(0)
  const y = ref(0)

  function update(e) {
    x.value = e.pageX
    y.value = e.pageY
  }

  onMounted(() => {
    window.addEventListener('mousemove', update)
  })

  onUnmounted(() => {
```

```
    window.removeEventListener('mousemove', update)
  })

  return { x, y }
}
```

接下来在组件中使用 useMousePosition() 函数。代码如下所示：

```
import { useMousePosition } from './mouse'

export default {
  setup() {
    const { x, y } = useMousePosition()
    // 其他逻辑...
    return { x, y }
  }
}
```

与其他重用组件逻辑的方式相比，使用组合 API 的好处如下：
● 暴露给模板的属性有明确的来源，因为它们是从组合函数返回的值。
● 组合函数返回的值可以任意命名，这样就不会发生命名空间冲突。
● 不需要为逻辑重用而创建不必要的组件实例。

11.7 小　　结

本章介绍了 Vue 3.0 新增的组合 API，组合 API 为用户组织组件代码提供了更大的灵活性，可以很方便地在多个组件之间提取和重用业务逻辑。

组合 API 也可以与现有的基于选项的 API 一起使用，不过组合 API 是在选项（data、computed 和 methods）之前解析，因此在组合 API 中是无法访问这些选项所定义的属性的。

第 12 章　虚拟 DOM 和 render() 函数

Vue.js 之所以执行性能高，一个很重要的原因就是它的虚拟 DOM 机制。

12.1　虚拟 DOM

　　浏览器在解析 HTML 文档时，会将文档中的元素、注释、文本等标记按照它们的层级关系组织成一棵树，这就是我们熟知的 DOM 树。元素、文本等是作为一个个 DOM 节点而存在的，对元素、文本的操作就是对 DOM 节点的操作。一个元素要想呈现在页面中，必须在 DOM 树中存在该节点，这也是在使用 DOM API 创建元素后，一定要将该元素节点添加到现有 DOM 树中的某个节点下才能渲染到页面中的原因。同样地，删除某个元素实际上就是从 DOM 树中删除该元素对应的节点。我们每一次对 DOM 的修改都会引起浏览器对网页的重新渲染，这个过程是比较耗时的。

　　因为早期的 Web 应用中页面的局部刷新不会很多，所以对 DOM 进行操作的次数也就比较少，对性能的影响微乎其微，而现阶段由于单页应用程序的流行，页面跳转、更新等都是在同一个页面中完成的，自然对 DOM 的操作也就愈加频繁，作为一款优秀的前端框架，必然要考虑 DOM 渲染效率的问题。Vue.js 2.0 与 React 采用了相同的方案，在 DOM 之上增加一个抽象层来解决渲染效率的问题，这就是虚拟 DOM。Vue 3.0 重写了虚拟 DOM 的实现，性能更加优异。

　　虚拟 DOM 使用普通的 JavaScript 对象描述 DOM 元素，在 Vue.js 中，每一个虚拟节点都是一个 VNode 实例。

　　虚拟 DOM 是普通的 JavaScript 对象，访问 JavaScript 对象自然比访问真实 DOM 要快得多。Vue 在更新真实 DOM 前，会比较更新前后虚拟 DOM 结构中有差异的部分，然后采用异步更新队列的方式将差异部分更新到真实 DOM 中，从而减少了最终要在真实 DOM 上执行的操作次数，提高了页面渲染的效率。

12.2　render() 函数

　　Vue 推荐在大多数情况下使用模板构建 HTML。然而，在一些场景中，可能需要 JavaScript 的编程能力，这时可以使用 render() 函数，它比模板更接近编译器。

　　下面来看一个实际应用中的例子。图 12-1 所示为一个问答页面，用户可以单击某个问题链接，跳转到对应的回答部分，也可以单击"返回顶部"链接，回到页面顶部。这是通过 <a> 标签的锚链接实现的。

常见问题解答

问：我的手机无法充电了。

问：手机有时候没有信号是怎么回事儿？

问：来电时铃声很小，经常漏接电话怎么办？

问：GPS经常提示无法定位您的位置。

问：只能接收短信不能发送短信是怎么回事儿啊？

回答：您好，如果您的手机经常出现无法充电的情况，可能是由于以下原因引起的：
1. 您使用的电源电压不足，请更改220V的电源。
2. 您是否使用了非原装的充电器？只有原装的充电器才能保证正常使用。
3. 您是否使用了非原装的电池？只有原装的电池才能保证正常使用。
4. 更检查充电器的线缆是否被损坏。

[↑返回顶部]

回答：您好，如果您的手机经常出现没有信号的情况，可能是由于以下原因引起的：
1. 您的位置是否是高楼的内部？高楼会影响信号传输。
2. 请确认移动网络覆盖了您所在的区域。
3. 请确认您的手机不是处于飞行模式。
4. 请确认您的手机没有欠费停机。

[↑返回顶部]

回答：您好，如果您的手机来电铃声太小，可能是由于以下原因引起的：
1. 您使用的铃声本身音量就很小，请更改您的来电铃声。
2. 请检查手机的扬声器没有被杂物堵塞。

图 12-1　问答页面

下面是带有锚点的标题的基础代码：

```
<h1>
  <a name="hello-world" href="#hello-world">
    Hello world!
  </a>
</h1>
```

如果采用组件实现上述代码，考虑到标题元素可以变化（<h1> ～ <h6>），我们将标题的级别（1～6）定义成组件的 prop，这样在调用组件时，就可以通过该 prop 动态设置标题元素的级别。组件的使用形式如下。

```
<anchored-heading :level="1">Hello world!</anchored-heading>
```

接下来就是组件的实现代码。

```
const app = Vue.createApp({})

app.component('anchored-heading', {
  template: `
    <h1 v-if="level === 1">
      <slot></slot>
    </h1>
    <h2 v-else-if="level === 2">
```

```
      <slot></slot>
    </h2>
    <h3 v-else-if="level === 3">
      <slot></slot>
    </h3>
    <h4 v-else-if="level === 4">
      <slot></slot>
    </h4>
    <h5 v-else-if="level === 5">
      <slot></slot>
    </h5>
    <h6 v-else-if="level === 6">
      <slot></slot>
    </h6>
  `,
  props: {
    level: {
      type: Number,
      required: true
    }
  }
})
```

虽然模板在大多数组件中都非常好用，但在本例中不太合适，模板代码冗长，且 <slot> 元素在每一级标题元素中都重复书写了。当添加锚元素时，我们还必须在每个 v-if/v-else-if 分支中再次复制 <slot> 元素。

下面改用 render() 函数重写上面的示例。代码如例 12-1 所示。

例 12-1　anchored-heading.html

```
const app = Vue.createApp({})

app.component('anchored-heading', {
  render() {
    const { h } = Vue

    return h(
      'h' + this.level, // tag name
      {}, // props/attributes
      this.$slots.default() // array of children
    )
  },
  props: {
    level: {
      type: Number,
      required: true
    }
  }
})
```

代码是不是精简了很多，熟悉 React 开发的读者是不是感到似曾相识。

$slots 用于以编程方式访问由插槽分发的内容。每个命名的插槽都有其相应的属性（例如，v-slot:foo 的内容将在 this.$slots.foo() 中找到）。this.$slots.default() 属性包含了所有未包含在命名插槽中的节点或 v-slot:default 的内容。

组件的调用代码如下：

```
<anchored-heading :level="3">
    <a name="hello-world" href="#hello-world">
        Hello world!
    </a>
</anchored-heading>
```

渲染结果如图 12-2 所示。

图 12-2　动态标题组件的渲染效果

render() 函数中最重要的就是 h() 函数了，下面是例 12-1 中 return 语句的代码。

```
return h(
    'h' + this.level, // tag name
    {}, // props/attributes
    this.$slots.default() // array of children
)
```

h() 函数返回的并不是一个真正的 DOM 元素，它返回的是一个纯 JavaScript 对象，其中包含向 Vue 描述应该在页面上渲染的节点类型的信息，包括任何子节点的描述，也就是虚拟节点（VNode）。

h() 函数的作用是创建 VNode，或许将其命名为 createVNode() 更准确，但由于使用频繁且为了简洁，将其命名为 h()。

h() 函数可以带 3 个参数，第一个参数是必需的，形式为 {String | Object | Function}，即该参数可以是字符串（HTML 标签名）、对象（组件或一个异步组件）、函数对象（解析前两者之一的 async 函数）；第二个参数是可选的，形式为 {Object}，表示一个与模板中元素属性对应的数据对象；第三个参数也是可选的，用于生成子虚拟节点，形式为 {String | Array | Object}，即该参数可以是字符串（文本虚拟节点）、数组（子虚拟节点的数组）、对象（带插槽的对象）。

下面的代码给出了 h() 函数可以接收的各种参数的形式。

```
//@returns {VNode}
h(
//---------------- 第一个参数，必填项 ----------------
  //{String | Object | Function} tag
  // 一个 HTML 标签名、组件或异步组件，或者解析上述任何一种的一个 async() 函数
  'div',

//---------------- 第二个参数，可选 ----------------
  //{Object} props
  // 一个与模板中元素属性（包括普通属性、prop 和事件属性）对应的数据对象
  {},

//---------------- 第三个参数，可选 ----------------
  //{String | Array | Object} children
  // 子虚拟节点 (VNodes) 由 h() 函数构建而成
  // 也可以使用字符串来生成"文本虚拟节点"或带有带有插槽的对象
  [
    '先写一些文本',
    h('h1', '一级标题'),
    h(MyComponent, {
      someProp: 'foobar'
    })
  ]
)
```

简单来说，**h()** 函数的第一个参数是要创建的元素节点的名字（字符串形式）或组件（对象形式）；第二个参数是元素的属性集合（包括普通属性、**prop**、事件属性等），以对象形式给出；第三个参数是子节点的信息，以数组形式给出，如果该元素只有文本子节点，则直接以字符串形式给出即可，如果还有子元素，则继续调用 **h()** 函数。

下面进一步完善 anchored-heading 组件，将标题元素的子元素 <a> 也放到 render() 函数中构建。代码如例 12-2 所示。

例 12-2　anchored-heading2.html

```
// 递归调用将子节点的文本内容拼接成一个字符串
function getChildrenTextContent(children) {
  return children
    .map(node => {
      return typeof node.children === 'string'
        ? node.children
        : Array.isArray(node.children)
        ? getChildrenTextContent(node.children)
        : ''
    })
    .join('')
}
app.component('anchored-heading', {
```

```
render() {
    // 从子节点的文本内容创建 kebab-case 风格的 ID
    const headingId = getChildrenTextContent(this.$slots.default())
      .toLowerCase()
      .replace(/\W+/g, '-')        // 将非单词字符替换为短划线
      .replace(/(^-|-$)/g, '')     // 删除前导和尾随的短划线

    return Vue.h('h' + this.level, [
      Vue.h(
        'a',
        {
          name: headingId,
          href: '#' + headingId
        },
        this.$slots.default()
      )
    ])
  },
  props: {
    level: {
      type: Number,
      required: true
    }
  }
})
```

之后，就可以按照以下方式使用 anchored-heading 组件。

```
<anchored-heading :level="3">
    Hello world!
</anchored-heading>
```

渲染效果如图 12-3 所示。

图 12-3　带锚点的标题组件渲染效果

组件树中的所有 VNode 必须是唯一的。例如，下面的 render() 函数是不合法的。

```
render() {
  const myParagraphVNode = Vue.h('p', 'hi')
```

```
return Vue.h('div', [
  // 错误 - 重复的 VNode
  myParagraphVNode, myParagraphVNode
])
}
```

如果真的需要重复很多相同的元素或组件，可以使用工厂函数实现。例如，下面的 render() 函数用完全合法的方式渲染了 20 个相同的段落。

```
render() {
  return Vue.h('div',
    Array.apply(null, { length: 20 }).map(() => {
      return Vue.h('p', 'hi')
    })
  )
}
```

12.3　用普通 JavaScript 代替模板功能

原先在模板中可以使用的一些功能在 render() 函数中没有再提供，需要我们自己编写 JavaScript 代码来实现。

12.3.1　v-if 和 v-for

只要普通 JavaScript 能轻松完成的操作，Vue 的 render() 函数就没有提供专有的替代方案。例如，在使用 v-if 和 v-for 的模板中：

```
<ul v-if="items.length">
  <li v-for="item in items">{{ item.name }}</li>
</ul>
<p v-else>No items found.</p>
```

在 render() 函数中可以使用 JavaScript 的 if/else 和 map 实现相同的功能。代码如下所示：

```
props: ['items'],
render() {
  if (this.items.length) {
    return Vue.h('ul', this.items.map((item) => {
      return Vue.h('li', item.name)
    }))
  } else {
    return Vue.h('p', 'No items found.')
  }
}
```

12.3.2　v-model

在 render() 函数中没有与 v-model 指令直接对应的实现方案，不过 v-model 指令在模板编译期间会被扩展为 modelValue 和 onUpdate:modelValue prop，按照 v-model 的内在逻辑，我们自己实现即可。代码如下所示：

```
props: ['modelValue'],
render() {
  return Vue.h(SomeComponent, {
    modelValue: this.modelValue,
    'onUpdate:modelValue': value => this.$emit('update:modelValue', value)
  })
}
```

12.3.3　v-on

我们必须为事件处理程序提供一个正确的 prop 名称。例如，要处理 click 事件，prop 名称应该是 onClick。代码如下所示：

```
render() {
  return Vue.h('div', {
    onClick: $event => console.log('clicked', $event.target)
  })
}
```

12.3.4　事件和按键修饰符

对于 .passive、.capture 和 .once 这些事件修饰符，可以使用驼峰命名法将它们连接到事件名之后。代码如下所示：

```
render() {
  return Vue.h('input', {
    onClickCapture: this.doThisInCapturingMode,
    onKeyupOnce: this.doThisOnce,
    onMouseoverOnceCapture: this.doThisOnceInCapturingMode,
  })
}
```

对于其他的事件和按键修饰符，则不需要特殊的 API，因为在处理程序中可以使用事件方法实现相同的功能，如表 12-1 所示。

表 12-1　与修饰符等价的事件方法

修　饰　符	处理函数中的等价操作
.stop	event.stopPropagation()

修　饰　符	处理函数中的等价操作
.prevent	event.preventDefault()
.self	if (event.target !== event.currentTarget) return
按键： .enter、.13	if (event.keyCode !== 13) return（对于其他的按键修饰符，可将 13 改为其对应的按键码）
修饰键： .ctrl、.alt、.shift、.meta	if (!event.ctrlKey) return（可将 ctrlKey 分别修改为 altKey、shiftKey 或 metaKey）

下面是一个使用所有修饰符的例子。

```
render() {
  return Vue.h('input', {
    onKeyUp: event => {
      // 如果触发事件的元素不是事件绑定的元素，则返回
      if (event.target !== event.currentTarget) return
      // 如果按下的不是 Enter 键（13）或没有同时按下 Shift 键，则返回
      if (!event.shiftKey || event.keyCode !== 13) return
      // 阻止事件传播
      event.stopPropagation()
      // 阻止该元素默认的 keyup 事件处理
      event.preventDefault()
      // ...
    }
  })
}
```

12.3.5　插槽

通过 this.$slots 可以访问插槽的内容，插槽的内容是 VNode 数组。代码如下所示：

```
render() {
  // `<div><slot></slot></div>`
  return Vue.h('div', {}, this.$slots.default())
}

// 访问作用域插槽
props: ['message'],
render() {
  // `<div><slot :text="message"></slot></div>`
  return Vue.h('div', {}, this.$slots.default({
    text: this.message
  }))
}
```

如果要使用 render() 函数将插槽传递给子组件，可以编写下面的代码：

```
render() {
  // `<div><child v-slot="props"><span>{{ props.text }}</span></child></div>`
  return Vue.h('div', [
    Vue.h(
      Vue.resolveComponent('child'),
      {},
      // 将 slots 作为子对象传递
      // 格式为: { name: props => VNode | Array<VNode> }
      {
        default: (props) => Vue.h('span', props.text)
      }
    )
  ])
}
```

12.4 JSX

相信读者阅读到这里会发现，即使是简单的模板，在 render() 函数中编写也很复杂，而且模板中的 DOM 结构面目全非，可读性很差。当模板比较复杂，元素之间嵌套的层级较多时，在 render() 函数中一层层嵌套的 h() 函数也令人迷惑。

熟悉 React 框架的读者应该知道，React 的 render() 函数使用 JSX 语法来简化模板的编写，使模板的编写变得和普通 DOM 模板一样简单。在 Vue.js 中，可以通过一个 Babel 插件（https://github.com/vuejs/jsx-next）让 Vue 支持 JSX 语法，从而简化 render() 函数中的模板创建。

📝 提示：

> JSX 的全称是 JavaScript XML，是一种 JavaScript 的语法扩展，用于描述用户界面。其格式比较像是模板语言，但事实上完全是在 JavaScript 内部实现的。

例如，对于下面 DOM 结构：

```
<anchored-heading :level="1">
  <span>Hello</span> world!
</anchored-heading>
```

不使用 JSX 语法的 render() 函数实现如下：

```
Vue.h(
  Vue.resolveComponent('anchored-heading'),
  {
    level: 1
  },
  {
    default: () => [Vue.h('span', 'Hello'), ' world!']
  }
)
```

使用 JSX 语法的 render() 函数实现如下：

```
import AnchoredHeading from './AnchoredHeading.vue'

const app = createApp({
  render() {
    return (
      <AnchoredHeading level={1}>
        <span>Hello</span> world!
      </AnchoredHeading>
    )
  }
})

app.mount('#demo')
```

是不是很像 React 了。

为了节省篇幅，这里就不介绍 JSX 的语法了，感兴趣的读者可以自行查阅相关资料。

12.5　实例：使用 render() 函数实现帖子列表

10.3 节给出了一个 BBS 项目的帖子列表组件的实例，本节使用 render() 函数改写该实例。

首先是单个帖子的组件 PostListItem。代码如例 12-3 所示。

例 12-3　PostListItem

```
app.component('PostListItem', {
  props: {
    post: {
      type: Object,
      required: true
    }
  },
  render(){
    return Vue.h('li', [
      Vue.h('p', [
        Vue.h('span',
          // 这是 <span> 元素的内容
          '标题：'+ this.post.title + ' | 发帖人：' + this.post.
          author + ' | 发帖时间：' + this.post.date + ' | 点赞数：'
          + this.post.vote
        ),
        Vue.h('button', {
          // 单击按钮，向父组件提交自定义事件 vote
          onClick: () => this.$emit('vote')
        },' 赞 ')
      ]
```

```
            )
          ]
        );
    }
})
```

这部分代码最好是结合 10.3 节的例 10-1 一起来看。一定要清楚 h() 函数的 3 个参数的作用，因为后两个参数都是可选的，所以要注意区分代码中哪部分是第二个参数传参，哪部分是第三个参数传参。简单的区分方式就是看是对象传参还是数组传参，如果是对象传参，就是第二个参数（设置元素的属性信息）；如果是数组传参，就是第三个参数（设置子节点信息）。

帖子列表组件 PostList 的代码如例 12-4 所示。

例 12-4　PostList

```
/// 父组件
app.component('PostList', {
    data() {
        return {
            posts: [
                {id: 1, title: '《Servlet/JSP 深入详解》怎么样', author: '张三', date:
                '2019-10-21 20:10:15', vote: 0},
                {id: 2, title: '《VC++ 深入详解》观后感', author: '李四', date: '2019-
                10-10 09:15:11', vote: 0},
                {id: 3, title: '《Java 无难事》怎么样', author: '王五', date: '2020-11-
                11 15:22:03', vote: 0}
            ]
        }
    },
    methods: {
    // 自定义事件 vote 的事件处理器方法
    handleVote(id){
            this.posts.map(item => {
                    item.id === id ?{...item,voite: ++item.vote}: item;
            })
    }
    },
    render(){
      let postNodes = [];
      // this.posts.map 取代 v-for 指令，循环遍历 posts
      // 构造子组件的虚拟节点
      this.posts.map(post => {
          let node = Vue.h(Vue.resolveComponent('PostListItem'), {
                          post: post,
                          onVote: () => this.handleVote(post.id)
                  });
          postNodes.push(node);
      })
```

```
                   return Vue.h('div', [
                              Vue.h('ul',    [postNodes])
        ]
                   );
        },
})
```

注意代码中粗体显示的部分，这是针对子组件的处理方式。

PostList 组件的使用方式同 10.3 节的例 10-1。

12.6　小　　结

本章介绍了虚拟节点和虚拟 DOM，并详细介绍了 render() 函数，实际上，Vue 的模板也是被编译成了 render() 函数。

render() 函数中最重要的就是 h() 函数，重点是要理解 h() 函数的 3 个参数的作用，这样才能正确地使用它。

从本章给出的例子可以看出，即使是简单的模板，在 render() 函数中编写也很复杂，而且模板中的 DOM 结构面目全非，可读性很差。当模板比较复杂，元素之间嵌套的层级较多时，在 render() 函数中一层层嵌套的 h() 函数会使开发效率变得很低，还容易出错。所以在基于 Vue.js 的前端项目开发中，最好还是始终采用 template 方式，如果特殊情况下需要使用 render() 函数，也建议使用 JSX 语法简化模板的编写。

到本章为止，Vue.js 的绝大部分功能已经介绍完毕，从第 13 章开始，将进入真实的前端项目开发领域。

第 2 篇

进 阶 篇

　　本篇将介绍绝大多数前端 Vue 项目开发中都会用到的功能，从 Vue CLI 创建脚手架项目开始，到使用 Vue Router 开发单页应用、使用 axios 向服务端请求数据、使用 Vuex 进行全局状态管理、部署 Vue.js 项目到生产环境，并通过最后的实用性项目让读者充分领略 Vue 3.x 前端项目开发的魅力。

扫一扫，看视频

第 13 章　Vue CLI

在开发大型单页面应用时，需要考虑项目的组织结构、项目构建、部署、热加载、代码单元测试等多方面与核心业务逻辑无关的事情，对于项目中用到的构建工具、代码检查工具等还需要一遍一遍地重复配置。显然，这很浪费时间，影响开发效率。为此，我们会选择一些能够创建脚手架的工具，来帮助搭建一个项目的框架，并进行一些项目所依赖的初始配置。

在 Vue.js 环境中，这个脚手架工具就是 Vue CLI，利用这个工具，可以自动生成一个基于 Vue.js 的单页应用的脚手架项目。

13.1　简　　介

Vue CLI 是一个基于 Vue.js 进行快速开发的完整系统，在 Vue 3.0 版本正式发布时，Vue CLI 将包名由原来的 vue-cli 改成了 @vue/cli。

Vue CLI 有 3 个组件。

1. CLI（@vue/cli）

全局安装的 npm 包，提供了终端里的 vue 命令（如 vue create、vue serve、vue ui 等）。它提供了通过 vue create 快速搭建新项目的能力，或者通过 vue serve 即时原型化新想法的能力。我们还可以通过 vue ui 使用图形用户界面管理项目。

2. CLI 服务（@vue/cli-service）

CLI 服务是一个开发环境依赖。它是一个 npm 包，本地安装到 @vue/cli 创建的每个项目中。CLI 服务是构建于 webpack 和 webpack-dev-server 之上的，包含：

- 加载其他 CLI 插件的核心服务；
- 一个为绝大部分应用优化过的内部 webpack 配置；
- 项目内部的 vue-cli-service 命令，包含基本的 serve、build 和 inspect 命令。

3. CLI 插件

CLI 插件是给 Vue 项目提供可选功能的 npm 包（如 Babel/TypeScript 转译、ESLint 集成、单元测试和端到端的测试等）。Vue CLI 插件的名字以 @vue/cli-plugin-（用于内置插件）或 vue-cli-plugin-（用于社区插件）开头，非常容易使用。当在项目内部运行 vue-cli-service 命令时，它会自动解析并加载项目的 package.json 文件中列出的所有 CLI 插件。

插件可以作为项目创建过程的一部分包括在项目中，也可以稍后添加到项目中。

13.2　安　　装

可以使用下面的命令安装 Vue CLI。

```
npm install -g @vue/cli
# 或者
yarn global add @vue/cli
```

Vue CLI 在 Vue 项目开发中基本是必需的，因此要采用全局安装。

安装完成之后，可以使用下面的命令检查版本是否正确，同时验证 Vue CLI 是否安装成功。

```
vue --version
```

13.3　创 建 项 目

安装完 Vue CLI，就可以开始创建一个脚手架项目了。创建项目有两种方式：一种是通过 vue create <项目名> 命令，以命令行方式创建一个项目；另一种是通过 vue ui 命令启动图形界面创建项目。

13.3.1　vue create

选择好项目存放的目录，打开命令提示符窗口，输入 vue create helloworld，开始创建一个 helloworld 项目，如图 13-1 所示。

图 13-1　开始创建项目

✐ 提示：

项目名中不能有大写字母。

首先会让你选择一个 preset（预设），第 1 和第 2 个选项是默认设置，适合快速创建项目的原型，在本书中，我们不会用到第 1 个选项，因为它是针对 Vue 2.x 版本的。第 3 个选项需要手动对项目进行配置，适合有经验的开发者。这里使用方向键↓选择第 3 项，然后按 Enter 键，出现项目的配置选项，如图 13-2 所示。

图 13-2　手动配置项目

以上选项的说明如表 13-1 所示。

表 13-1　手动配置项目中各选项的说明

选　　项	说　　明
Choose Vue version	选择 Vue 的版本
Babel	转码器，用于将 ES6 代码转为 ES5 代码，从而在现有环境下执行
TypeScript	TypeScript 是 JavaScript 的一个超集，主要提供了类型系统和对 ES6 的支持。TypeScript 是由微软开发的开源编程语言，它可以编译成纯 JavaScript，编译出来的 JavaScript 可以运行在任何浏览器上
Progressive Web App (PWA) Support	支持渐进式 Web 应用程序
Router	vue-router，参看第 14 章
Vuex	Vue 的状态管理，参看第 16 章
CSS Pre-processors	CSS 预处理器（如 Less、Sass）
Linter / Formatter	代码风格检查和格式校验（如 ESLint）
Unit Testing	单元测试
E2E Testing	端到端测试

保持默认的 Choose Vue version、Babel 和 Linter / Formatter 的选中状态，按 Enter 键，接下来会根据选择的功能提示选择具体的功能包，或者进一步配置，如图 13-3 所示。

图 13-3　选择 Vue 的版本

按 ↓ 键，选中 3.x（Preview），按 Enter 键，开始配置代码格式和校验选项，如图 13-4 所示。

图 13-4　对 Linter / Formatter 功能的进一步配置

第 1 个选项是指 ESLint 仅用于错误预防，后 3 个选项是选择 ESLint 和哪一种代码规范一起使用。ESLint 是用于代码校验的，至于代码风格，则由另外的规范来限制，如这里的 Airbnb config、Standard config 和 Prettier。至于选择哪种代码规范，这要看个人的喜好或公司的要求。这里先保持默认选择，即第 1 个选项 ESLint with error prevention only。

接下来是选择何时检测代码，如图 13-5 所示。

图 13-5 选择何时检测

这里选择第 1 项：保存时检测。接下来是询问如何存放配置信息，如图 13-6 所示。

图 13-6 选择如何存放配置信息

第 1 个选项是指在专门的配置文件中存放配置信息，第 2 个选项是把配置信息放到 package. json 文件中。关于这个文件，后面会在第 13.6 节中有详细说明。

选择第 1 个选项并按 Enter 键，接下来询问是否保存本次配置，保存的配置可以供以后项目使用，如图 13-7 所示。如果选择了保存，以后再用 vue create 命令创建项目时，就会出现保存过的配置，然后直接选择该配置即可。

图 13-7 是否保存本次配置

输入 y 并按 Enter 键，接下来是给本次配置取个名字，如图 13-8 所示。

输入名字并按 Enter 键，开始创建脚手架项目，这中间会根据配置自动下载需要的包。项目创建完成后，界面信息如图 13-9 所示。

根据提示在命令提示符窗口中依次输入 cd helloworld 和 npm run serve（运行项目）。运行结果如图 13-10 所示。

打开 Chrome 浏览器，输入 http://localhost:8080/，即可看到这个脚手架项目的默认页面，如图 13-11 所示。

```
? Please pick a preset: Manually select features
? Check the features needed for your project: (Press <space> to select, <a> to toggle all,
? Check the features needed for your project: Choose Vue version, Babel, Linter
? Choose a version of Vue.js that you want to start the project with 3.x (Preview)
? Pick a linter / formatter config: Basic
? Pick additional lint features: (Press <space> to select, <a> to toggle all, <i> to inver
? Pick additional lint features: Lint on save
? Where do you prefer placing config for Babel, ESLint, etc.? In dedicated config files
? Save this as a preset for future projects? Yes
? Save preset as:
```

图 13-8　输入本次配置的名字

```
a  Successfully created project helloworld.
a  Get started with the following commands:

$ cd helloworld
$ npm run serve
```

图 13-9　项目成功创建　　　　　　　　图 13-10　使用 npm run serve 命令运行项目

Welcome to Your Vue.js App

For a guide and recipes on how to configure / customize this project,
check out the vue-cli documentation.

Installed CLI Plugins

babel　eslint

Essential Links

Core Docs　Forum　Community Chat　Twitter　News

Ecosystem

vue-router　vuex　vue-devtools　vue-loader　awesome-vue

图 13-11　helloworld 项目的默认页面

要终止项目运行，在命令提示符窗口中按 Ctrl+C 组合键即可。

vue create 命令有一些可选项，可以输入 vue create --help 查看这些选项。具体的选项说明如下：

```
-p, --preset <presetName>          // 忽略提示符并使用已保存的或远程的预设选项
-d, --default                      // 忽略提示符并使用默认预设选项
-i, --inlinePreset <json>          // 忽略提示符并使用内联的 JSON 字符串预设选项
-m, --packageManager <command>     // 在安装依赖时使用指定的 npm 客户端
-r, --registry <url>               // 在安装依赖时使用指定的 npm registry
-g, --git [message]                // 强制 git 初始化，并指定初始化提交信息（可选的）
-n, --no-git                       // 跳过 git 初始化
-f, --force                        // 如果目标目录存在，则覆写它
--merge                            // 如果目标目录存在，则合并它
-c, --clone                        // 使用 git clone 获取远程预设选项
-x, --proxy <proxyUrl>             // 使用指定的代理创建项目
-b, --bare                         // 创建脚手架项目时省略新手指导信息
--skipGetStarted                   // 跳过显示 Get Started 说明
-h, --help                         // 输出使用帮助信息
```

如果要删除自定义的脚手架项目的配置，则可以在操作系统的用户目录下找到 .vuerc 文件。该文件内容如下：

```
{
  "useTaobaoRegistry": true,
  "latestVersion": "4.5.9",
  "lastChecked": 1605617973063,
  "presets": {
    "hello": {
      "useConfigFiles": true,
      "plugins": {
        "@vue/cli-plugin-babel": {},
        "@vue/cli-plugin-eslint": {
          "config": "prettier",
          "lintOn": [
            "save"
          ]
        }
      },
      "vueVersion": "3"
    }
  },
  "packageManager": "npm"
}
{
  "useTaobaoRegistry": true,
  "latestVersion": "4.0.5",
  "lastChecked": 1572429301691,
  "presets": {
    "hello": {
```

```
    "useConfigFiles": true,
    "plugins": {
      "@vue/cli-plugin-babel": {},
      "@vue/cli-plugin-eslint": {
        "config": "prettier",
        "lintOn": [
          "save"
        ]
      }
    }
  }
}
```

粗体显示的代码部分就是脚手架项目配置，如果不想要，则删除即可。

13.3.2 使用图形界面

在命令提示符窗口中输入 vue ui，会在浏览器窗口中打开 Vue 项目的图形界面管理程序。在这个管理程序中可以创建新项目、管理项目、配置插件和项目依赖、对项目进行基础设置，以及执行任务。

通过图形界面创建新项目的界面如图 13-12 所示。

图 13-12　通过图形界面创建新项目的界面

可以根据提示，分步完成项目的创建。

13.4　项目结构

前面通过 Vue CLI 生成的项目的目录结构及各文件夹和文件的用途说明如下。

```
|--node_modules          // 项目依赖的模块
|--public                // 该目录下的文件不会被 Webpack 编译压缩处理，引用的第三方库的 js
                         // 文件可以放在这里
|   |--favicon.ico       // 图标文件
|   |--index.html        // 项目的主页面
|--src                   // 项目代码的主目录
|   |--assets            // 存放项目中的静态资源，如 CSS、图片等
|       |--logo.png      //logo 图片
|   |--components        // 编写的组件放在这个目录下
|       |--HelloWorld.vue //Vue CLI 创建的 HelloWorld 组件
|   |--App.vue           // 项目的根组件
|   |--main.js           // 程序入口 js 文件，加载各种公共组件和所需要用到的插件
|--.browserslistrc       // 配置项目目标浏览器的范围
|--.eslintrc.js          //ESLint 使用的配置文件
|--.gitignore            // 配置在 git 提交项目代码时忽略哪些文件或文件夹
|--babel.config.js       //Babel 使用的配置文件
|--package.json          //npm 的配置文件，其中设定了脚本和项目依赖的库
|--package-lock.json     // 用于锁定项目实际安装的各个 npm 包的具体来源和版本号
|--README.md             // 项目说明文件
```

下面来看一下几个关键文件的代码。例 13-1 所示为 App.vue 的代码。

例 13-1　App.vue

```html
<template>
  <img alt="Vue logo" src="./assets/logo.png" />
  <HelloWorld msg="Welcome to Your Vue.js App" />
</template>

<script>
import HelloWorld from "./components/HelloWorld.vue";

export default {
  name: "App",
  components: {
    HelloWorld
  }
};
</script>

<style>
#app {
  font-family: Avenir, Helvetica, Arial, sans-serif;
  -webkit-font-smoothing: antialiased;
```

```
  -moz-osx-font-smoothing: grayscale;
  text-align: center;
  color: #2c3e50;
  margin-top: 60px;
}
</style>
```

这就是一个典型的单文件组件，在一个文件中包含了组件代码、模板代码和 CSS 样式规则。在这个组件中引入了 HelloWorld 组件，然后在 <template> 元素中使用它。使用 export 语句将 App 组件作为模块的默认值导出。

App 组件是项目的主组件，可以替换它，也可以保留它。如果保留，就是修改代码中的导入语句，将其替换为导入的组件即可。

main.js 是程序入口 JavaScript 文件，该文件主要用于加载各种公共组件和项目需要用到的各种插件，并创建 Vue 的根实例。例 13-2 所示为 main.js 的代码。

例 13-2　main.js

```
import { createApp } from "vue";
import App from "./App.vue";

createApp(App).mount("#app");
```

在该文件中，使用 import 语句按需导入 createApp，这就是 Vue 3.0 引入的 Tree-shaking 支持。不同于在 HTML 文件中的引用方式，前面章节是通过 <script> 元素引入 Vue 的 js 文件。后面基于脚手架项目的开发，对模块的引入都会采用这种方式。

接下来使用 import 语句导入 App 组件，调用 createApp 方法创建应用程序实例，调用 mout 方法在 id 为 app 的 DOM 元素上装载应用程序实例的根组件。

项目的主页面 index.html 的代码如例 13-3 所示。

例 13-3　index.html

```
<!DOCTYPE html>
<html lang="en">
  <head>
    <meta charset="utf-8">
    <meta http-equiv="X-UA-Compatible" content="IE=edge">
    <meta name="viewport" content="width=device-width,initial-scale=1.0">
    <link rel="icon" href="<%= BASE_URL %>favicon.ico">
    <title><%= htmlWebpackPlugin.options.title %></title>
  </head>
  <body>
    <noscript>
        <strong>We're sorry but <%= htmlWebpackPlugin.options.title %> doesn't
work properly without JavaScript enabled. Please enable it to continue.</strong>
    </noscript>
```

```
    <div id="app"></div>
    <!-- built files will be auto injected -->
  </body>
</html>
```

可以看到一个 id 属性值为 app 的空的 <div> 元素，组件实例会动态挂载到该元素上。在这种方式下，就没有 v-cloak 指令的用武之地了。

13.5　编写一个 Hello 组件

在第 2 章就已经安装了 Visual Studio Code，并对它进行了配置，以支持基于 Vue.js 的项目开发，现在启动 Visual Studio Code，选择【文件】→【打开文件夹】选项，选中前面使用 Vue CLI 创建的脚手架项目所在的文件夹并打开。

在左边窗口中可以看到项目的目录结构，如图 13-13 所示。

图 13-13　Visual Studio Code 中显示的项目目录结构

右击 components 目录，从弹出的快捷菜单中选择【新建文件】选项，输入 Hello.vue，创建一个单文件组件。编写代码如例 13-4 所示。

例 13-4   Hello.vue

```
<template>
    <p>{{message}}</p>
</template>

<script>
export default {
    data(){
        return {
            message: 'Hello, Vue.js'
        }
    }
}
</script>
```

打开 App.vue 文件，将 HelloWorld 组件替换为 Hello 组件。修改的代码如例 13-5 所示。

例 13-5   App.vue

```
<template>
  <Hello />
</template>

<script>
import Hello from "@/components/Hello"

export default {
  name: "App",
  components: {
    Hello
  }
};
</script>
...
```

导入语句中的 @ 符号表示 **src** 目录，该符号用于简化路径的访问。Hello 组件没有写扩展名，这没有问题，因为项目内置的 webpack 能够自动添加后缀".vue"。

接下来，在 Visual Studio Code 的菜单栏中选择【终端】→【新终端】选项，在弹出的终端窗口中输入命令 npm run serve，开始运行项目，如图 13-14 所示。打开浏览器，在地址栏中输入 http://localhost:8080/。显示效果如图 13-15 所示。

```
F:\Vue3Lesson\ch13\helloworld>npm run serve

> helloworld@0.1.0 serve F:\Vue3Lesson\ch13\helloworld
> vue-cli-service serve

 INFO  Starting development server...
98% after emitting CopyPlugin

 DONE  Compiled successfully in 4198ms


App running at:
- Local:   http://localhost:8080/
- Network: http://192.168.0.101:8080/

Note that the development build is not optimized.
To create a production build, run npm run build.
```

图 13-14   在终端窗口中运行项目

Hello, Vue.js

图 13-15　项目运行效果

13.6　package.json

这是一个 JSON 格式的 npm 配置文件，定义了项目所需要的各种模块，以及项目的配置信息（如名称、版本、许可证等元数据），在项目开发中经常会需要修改该文件的配置内容，所以这里单独对这个文件的内容说明一下。代码如下所示：

```
{
  "name": "helloworld",      // 项目名称
  "version": "0.1.0",        // 项目版本
  "private": true,           // 是否私有项目
  "scripts": {               // 值是一个对象，其中指定了项目生命周期各个环节需要执行的命令
    "serve": "vue-cli-service serve",   // 执行 npm run serve，运行项目
    "build": "vue-cli-service build",   // 执行 npm run build，构建项目
    "lint": "vue-cli-service lint"      // 执行 npm run lint，运行 ESLint 验证并格式化代码
  },
  "dependencies": {          // 配置项目依赖的模块列表，key 是模块名称，value 是版本范围
    "core-js": "^3.6.5",
    "vue": "^3.0.0"
  },
  "devDependencies": {       // 这里的依赖是用于开发环境的，不发布到生产环境
    "@vue/cli-plugin-babel": "~4.5.0",
    "@vue/cli-plugin-eslint": "~4.5.0",
    "@vue/cli-service": "~4.5.0",
    "@vue/compiler-sfc": "^3.0.0",
    "babel-eslint": "^10.1.0",
    "eslint": "^6.7.2",
    "eslint-plugin-prettier": "^7.0.0-0"
  }
}
```

在使用 npm 安装依赖的模块时，可以根据模块是否需要在生产环境下使用而选择附加 -S（即 --save，生产环境）或 -D（即 --save-dev，开发环境）参数。例如，项目中使用了界面 UI 组件库 element-ui，它肯定是要在生产环境中用到的，就可以执行下面的命令来安装。

```
npm install element-ui -S
// 等同于
npm install element-ui --save
```

安装后会在 dependencies 中写入依赖项，在项目打包发布时，dependencies 中写入的依赖项也会一起打包。

如果某个模块只是在开发环境中使用，则可以使用 -D 参数安装，在安装完成后将依赖项写入 devDependencies，而在 devDependencies 中的依赖项，在项目打包发布时并不会一起打包。

在发布代码时，项目下的 **node_modules** 文件夹都不会发布，那么在下载了别人的代码后，怎样安装依赖呢？这时可以在项目根路径下执行 **npm install** 命令，该命令会根据 **package.json** 文件下载所需要的依赖。

13.7　小　　结

本章详细介绍了 Vue CLI 这一创建 Vue 脚手架项目的有用工具，熟练使用该工具，可以快速搭建符合项目要求的框架程序；同时介绍了脚手架项目中的一些重要配置文件，以及脚手架项目的结构，方便读者快速上手项目的开发。

第 14 章　使用 Vue Router 开发单页应用

传统的 Web 应用程序不同页面间的跳转都是向服务器发起请求，服务器处理请求后向浏览器推送页面。在单页应用程序中，不同视图（组件的模板）的内容都是在同一个页面中渲染，页面间的跳转都是在浏览器端完成，这就需要用到前端路由。在 Vue.js 中，可以使用官方的路由管理器 Vue Router。

14.1　感受前端路由

Vue Router 需要单独下载，可以参照 2.1.1 小节介绍的 CDN 方式引用 Vue Router。

```
<script src="https://unpkg.com/vue-router@next"></script>
```

如果使用模块化开发，则使用 npm 安装方式，执行以下命令安装 Vue Router。

```
npm install vue-router@next --save
```

📑 提示：

注意安装 Vue Router 时，要安装支持 Vue 3.0 的新版本 Vue Router，即这里的 vue-router@next。支持 Vue 2.x 的 Vue Router 版本名是 vue-router。

14.1.1　HTML 页面使用路由

前端路由的配置有固定的步骤。

（1）使用 router-link 组件设置导航链接。代码如下所示：

```
<router-link to="/">主页 </router-link>
<router-link to="/news">新闻 </router-link>
<router-link to="/books">图书 </router-link>
<router-link to="/videos">视频 </router-link>
```

to 属性指定链接的 URL，<router-link> 默认会被渲染为一个 <a> 标签，如图 14-1 所示。

<u>主页新闻图书视频</u>

主页面

图 14-1　<router-link> 被渲染为一个链接（<a> 标签）

✐ 提示：

> 可以使用 v-slot API 完全定制 <router-link>。例如，将 <router-link> 渲染为 span 标签。代码如下所示：
> ```
> <router-link to="/videos" custom v-slot="{ navigate }">
>
>         <span @click="navigate" @keypress.enter="navigate"> 视频 </span>
> </router-link>
> ```
>
> 将渲染为
> ```
> <span> 视频 </span>
> ```

（2）指定组件在何处渲染，这是通过 <router-view> 指定的。代码如下所示：

```
<router-view></router-view>
```

单击链接的时候，会在 <router-view> 所在的位置渲染组件的模板内容。可以把 <router-view>
理解为占位符。

（3）定义路由组件。代码如下所示：

```
const Home = { template: '<div> 主页面 </div>' }
const News = { template: '<div> 新闻页面 </div>' }
const Books = { template: '<div> 图书页面 </div>' }
const Videos = { template: '<div> 视频页面 </div>' }
```

这里只是为了演示前端路由的基本用法，所以组件定义很简单。

（4）定义路由，将第（1）步设置的链接 URL 和组件对应起来。代码如下所示：

```
const routes = [
    { path: '/', component: Home },
    { path: '/news', component: News },
    { path: '/books', component: Books },
    { path: '/videos', component: Videos }
]
```

（5）创建 VueRouter 实例，将第（4）步定义的路由配置作为选项传递进去。代码如下所示：

```
const router = VueRouter.createRouter({
    // 提供要使用的 history 实现。为了简单起见，在这里使用 hash history
    history: VueRouter.createWebHashHistory(),
    routes // 简写，相当于 routes: routes
})
```

（6）调用应用程序实例的 use() 方法，传入第（5）步创建的 router 对象，从而让整个应用程序
具备路由功能。

```
const app = Vue.createApp({})
// 使用路由器实例，从而让整个应用都有路由功能
app.use(router)
app.mount('#app')
```

至此，整个前端路由的配置就完成了。

完整的代码如例 14-1 所示。

例 14-1　routes.html

```html
<!DOCTYPE html>
<html>
    <head>
            <meta charset="UTF-8">
            <title></title>
    </head>
    <body>
            <div id="app">
                <p>
                            <!-- 使用 router-link 组件导航 -->
                        <!-- 通过传入 to 属性指定链接 -->
                        <!-- <router-link> 默认会被渲染成一个 <a> 标签 -->
                        <router-link to="/"> 主页 </router-link>
                            <router-link to="/news"> 新闻 </router-link>
                            <router-link to="/books"> 图书 </router-link>
                            <router-link to="/videos"> 视频 </router-link>
                </p>
                        <!-- 路由出口 -->
                        <!-- 路由匹配到的组件将在这里渲染 -->
                        <router-view></router-view>
            </div>
            <script src="https://unpkg.com/vue@next"></script>
            <script src="https://unpkg.com/vue-router@next"></script>
            <script>
                    // 定义路由组件
                    // 可以从其他文件 import 进来
                    const Home = { template: '<div> 主页面 </div>' }
                    const News = { template: '<div> 新闻页面 </div>' }
                    const Books = { template: '<div> 图书页面 </div>' }
                    const Videos = { template: '<div> 视频页面 </div>' }

                    // 定义路由
                    // 每个路由应该映射到一个组件
                    const routes = [
                        { path: '/', component: Home },
                        { path: '/news', component: News },
                        { path: '/books', component: Books },
                        { path: '/videos', component: Videos }
                    ]

                    // 传递 routes 选项，创建 router 实例
                    const router = VueRouter.createRouter({
                    // 提供要使用的 history 实现。简单起见，在这里使用 hash history
```

```
                    history: VueRouter.createWebHashHistory(),
                    routes // （简写）相当于 routes: routes
                })

            const app = Vue.createApp({})
            // 使用路由器实例，从而让整个应用都有路由功能
            app.use(router)
            app.mount('#app')
        </script>
    </body>
</html>
```

在浏览器中的初始渲染效果如图 14-1 所示。任意单击某个链接，前端路由演示效果如图 14-2 所示。

← → C   ⓘ 文件 | F:/Vue3Lesson/ch14/routes.html#/books

<u>主页新闻图书视频</u>

图书页面

图 14-2   前端路由演示效果

例 14-1 在创建 router 实例时，为选项 history 指定的是 VueRouter.createWebHashHistory()，也就是 hash 模式，即使用 URL 的 hash（即 URL 中的锚部分，从 "#" 开始的部分）模拟完整的 URL，以便在 URL 更改时不会重新加载页面，如图 14-2 地址栏中的 "#/books" 的使用。

14.1.2   模块化开发使用路由

扫一扫，看视频

模块化开发使用前端路由也是遵照 14.1.1 小节介绍的各个步骤，只是形式上有些变化。先利用 Vue CLI 创建一个 Vue 3.0 的脚手架项目，项目名为 myroute，直接选择 Default (Vue 3 Preview) ([Vue 3] babel, eslint)，开始项目创建。项目创建成功后启动 Visual Studio Code 打开项目所在文件夹，接下来按照以下步骤开始前端路由的配置。

（1）为项目安装 vue-router。选择【终端】→【新终端】选项，在弹出的终端窗口中输入以下命令安装 vue-router。

```
npm install vue-router@next --save
```

（2）在 App.vue 中设置导航链接和组件渲染的位置。修改其模板内容，并将引用 HelloWorld 组件的地方删除。修改后的代码如例 14-2 所示。

例 14-2   App.vue

```
<template>
    <p>
        <router-link to="/">首页 </router-link>
        <router-link to="/news">新闻 </router-link>
```

```
        <router-link to="/books"> 图书 </router-link>
        <router-link to="/videos"> 视频 </router-link>
    </p>
    <router-view></router-view>
</template>

<script>
  export default {
    name: 'App',
    components: {
    }
  }
</script>
...
```

（3）定义路由组件。在 components 目录下新建 Home.vue、News.vue、Books.vue 和 Videos.vue 四个文件。代码如例 14-3 所示。

例 14-3　Home、News、Books 和 Videos 组件的代码

```
                                        Home.vue
<template>
    <div> 主页面 </div>
</template>

<script>
export default {
}
</script>


                                        News.vue
<template>
    <div> 新闻页面 </div>
</template>

<script>
export default {
}
</script>


                                        Books.vue
<template>
    <div> 图书页面 </div>
</template>

<script>
export default {
}
```

```
</script>
                                        Videos.vue
<template>
    <div> 视频页面 </div>
</template>

<script>
export default {
}
</script>
```

（4）单独定义一个模块文件，配置路由信息，这也是项目中经常使用的方式。在 src 目录下新建一个 router 文件夹，在该文件夹下新建一个 index.js 文件。编辑该文件，代码如例 14-4 所示。

例 14-4   index.js

```
// 导入 createRouter 和 createWebHashHistory
import { createRouter, createWebHashHistory } from 'vue-router'
import Home from '@/components/Home'
import News from '@/components/News'
import Books from '@/components/Books'
import Videos from '@/components/Videos'

const router = createRouter({
  history: createWebHashHistory(),
  routes: [
    {
      path: '/',
      component: Home
    },
    {
      path: '/news',
      component: News
    },
    {
      path: '/books',
      component: Books
    },
    {
      path: '/videos',
      component: Videos
    }
  ]
})
```

（5）在程序入口 main.js 文件中，使用 router 实例让整个应用都有路由功能。代码如例 14-5 所示。

例 14-5　main.js

```
import { createApp } from 'vue'
import App from './App.vue'
import router from './router'

createApp(App).use(router).mount('#app')
```

粗体显示的代码是新增的代码。在基于 Vue.js 的项目开发中，**如果要导入一个目录中的 index. js 文件，可以直接导入该目录**，内置的 webpack 会自动导入 index.js 文件。

至此，前端路由就已经全部配置完毕。打开终端窗口，输入 npm run serve 命令，运行项目，体验单页应用的前端路由。

扫一扫，看视频

14.2　动态路由匹配

实际项目开发时，经常需要把匹配某种模式的路由映射到同一个组件。例如，有一个 Book 组件，对于所有 ID 各不相同的图书，都使用这个组件来渲染，这可以使用路径中的动态段（dynamic segment 来实现，称为参数（param）。参数使用冒号（:）表示，如 /book/:id，即 /book/1、/book/2 和 /book/foo 都将映射到相同的路由。当匹配到一个路由时，参数的值将被保存到 this.\$route.params（this.\$route 代表当前路由对象）中，可以在组件内使用。

继续 14.1.2 小节的项目，修改 App.vue，使用 <router-link> 组件添加两个导航链接。代码如例 14-6 所示。

例 14-6　App.vue

```
<template>
  <p>
    ...
    <router-link to="/book/1">图书 1</router-link>
    <router-link to="/book/2">图书 2</router-link>
  </p>
  <router-view></router-view>
</template>

...
```

粗体显示的代码是新增的代码。

在 components 目录下新建 Book.vue 文件。代码如例 14-7 所示。

例 14-7　Book.vue

```
<template>
    <div>图书 ID: {{ $route.params.id }}</div>
</template>
```

```
<script>
export default {
}
</script>
```

接下来编辑 router 目录下的 index.js 文件，导入 Book 组件，并添加动态路径 /book/:id 的路由配置。代码如例 14-8 所示。

例 14-8　index.js

```
...
import Book from '@/components/Book'

const router = createRouter({
  history: createWebHashHistory(),
  routes: [
    ...,
    {
      path: '/book/:id',
      component: Book
    }
  ]
})
```

粗体显示的代码是新增的代码。

在终端窗口中执行 npm run serve 命令，运行项目，打开浏览器，出现图书 1 和图书 2 链接，单击其中任意一个。结果如图 14-3 所示。

在同一个路由中可以有多个参数，它们将映射到 $route.params 中的相应字段，如表 14-1 所示。

ⓘ localhost:8080/#/book/2

首页新闻图书视频图书1图书2

图书ID：2

图 14-3　动态路由匹配

表 14-1　在同一个路由中可以有多个动态段示例

模　　式	匹配路径	$route.params
/user/:username	/user/evan	{ username: 'evan' }
/user/:username/post/:post_id	/user/evan/post/123	{ username: 'evan', post_id: '123' }

除了 $route.params 外，$route 对象还提供了其他有用信息，如 $route.query（如果 URL 中有查询参数）、$route.hash 等。

14.2.1　查询参数

扫一扫，看视频

URL 中带有查询参数的形式为 /book?id=1，这在传统的 Web 应用程序中很常见，根据查询参数向服务端请求数据。在单页应用程序开发中，也支持路径中的查询参数。修改例 14-6，代码如例 14-9 所示。

例 14-9　App.vue

```
<template>
  <p>
    ...
    <router-link to="/book?id=1">图书 1</router-link>
    <router-link to="/book?id=2">图书 2</router-link>
  </p>
  <router-view></router-view>
</template>

...
```

粗体显示的代码是修改的部分。

修改例 14-7，代码如例 14-10 所示。

例 14-10　Book.vue

```
<template>
    <div>图书 ID：{{ $route.query.id }}</div>
</template>
    ...
```

修改例 14-8，代码如例 14-11 所示。

例 14-11　index.js

```
...
const router = createRouter({
  ...
  routes: [
    ...
    {
      path: '/book',
      component: Book
    }
  ]
})
```

运行项目，单击"图书 1"链接。查询参数演示结果如图 14-4 所示。

ⓘ localhost:8080/#/book?id=1

首页新闻图书视频图书1图书2

图书ID：1

图 14-4　查询参数演示结果

14.3　路由匹配语法

大多数应用程序使用静态路由（如 /news）和动态路由（如 /book/1）就可以满足应用的需求，不过 Vue Router 也提供了更加强大的参数匹配能力。要匹配任何内容，可以使用自定义参数正则表达式，方法是在参数后面的圆括号中使用正则表达式。

14.3.1　参数中的自定义正则表达式

当定义一个如"：id"的参数时，Vue Router 在内部使用正则表达式"([^/]+)"（至少有一个不是斜杠 / 的字符）从 URL 中提取参数。假设有两个路由 /:orderId 和 /:productName，它们将匹配完全相同的 URL，要想区分它们，最简单的方法是在路径中添加一个静态部分来区分。代码如下所示：

```
const routes = [
  // 匹配 /o/3549
  { path: '/o/:orderId' },
  // 匹配 /p/books
  { path: '/p/:productName' },
]
```

假如要限定 orderId 只能是数字，而 productName 可以是任何值，那么可以在参数 orderId 后的圆括号中使用正则表达式来说明。代码如下所示：

```
const routes = [
  // /:orderId 只能匹配数字
  { path: '/o/:orderId(\\d+)' },
  // /:productName 匹配任何值
  { path: '/p/:productName' },
]
```

14.3.2　可重复参数

可以使用修饰符"*"（零个或多个）、"+"（一个或多个）将参数标记为可重复的。代码如下所示：

```
const routes = [
  // /:chapters -> 匹配 /one, /one/two, /one/two/three, etc
  { path: '/:chapters+' },
  // /:chapters -> 匹配 /, /one, /one/two, /one/two/three, etc
  { path: '/:chapters*' },
]
```

这将给出一个 params 数组而不是字符串，并且在使用命名路由（参看 14.5 节）时也需要传递一个数组。代码如下所示：

```
// given { path: '/:chapters*', name: 'chapters' },
router.resolve({ name: 'chapters', params: { chapters: [] } }).href
// 结果: /
router.resolve({ name: 'chapters', params: { chapters: ['a', 'b'] } }).href
// 结果: /a/b

// given { path: '/:chapters+', name: 'chapters' },
router.resolve({ name: 'chapters', params: { chapters: [] } }).href
// 因为 chapters 是空，这将抛出一个错误
```

还可以通过将 "*" 和 "+" 添加到右括号后，与自定义正则表达式结合使用。

```
const routes = [
  // 只匹配数字
  { path: '/:chapters(\\d+)+' },
  { path: '/:chapters(\\d+)*' },
]
```

14.3.3　可选参数

还可以使用 "?" 将参数标记为可选的。代码如下所示：

```
const routes = [
  // 匹配 /users 和 /users/posva
  { path: '/users/:userId?' },
  // 匹配 /users 和 /users/42
  { path: '/users/:userId(\\d+)?' },
]
```

扫一扫，看视频

14.4　嵌套路由

在实际的应用场景中，一个界面 UI 通常由多层嵌套的组件组合而成，URL 中的各段也按某种结构对应嵌套的各层组件，如图 14-5 所示。

图 14-5　嵌套路由

路径 user/:id 映射到 User 组件，根据 ID 的不同，显示不同的用户信息。ID 为 1 的用户单击链

接 user/1/profile，将在用户 1 的视图中渲染 Profile 组件；单击链接 user/1/posts，将在用户 1 的视图中渲染 Posts 组件。

继续 14.2 节中的例子（将例子恢复为动态段），当单击"图书"链接时，以列表形式显示所有图书的书名，进一步单击单个书名链接，在 Books 视图中显示图书的详细信息。这可以通过嵌套路由来实现。

在 asssets 目录下新建一个 books.js 文件，里面是图书数据。代码如例 14-12 所示。

例 14-12　books.js

```
export default [
    {id: 1, title: 'Java 无难事 ', desc: ' 让你的 Java 学习再无难事 '},
    {id: 2, title: 'VC++ 深入详解 ', desc: ' 畅销 10 多年的图书 '},
    {id: 3, title: 'Servlet/JSP 深入详解 ', desc: ' 经典 JSP 图书 '}
]
```

这里硬编码了图书数据，只是为了演示需要，真实场景中，图书数据应该是通过 Ajax 请求从服务端加载得到。

修改 Books.vue，以列表方式显示图书数据，添加导航链接，并使用 <router-view> 指定 Book 组件渲染的位置。代码如例 14-13 所示。

例 14-13　Books.vue

```
<template>
    <div>
        <h3> 图书列表 </h3>
        <ul>
            <li v-for="book in books" :key="book.id">
                <router-link:to="'/book/'+book.id">{{book.title}}</router-link>
            </li>
        </ul>
        <!--Book 组件在这里渲染 -->
        <router-view></router-view>
    </div>
</template>

<script>
// 导入 Books 数组
import Books from '@/assets/books'
export default {
    data(){
        return {
            books: Books
        }
    }
}
</script>
```

粗体显示的代码是新增的代码。记得删除 App.vue 中图书 1 和图书 2 的 <router-link> 的配置。

修改 router 目录下的 index.js 文件，增加嵌套路由的配置并删除例 14-11 的配置。代码如例 14-14 所示。

例 14-14　index.js

```
...
import Book from '@/components/Book'
...
const router = createRouter({
  routes: [
    ...,
    {
      path: '/books',
      component: Books,
      children: [
        {path: '/book/:id', component: Book}
      ]
    },
    ...


  ]
})
```

说明：

（1）要在嵌套的出口（即 Books 组件中的 <router-view>）中渲染组件，需要在 routes 选项的配置中使用 children 选项。children 选项只是路由配置对象的另一个数组，如同 routes 本身一样，因此，可以根据需要继续嵌套路由。

（2）以"/"开头的嵌套路径被视为根路径。如果例 14-13 中的导航链接设置的是 /books/book/id 这种形式，那么这里配置路径时，需要去掉"/"，即 {path: 'book/:id', component: Book}。

在终端窗口中运行项目，打开浏览器，单击"图书"链接后，任选一本图书，结果如图 14-6 所示。

在实际场景中，当单击某本图书链接时，应该向服务器端发起 Ajax 请求来获取图书详细数据，于是我们想到在 Book 组件中通过生命周期钩子函数来实现，然而，这行不通。因为当两个路由都渲染同一个组件时，如从 book/1 导航到 book/2 时，Vue 会复用先前的 Book 实例，比起销毁旧实例再创建新实例，复用会更加高效。但是这就意味着组件的生命周期钩子不会再被调用，所以也就无法在生命周期钩子中去根据路由参数的变化更新数据。

图 14-6　增加嵌套路由

要对同一组件中的路由参数更改做出响应，只需监听 $route.parems 即可。

修改 Book.vue，当路由参数变化时，更新图书详细数据。代码如例 14-15 所示。

例 14-15   Book.vue

```
<template>
  <div>
    <p>图书 ID: {{ book.id }}</p>
    <p>书名: {{ book.title }}</p>
    <p>说明: {{ book.desc }}</p>
  </div>
</template>

<script>
import Books from '@/assets/books'
export default {
  data(){
    return {
      book: {}
    }
  },
  created(){
    this.book = Books.find((item) => item.id == this.$route.params.id);

    this.$watch(
      () => this.$route.params,
      (toParams) => {
        console.log(toParams)
        this.book = Books.find((item) => item.id == toParams.id);
      }
    )
  }
}
</script>
```

说明：

（1）只有路由参数发生变化时，$route.params 的监听器才会被调用，这意味着第一次渲染 Book 组件时，通过 $route.params 的监听器是得不到数据的，因此在 created 钩子中先获取第一次渲染时的数据。当然，也可以向 $watch 方法传入一个选项对象作为第 3 个参数，设置 immediate 选项参数为 true，使监听器回调函数在监听开始后立即执行，即不需要在 created 钩子中先获取一次数据。代码如下所示：

```
created(){
  //this.book = Books.find((item) => item.id == this.$route.params.id);
  this.$watch(
    () => this.$route.params,
    (toParams) => {
      this.book = Books.find((item) => item.id == toParams.id);
    },
    {
```

```
        immediate: true
      }
    )
  }
```

（2）$route.params 监听器回调函数的 toParams 参数表示即将进入的目标路由的参数，该函数还可以带一个 previousParams 参数，表示当前导航正要离开的路由的参数。

运行项目，单击不同的图书链接将显示对应图书的详细信息，如图 14-7 所示。

除了监听 $route 对象外，还可以利用 Vue Router 中的导航守卫（navigation guard）：beforeRouteUpdate，可以把它理解为是针对路由的一个钩子函数。修改例 14-15，删除 $route.params 的监听器，改用 beforeRouteUpdate 来实现。代码如下所示：

```
beforeRouteUpdate (to) {
    this.book = null;
    this.book = Books.find((item) => item.id
== to.params.id);
  }
```

图 14-7 监听 $route.params 对路由
参数更改做出响应

beforeRouteUpdate 在当前路由改变，但是该组件被复用时调用。它有两个常用的参数。to 表示即将进入的目标路由位置对象；from 表示当前导航正要离开的路由位置对象。本例中只用到了参数 to。

14.5 命名路由

有时通过一个名称来标识路由会更方便，特别是在链接到路由，或者执行导航时。可以在创建 Router 实例时，在 routes 选项中为路由设置名称。

修改 router 目录下的 index.js，为路由定义名字。代码如例 14-16 所示。

例 14-16 index.js

```
...
const router = createRouter({
  history: createWebHashHistory(),
  routes: [
    {
      path: '/',
      redirect: {
        name: 'news'
      }
```

```
    },
    {
      path: '/news',
      name: 'news',
      component: News
    },
    {
      path: '/books',
      name: 'books',
      component: Books,
      children: [
        {path: '/book/:id', name: 'book', component: Book}
      ]
    },
    {
      path: '/videos',
      name: 'videos',
      component: Videos
    }
  ]
})
```

粗体显示的代码为新增的代码。在根路径（/）的配置中，使用 redirect 参数将对该路径的访问重定向到命名的路由 news 上。当访问 http://localhost:8080/ 时，将直接跳转到 News 组件。

以下是重定向的另外两种配置方式。

```
{
  path: '/',
  // 指定目标路径
  redirect: '/news'
}

{
  // /search/screens -> /search?q=screens
  path: '/search/:searchText',
  // 函数接收目标路由作为参数，动态返回重定向目标
  // 返回值可以是重定向的字符串路径或路径对象
  redirect: to => {
    return { path: '/search', query: { q: to.params.searchText } }
  },
},
```

修改 App.vue，在设置导航链接时使用命名路由。代码如例 14-17 所示。

例 14-17   App.vue

```
<template>
  <p>
```

```
    <router-link to="/">首页 </router-link>
    <router-link :to="{ name: 'news'}">新闻 </router-link>
    <router-link :to="{ name: 'books'}">图书 </router-link>
    <router-link :to="{ name: 'videos'}">视频 </router-link>
  </p>
  <router-view></router-view>
</template>
```

注意：to 属性的值现在是表达式，因此需要使用 v-bind 指令。

修改 Books.vue，也使用命名路由。代码如例 14-18 所示。

例 14-18　Books.vue

```
...
<ul>
  <li v-for="book in books" :key="book.id">
   <router-link :to="{name:'book', params:{id: book.id}}">{{book.title}}
</router-link>
  </li>
</ul>
```

接下来可以再次运行项目，观察效果，测试效果和前面的例子完全一样。

在路由配置中，还可以为某个路径取个别名。例如：

```
routes: [
  { path: '/a', component: A, alias: '/b' }
]
```

"/a" 的别名是 "/b"，当用户访问 "/b" 时，URL 会保持为 "/b"，但是路由匹配是 "/a"，就像用户正在访问 "/a" 一样。

别名的功能可以自由地将 UI 结构映射到任意的 URL，而不受限于配置的嵌套路由结构。

注意别名和重定向的区别，对于重定向而言，当用户访问 "/a" 时，URL 会被替换成 "/b"，然后匹配路由为 "/b"。

14.6　命名视图

扫一扫，看视频

有时需要同时（同级）显示多个视图，而不是嵌套展示。例如，创建一个布局，有 header（头部）、sidebar（侧边栏）和 main（主内容）3 个视图，这时命名视图就派上用场了。可以在界面中拥有多个单独命名的视图，而不是只有一个单独的出口。例如：

```
<router-view class="view header" name="header"></router-view>
<router-view class="view sidebar" name="sidebar"></router-view>
<router-view class="view main"></router-view>
```

没有设置名字的 router-view，默认为 default。

一个视图使用一个组件渲染，因此对于同一个路由，多个视图就需要多个组件。在配置路由时，使用 components 选项。代码如下所示：

```
const router = createRouter({
  history: createWebHashHistory(),
  routes: [
    {
      path: '/',
      components: {
        default: Main,
        header: Header,
        sidebar: Sidebar
      }
    }
  ]
})
```

可以使用带有嵌套视图的命名视图创建复杂的布局，这时也需要命名用到的嵌套 router-view 组件。

下面来看一个设置面板的示例，如图 14-8 所示。

图 14-8　设置面板示意图

在图 14-8 中，Nav 是一个常规组件，UserSettings 是一个父视图组件，UserEmailsSubscriptions、UserProfile 和 UserProfilePreview 是嵌套的视图组件。

UserSettings 组件的模板代码类似如下形式。

```
<!-- UserSettings.vue -->
<div>
  <h1>User Settings</h1>
  <NavBar/>
  <router-view/>
  <router-view name="helper"/>
</div>
```

其他 3 个组件的模板代码如下：

```
<!-- UserEmailsSubscriptions.vue -->
<div>
    <h3>Email Subscriptions</h3>
```

```
</div>

<!-- UserProfile.vue -->
<div>
    <h3>Edit your profile</h3>
</div>

<!-- UserProfilePreview.vue -->
<div>
    <h3>Preview of your profile</h3>
</div>
```

在路由配置中按照上述布局进行配置。代码如下所示：

```
{
  path: '/settings',
  component: UserSettings,
  children: [{
    path: 'emails',
    component: UserEmailsSubscriptions
  }, {
    path: 'profile',
    components: {
      default: UserProfile,
      helper: UserProfilePreview
    }
  }]
}
```

继续我们的例子，将图书详情信息修改为与 Books 视图同级显示。

编辑 App.vue，添加一个命名视图。代码如例 14-19 所示。

例 14-19　App.vue

```
<div id="app">
  ...
  <router-view></router-view>
  <router-view name="bookDetail"></router-view>
</div>
```

修改 router 目录下的 index.js 文件，删除 Books 组件的嵌套路由配置，将 Book 组件路由设置为顶层路由。代码如例 14-20 所示。

例 14-20　index.js

```
...
{
  path: '/books',
```

```
    name: 'books',
    component: Books,

  },
  {
    path: '/book/:id',
    name: 'book',
    components: {bookDetail: Book}
  },
  ...
```

至于 Books 组件内的 <router-view>，删不删除都不影响 Book 组件的渲染。为了代码的完整性，可以将这些无用的代码注释或删除。

运行项目，可以看到当单击一个图书链接时，图书的详细信息在 Books 视图同级显示了，如图 14-9 所示。

← → C ① localhost:8080/#/book/1

首页新闻图书视频

图书ID：1

书名：Java无难事

说明：让你的Java学习再无难事

图 14-9　使用命名视图显示效果

扫一扫，看视频

14.7　编程式导航

除了使用 <router-link> 创建 <a> 标签定义导航链接，还可以使用 router 的实例方法，通过编写代码来导航。

要导航到不同的 URL，可以使用 router 实例的 push() 方法。router.push() 方法会向 history 栈添加一个新的记录，所以当用户单击浏览器后退按钮时，将回到之前的 URL。

当单击 <router-link> 时，router.push() 方法会在内部调用，换句话说，单击 <router-link :to="..."> 等同于调用 router.push(...) 方法。

router.push() 方法的参数可以是字符串路径，也可以是位置描述符对象。调用形式很灵活，代码如下所示：

```
// 字符串路径
router.push('home')

// 对象
router.push({ path: 'home' })

// 命名的路由
router.push({ name: 'user', params: { userId: '123' }})

// 带查询参数，结果是 /register?plan=private
router.push({ path: 'register', query: { plan: 'private' }})

// 使用hash，结果是 /about#team
router.push({ path: '/about', hash: '#team' })
```

需要注意的是，如果提供了 path，params 会被忽略。那么对于 /book/:id 这种形式的路径应该如何调用 router.push() 方法呢？一种方法是通过命名路由，如上例第 3 种调用形式；一种方法是在 path 中提供带参数的完整路径。代码如下所示：

```
const id = 1;
router.push({ name: 'book', params: { id: book.id } }) //-> /book/1
router.push({ path: `/book/${id}` }) //-> /book/1
```

router.push() 方法和所有其他的导航方法都返回一个 Promise，允许等待直到导航完成，并知道结果是成功还是失败。

下面继续前面的例子，修改例 14-18 的 Books.vue，用 router.push() 方法替换 <router-link>。修改后的代码如例 14-21 所示。

例 14-21　Books.vue

```
<div>
    <h3>图书列表</h3>
    <ul>
        <li v-for="book in books" :key="book.id">
            <a href="#"
               @click.prevent="goRoute({name:'book',params:{id:book.id}})">
               {{book.title}}
            </a>
        </li>
    </ul>
    <router-view></router-view>
</div>

<script>
...
export default {
    ...
```

```
    methods: {
        goRoute(location){
            // 当单击的 URL 中的参数 id 与当前路由对象参数 id 值不同时，才调用 $router.push() 方法
            if(location.params.id != this.$route.params.id)
                this.$router.push(location)
        }
    }
}
</script>
```

说明：

（1）在组件实例内部，可以通过 this.$router 访问路由器实例，进而调用 this.$router.push() 方法。

（2）this.$router 表示全局的路由器对象，包含了用于路由跳转的方法，其属性 currentRoute 可以获取当前路由对象；this.$route 表示当前路由对象，每一个路由都有一个 route 对象，可以获取对应的 name、path、params、query 等属性。

除了 router.push() 方法外，还可以使用 router 实例的 replace() 方法进行路由跳转。与 push() 方法不同的是，replace() 方法不会向 history 添加新记录，而是替换掉当前的 history 记录。

replace() 方法对应的声明式路由跳转为 <router-link :to="..." replace>。

也可以在调用 push() 方法时，在位置对象中指定属性 replace:true。代码如下所示：

```
router.push({ path: '/home', replace: true })
// 相当于
router.replace({ path: '/home' })
```

replace() 方法与 push() 方法用法相同，这里就不再赘述了。

与 window.history 对象的 forward()、back() 和 go() 方法对应的 router 实例的方法如下：

```
router.forward()
router.back()
router.go(n)
```

14.8　传递 prop 到路由组件

在组件中使用 $route 会导致与路由的紧密耦合，这限制了组件的灵活性，因为它只能在某些 URL 上使用。虽然这并不一定是坏事，但我们可以用一个 props 选项来解耦。代码如下所示。

```
const User = {
  template: '<div>User {{ $route.params.id }}</div>'
}
const routes = [{ path: '/user/:id', component: User }]
```

我们可以为 User 组件添加一个 id prop，来避免硬编码 $route.params.id。修改后的代码如下所示：

```
const User = {
  props: ['id'],
  template: '<div>User {{ id }}</div>'
}
const routes = [{ path: '/user/:id', component: User, props: true }]
```

在配置路由时，新增一个 props 选项，将它的值设置为 true。当路由到 User 组件时，会自动获取 $route.params.id 的值作为 User 组件的 id prop 的值。

对于带有命名视图的路由，必须为每个命名视图定义 props 选项。代码如下所示：

```
const routes = [
  {
    path: '/user/:id',
    components: { default: User, sidebar: Sidebar },
    props: { default: true, sidebar: false }
  }
]
```

当 props 是一个对象时，它将按原样设置为组件 props，这在 props 是静态的时候很有用。代码如下所示：

```
const routes = [
  {
    path: '/promotion/from-newsletter',
    component: Promotion,
    props: { newsletterPopup: false }
  }
]
```

也可以创建一个返回 props 的函数，可以将参数转换为其他类型，或者将静态值与基于路由的值相结合。代码如下所示：

```
const routes = [
  {
    path: '/search',
    component: SearchUser,
    props: route => ({ query: route.query.q })
  }
]
```

访问 URL：/search?q=vue，会将 {query: 'vue'} 作为 prop 传递给 SearchUser 组件。

尽量保持 props 函数为无状态的，因为它只在路由更改时计算。

14.9　HTML 5 history 模式

前面例子中我们使用的是 hash 模式，该种模式是通过调用 createWebHashHistory() 函数创建的，这会在 URL 中使用 "#" 标识要跳转目标的路径，如果你觉得这样的 URL 很难看，影响心情，那么可以使用 HTML 5 history 模式。

HTML 5 history 模式是通过调用 createWebHistory() 函数创建的。代码如下所示：

```
import { createRouter, createWebHistory } from 'vue-router'

const router = createRouter({
  history: createWebHistory(),
  routes: [
    //...
  ],
})
```

继续前面的例子，修改 router 目录下 index.js 文件，将路由改为 HTML5 history 模式。代码如例 14-22 所示。

例 14-22　index.js

```
import {createRouter, createWebHistory} from 'vue-router'
...
const router = createRouter({
  history: createWebHistory(),
  ...
})
```

再次运行项目，所有的 URL 都没有 "#" 了。

不过 history 模式也有一个问题，当在浏览器地址栏中直接输入 URL 或刷新页面时，因为该 URL 是正常的 URL，所以浏览器会解析该 URL 向服务器发起请求，如果服务器没有针对该 URL 的响应，就会出现 404 错误。在 HTML5 history 模式下，如果是通过导航链接来路由页面，Vue Router 会在内部截获单击事件，通过 JavaScript 操作 window.history 改变浏览器地址栏中的路径，在这个过程中并没有发起 HTTP 请求，所以就不会出现 404 错误。

如果使用 HTML5 history 模式，那么需要在前端程序部署的 Web 服务器上配置一个覆盖所有情况的备选资源，即当 URL 匹配不到任何资源时，返回一个固定的 index.html 页面，这个页面就是单页应用程序的主页面。

Vue Router 的官网给出了一些常用的 Web 服务器的配置，网址如下。

https://next.router.vuejs.org/guide/essentials/history-mode.html

如果使用 Tomcat 作为前端程序的 Web 服务器，可以在项目根目录下新建 WEB-INF 子目录，在其下新建一个 web.xml 文件。代码如下所示：

```
<?xml version="1.0" encoding="UTF-8"?>
<web-app xmlns="http://xmlns.jcp.org/xml/ns/javaee"
```

```
xmlns:xsi="http://www.w3.org/2001/XMLSchema-instance"
xsi:schemaLocation="http://xmlns.jcp.org/xml/ns/javaee
                    http://xmlns.jcp.org/xml/ns/javaee/web-app_4_0.xsd"
version="4.0">
    <error-page>
        <error-code>404</error-code>
        <location>/index.html</location>
    </error-page>
</web-app>
```

按照上述配置后，Tomcat 服务器就不会再返回 404 错误页面，对于所有不匹配的路径都会返回 index.html 页面。

📎 提示：

在基于 Vue 脚手架项目的开发中，内置的 Node 服务器本身也支持 HTML5 history 模式，所以开发时一般不会出现问题。

14.10　导航守卫

在 14.4 节中已经使用过一个组件内的导航守卫：beforeRouteUpdate。Vue Router 提供的导航守卫主要用于在导航的过程中重定向或取消路由，或者添加权限验证、数据获取等业务逻辑。导航守卫分为 3 类：全局守卫、路由独享的守卫、组件内守卫，可以用于路由导航过程中的不同阶段。

每一个导航守卫都有两个参数：to 和 from，其含义已经在 14.4 节中介绍过，这里就不再重复了。

14.10.1　全局守卫

全局守卫分为全局前置守卫、全局解析守卫和全局后置钩子。

1. 全局前置守卫

当一个导航触发时，全局前置守卫按照创建的顺序调用。守卫可以是异步解析执行，此时导航在所有守卫解析完之前一直处于挂起状态。全局前置守卫使用 router.beforeEach () 注册。代码如下所示：

```
const router = createRouter({ ... })

router.beforeEach((to, from) => {
  // ...
  // 显式返回 false 以取消导航
  return false
})
```

除了返回 false 以取消导航外，还可以返回一个路由位置对象，这将导致路由重定向到另一个位置，如同正在调用 router.push() 方法一样，可以传递诸如 replace:true 或 name: 'home' 之类的选项。返回路由位置对象时，将删除当前导航，并使用相同的 from 创建一个新的导航。

如果遇到意外情况，也可能抛出一个 Error 对象，这也将取消导航并调用通过 router.onError() 注册的任何回调。

如果没有返回任何值、undefined 或 true，则验证导航，并调用下一个导航守卫。

上面所有的工作方式都与异步函数和 Promise 相同。例如：

```
router.beforeEach(async (to, from) => {
  // canUserAccess() 返回 true 或 false
  return await canUserAccess(to)
})
```

2. 全局解析守卫

全局解析守卫使用 router.beforeResolve() 注册。它和 router.beforeEach() 类似，区别在于，在导航被确认之前，在所有组件内守卫和异步路由组件被解析之后，解析守卫被调用。

下面的例子用于确保用户已经为定义了自定义 meta 属性 requiresCamera 的路由提供了对相机的访问。

```
router.beforeResolve(async to => {
  if (to.meta.requiresCamera) {
    try {
      await askForCameraPermission()
    } catch (error) {
      if (error instanceof NotAllowedError) {
        // ... 处理错误，然后取消导航
        return false
      } else {
        // 意外错误，取消导航并将错误传递给全局处理程序
        throw error
      }
    }
  }
})
```

扫一扫，看视频

3. 全局后置钩子

全局后置钩子使用 router.afterEach() 注册，它在导航被确认之后调用。

```
router.afterEach((to, from) => {
  sendToAnalytics(to.fullPath)
})
```

与守卫不同的是，全局后置钩子不接受可选的 next() 函数，也不会改变导航。

全局后置钩子对于分析、更改页面标题、可访问性功能（如发布页面）和许多其他功能都非常有用。

全局后置钩子还可以接受一个表示导航失败的 failure 参数，作为其第 3 个参数。代码如下

所示:

```
router.afterEach((to, from, failure) => {
  if (!failure) sendToAnalytics(to.fullPath)
})
```

4. 实际应用

下面利用全局守卫来解决两个实际开发中的问题。

(1) 登录验证

第 1 个问题是登录验证。对于受保护的资源,我们需要用户登录后才能访问,如果用户没有登录,那么就将用户导航到登录页面。为此,可以利用全局前置守卫来完成用户登录与否的判断。

继续前面的例子,在 components 目录下新建 Login.vue。代码如例 14-23 所示。

例 14-23　Login.vue

```
<template>
    <div>
        <h3>{{ info }}</h3>
        <table>
            <caption>用户登录</caption>
            <tbody>
                <tr>
                    <td><label>用户名: </label></td>
                    <td><input type="text" v-model.trim="username"></td>
                </tr>
                <tr>
                    <td><label>密码: </label></td>
                    <td><input type="password" v-model.trim="password"></td>
                </tr>
                <tr>
                    <td cols="2">
                        <input type="submit" value="登录 " @click.prevent="login"/>
                    </td>
                </tr>
            </tbody>
        </table>
    </div>
</template>
<script>
export default {
    data(){
        return {
            username: "",
            password: "",
            info: ""    // 用于保存登录失败后的提示信息
```

```
                }
        },
        methods: {
            login() {
                // 在实际场景中，这里应该通过 Ajax 向服务端发起请求来验证
                if("lisi" == this.username && "1234" == this.password){
                    //sessionStorage 中存储的都是字符串值，因此这里实际存储的将是字符串 "true"
                    sessionStorage.setItem("isAuth", true);
                    this.info = "";
                    // 如果存在查询参数
                    if(this.$route.query.redirect){
                        let redirect = this.$route.query.redirect;
                        // 则跳转至进入登录页前的路由
                        this.$router.replace(redirect);
                    }else{
                        // 否则跳转至首页
                        this.$router.replace('/');
                    }
                }
                else{
                    sessionStorage.setItem("isAuth", false);
                    this.username = "";
                    this.password = "";
                    this.info = " 用户名或密码错误 ";
                }


            }
        }
    }
</script>
```

代码中有详细的注释，这里不再赘述。

修改路由配置文件 index.js。修改后的代码如例 14-24 所示。

例 14-24   index.js

```
...
import Login from '@/components/Login'

...
const router = createRouter({
  history: createWebHistory(),
  routes: [
    ...,
    {
      path: '/login',
      name: 'login',
      component: Login
```

```
    }
  ]
})

router.beforeEach(to => {
  // 判断目标路由是否为 /login，如果是，则直接返回 true
  if(to.path == '/login'){
    return true;
  }
  else{
    // 否则判断用户是否已经登录，注意这里是对字符串的判断
    if(sessionStorage.isAuth === "true"){
      return true;
    }
    // 如果用户访问的是受保护的资源，且没有登录，则跳转到登录页面
    // 并将当前路由的完整路径作为查询参数传给 Login 组件，以便登录成功后返回先前的页面
    else{
      return {
        path: '/login',
        query: {redirect: to.fullPath}
      }
    }
  }
})

export default router;
```

粗体显示的代码是新增的代码。

需要注意的是，代码中的 if(to.path == '/login') {return true;} 不能缺少，如果写成下面的代码，就会导致死循环。

```
router.beforeEach(to => {
  if(sessionStorage.isAuth === "true"){
    return true;
  }
  else{
    return {
      path: '/login',
      query: {redirect: to.fullPath}
    }
  }
})
```

例如，初次访问 /news，此时用户还没有登录，条件判断为 false，进入 else 语句，路由跳转到 /login，然后又执行 router.beforeEach() 注册的全局前置守卫，条件判断依然为 false，再次进入 else 语句，最后导致页面死掉。

为了方便访问登录页面，可以在 App.vue 中增加一个登录的导航链接。代码如下所示：

```
<router-link :to="{ name: 'login'}">登录 </router-link>
```

完成上述修改后，运行项目。出现登录页面后，输入正确的用户名（lisi）和密码（1234），看看路由的跳转，之后输入错误的用户名和密码，再看看路由的跳转。

（2）页面标题

下面解决第 2 个问题，就是路由跳转后的页面标题问题。因为在单页应用程序中，实际只有一个页面，因此在页面切换时，标题不会发生改变。

在定义路由时，在 routes 配置中的每个路由对象（也称为路由记录）都可以使用一个 meta 字段来为路由对象提供一个元数据信息。我们可以为每个组件在它的路由记录里添加 meta 字段，在该字段中设置页面的标题，然后在全局后置钩子中设置目标路由页面的标题。全局后置钩子是在导航确认后，DOM 更新前调用，因此在这个钩子中设置页面标题是比较合适的。

修改路由配置文件 index.js。修改后的代码如例 14-25 所示。

例 14-25　index.js

```
...
const router = createRouter({
  history: createWebHistory(),
  routes: [
    {
      path: '/',
      redirect: {
        name: 'news'
      }
    },
    {
      path: '/news',
      name: 'news',
      component: News,
      meta: {
        title: '新闻'
      }
    },
    {
      path: '/books',
      name: 'books',
      component: Books,
      meta: {
        title: '图书列表'
      }
    },
    {
      path: '/book/:id',
      name: 'book',
```

```
      meta: {
        title: '图书'
      },
      components: {bookDetail: Book}
    },
    {
      path: '/videos',
      name: 'videos',
      component: Videos,
      meta: {
        title: '视频',
      }
    },
    {
      path: '/login',
      name: 'login',
      component: Login,
      meta: {
        title: '登录'
      }
    }
  ]
})
...

router.afterEach(to => {
  document.title = to.meta.title;
})

export default router;
```

粗体显示的代码为新增的代码。再次运行项目，即可看到切换页面时，每个页面都有自己的标题。

meta 字段也可以用于对有限资源的保护，在需要保护的路由对象中添加一个需要验证属性，然后在全局前置守卫中进行判断，如果访问的是受保护的资源，继续判断用户是否已经登录，如果没有，则跳转到登录页面。例如：

```
{
  path: '/videos',
  name: 'videos',
  component: Videos,
  meta: {
    title: '视频',
    requiresAuth: true
  }
}
```

在全局前置守卫中进行判断。代码如下所示：

```
router.beforeEach(to => {
  // 判断该路由是否需要登录权限
  if (to.matched.some(record => record.meta.requiresAuth))
  {
    // 路由需要验证，判断用户是否已经登录
    if(sessionStorage.isAuth === "true"){
      return true;
    }
    else{
      return {
        path: '/login',
        query: {redirect: to.fullPath}
      }
    }
  }
  else
    return true;
})
```

路由位置对象的 matched 属性是一个数组，包含了当前路由的所有嵌套路径片段的路由记录。

14.10.2　路由独享的守卫

路由独享的守卫是在路由的配置对象中直接定义的 beforeEnter 守卫。代码如下所示：

```
const routes = [
  {
    path: '/users/:id',
    component: UserDetails,
    beforeEnter: (to, from) => {
      // reject the navigation
      return false
    },
  },
]
```

beforeEnter 守卫在全局前置守卫调用之后，只在进入路由时触发，它们不会在参数、查询参数或 hash 发生变化时触发。例如，从 /users/2 到 /users/3，或者从 /users/2#info 到 /users/2#project，均不会触发 beforeEnter 守卫。beforeEnter 守卫只有在从不同的路由导航过来时才会触发。

也可以给 beforeEnter 传递一个函数数组，这在为不同的路由复用守卫时很有用。代码如下所示：

```
function removeQueryParams(to) {
  if (Object.keys(to.query).length)
    return { path: to.path, query: {}, hash: to.hash }
```

```
}

function removeHash(to) {
  if (to.hash) return { path: to.path, query: to.query, hash: '' }
}

const routes = [
  {
    path: '/users/:id',
    component: UserDetails,
    beforeEnter: [removeQueryParams, removeHash],
  },
  {
    path: '/about',
    component: UserDetails,
    beforeEnter: [removeQueryParams],
  },
]
```

14.10.3　组件内守卫

扫一扫，看视频

在 14.4 节中使用的 beforeRouteUpdate 守卫就是组件内守卫。除此之外，还有两个
组件内守卫：beforeRouteEnter 和 beforeRouteLeave。

```
const UserDetails = {
  template: '...',
  beforeRouteEnter (to, from) {
    // 在渲染该组件的路由被确认之前调用
    // 不能通过 this 访问组件实例，因为在守卫执行前，组件实例还没有被创建
  },
  beforeRouteUpdate (to, from) {
    // 在渲染该组件的路由改变，但是在该组件被复用时调用
    // 例如，对于一个带参数的路由 /users/:id，在 /users/1 和 /users/2 之间跳转时
    // 相同的 UserDetails 组件实例将会被复用，而这个守卫就会在这种情况下被调用
    // 可以访问组件实例的 this
  },
  beforeRouteLeave (to, from) {
    // 导航即将离开该组件的路由时调用
    // 可以访问组件实例的 this
  }
}
```

beforeRouteEnter 守卫不能访问 this，因为该守卫是在导航确认前被调用，这时新进入的组件甚
至还没有创建。

但是，我们可以通过向可选的 next() 函数参数传递一个回调来访问实例，组件实例将作为参数
传递给回调。当导航确认后会执行回调，而这个时候，组件实例已经创建完成。代码如下所示：

```
beforeRouteEnter (to, from, next) {
  next(vm => {
    // 通过 vm 访问组件实例
  })
}
```

需要注意的是，beforeRouteEnter 是唯一支持将回调传递给 next() 函数的导航守卫。对于 beforeRouteUpdate 和 beforeRouteLeave，由于 this 已经可用，因此不需要传递回调，自然也就没必要支持向 next() 函数传递回调了。

下面利用 beforeRouteEnter 的这个机制，修改例 14-15，将 created 钩子用 beforeRouteEnter 守卫替换。代码如例 14-26 所示。

例 14-26　Book.vue

```
...
<script>
import Books from '@/assets/books'
export default {
    data(){
        return {
            book: {}
        }
    },
    methods: {
        setBook(book){
            this.book = book;
        }
    },

    beforeRouteEnter (to, from, next) {
        let book = Books.find((item) => item.id == to.params.id);
        next(vm => vm.setBook(book));
    },
    beforeRouteUpdate (to) {
        this.book = null;
        this.book = Books.find((item) => item.id == to.params.id);
    }
}
</script>
```

粗体显示的代码是新增的代码。

beforeRouteLeave 守卫通常用来防止用户在还未保存修改前突然离开，可以通过返回 false 取消导航。代码如下所示：

```
beforeRouteLeave (to, from) {
    const answer = window.confirm('Do you really want to leave? you have unsaved
changes!')
    if (!answer) return false
}
```

14.10.4　导航解析流程

完整的导航解析流程如下。

（1）导航被触发。

（2）在失活的组件中调用 beforeRouteLeave 守卫。

（3）调用全局的 beforeEach 守卫。

（4）在复用的组件中调用 beforeRouteUpdate 守卫。

（5）调用路由配置中的 beforeEnter 守卫。

（6）解析异步路由组件。

（7）在被激活的组件中调用 beforeRouteEnter 守卫。

（8）调用全局的 beforeResolve 守卫。

（9）导航被确认。

（10）调用全局的 afterEach 钩子。

（11）触发 DOM 更新。

（12）用创建好的实例调用 beforeRouteEnter 守卫中传给 next() 函数的回调函数。

读者可以在例 14-1 的 routes.html 页面内添加所有的导航守卫，利用 console.log(...) 语句输出守卫信息，然后观察一下各个守卫调用的顺序，就能更好地理解守卫调用的时机。

14.11　数 据 获 取

当路由被激活时，我们往往需要从服务器获取数据，以便能够正确地渲染组件。数据的获取有两种方式，具体使用哪一种取决于应用场景和用户体验。

● 导航后获取：首先执行导航，然后在导航进入的组件的生命周期钩子中获取数据。在获取数据时显示加载状态。

● 导航前获取：在 beforeRouteEnter 中获取数据，数据获取后再进行导航。

1. 导航后获取

使用这种方式，可以立即导航和渲染进入的组件，并在组件的 created 钩子中获取数据。它使我们有机会在通过网络获取数据时显示加载状态，而且还可以为每个视图处理不同的加载。

假设有一个 Post 组件，它需要根据 $route.params.id 来获取 Post 组件的数据。代码如下所示：

```
<template>
  <div class="post">
    <div v-if="loading" class="loading">Loading...</div>

    <div v-if="error" class="error">{{ error }}</div>

    <div v-if="post" class="content">
      <h2>{{ post.title }}</h2>
      <p>{{ post.body }}</p>
    </div>
```

```
    </div>
  </template>

export default {
  data() {
    return {
      loading: false,
      post: null,
      error: null,
    }
  },
  created() {
    // 监听路由的参数以再次获取数据
    this.$watch(
      () => this.$route.params,
      () => {
        this.fetchData()
      },
      // 当组件渲染的时候立即获取数据
      { immediate: true }
    )
  },
  methods: {
    fetchData() {
      this.error = this.post = null
      this.loading = true

      getPost(this.$route.params.id, (err, post) => {
        this.loading = false
        if (err) {
          this.error = err.toString()
        } else {
          this.post = post
        }
      })
    },
  },
}
```

2. 导航前获取

使用这种方式是在导航到新路由之前获取数据。我们可以在组件内守卫 beforeRouteEnter 中执行数据获取，并只在数据获取完成后调用 next() 函数。代码如下所示：

```
export default {
  data() {
    return {
      post: null,
```

```
      error: null,
    }
  },
  beforeRouteEnter(to, from, next) {
    getPost(to.params.id, (err, post) => {
      next(vm => vm.setData(err, post))
    })
  },

  async beforeRouteUpdate(to, from) {
    this.post = null
    try {
      this.post = await getPost(to.params.id)
    } catch (error) {
      this.error = error.toString()
    }
  },
}
```

在为进入的视图获取资源时，用户将停留在上一个视图中。因此，建议在获取数据时显示进度条或某种指示器。如果数据获取失败，则需要显示某种全局警告消息。

14.12　Vue Router 与组合 API

Vue 3.0 引入了 setup() 函数和组合 API，Vue Router 自然也要紧跟其后，给出相应的组合 API 函数。

14.12.1　在 setup() 函数中访问 Router 和当前路由

在 setup() 函数中是不能访问 this 的，自然也就不能通过 this.$router 和 this.$route 访问路由器对象和当前路由对象。Vue Router 公开了两个组合 API 函数：useRouter() 和 useRoute()，可以分别得到路由器对象和当前路由对象。代码如下所示：

```
import { useRouter, useRoute } from 'vue-router'

export default {
  setup() {
    const router = useRouter()
    const route = useRoute()

    function pushWithQuery(query) {
      router.push({
        name: 'search',
        query: {
```

```
      ...route.query,
    },
  })
}
},
}
```

route 对象是一个响应式对象，所以它的任何属性都可以被监听，但我们要避免去监听整个 route 对象。代码如下所示：

```
export default {
  setup() {
    const route = useRoute()
    const userData = ref()

    // 当参数更改时获取用户信息
    watch(
      () => route.params,
      async newParams => {
        userData.value = await fetchUser(newParams.id)
      }
    )
  },
}
```

需要注意的是，虽然使用了组合 API 函数，但是在模板中仍然是可以访问 $router 和 $route 的，因此不需要在 setup() 函数中返回 router 或 route 对象。

14.12.2　导航守卫

虽然组件内导航守卫可以和 setup() 函数一起使用，不过 Vue Router 也将 beforeRouteUpdate 和 beforeRouteLeave 两个守卫公开为组合 API 函数。代码如下所示：

```
import { onBeforeRouteLeave, onBeforeRouteUpdate } from 'vue-router'

export default {
  setup() {
    // 与 beforeRouteLeave 选项相同，但不能访问 this
    onBeforeRouteLeave((to, from) => {
      const answer = window.confirm(
        'Do you really want to leave? you have unsaved changes!'
      )
      // 取消导航并保持在同一页面上
      if (!answer) return false
    })

    const userData = ref()
```

```
        // 与 beforeRouteUpdate 选项相同,但不能访问 this
        onBeforeRouteUpdate(async (to, from) => {
          // 只有当 id 发生变化时才获取用户,因为可能只有查询参数或 hash 发生了变化
          if (to.params.id !== from.params.id) {
            userData.value = await fetchUser(to.params.id)
          }
        })
      },
    }
```

组合 API 守卫也可以用于由 <router-view> 渲染的任何组件中,它们不必像组件内守卫那样直接在路由组件上使用。

14.12.3　useLink

Vue Router 将 RouterLink 的内部行为作为一个组合 API 函数公开,它提供了与 v-slot API 相同的访问属性。代码如下所示:

```
import { RouterLink, useLink } from 'vue-router'

export default {
  name: 'AppLink',

  props: {
    ...RouterLink.props,
    inactiveClass: String,
  },
  setup(props) {
    const { route, href, isActive, isExactActive, navigate } = useLink(props)

    const isExternalLink = computed(
        () => typeof props.to === 'string' && props.to.startsWith('http')
    )

    return { isExternalLink, href, navigate, isActive }
  },
}
```

14.13　滚动行为

如果某个页面较大,在浏览时通过滚动条已经滚动到某个位置,当路由视图切换时,想要新页面回到顶部,或者保持在原位置,在这种情况下,则可以为 Vue Router 实例提供一个

scrollBehavior() 函数，在该函数内返回一个滚动位置对象，指定新页面的滚动位置。代码如下所示：

```
const router = createRouter({
  history: createWebHashHistory(),
  routes: [...],
  scrollBehavior (to, from, savedPosition) {
    // return 期望滚动到哪个位置
  }
})
```

scrollBehavior() 函数接收 to 和 from 路由对象，第 3 个参数 savedPosition 仅在 popstate 导航（由浏览器的前进 / 后退按钮触发）时才可用。

scrollBehavior() 函数可以返回一个 ScrollToOptions 位置对象，该对象的两个位置属性是 top 和 left，top 指定沿 Y 轴滚动窗口或元素的像素数，left 指定沿 X 轴滚动窗口或元素的像素数。

对于所有路由导航，如果都是让页面滚动到顶部，则可以按以下方式调用：

```
const router = createRouter({
  scrollBehavior(to, from, savedPosition) {
    // 始终滚动到顶部
    return { top: 0 }
  },
})
```

还可以通过 el 属性传递 CSS 选择器或 DOM 元素，在这种情况下，顶部和左侧将被视为相对于该元素的相对偏移量。代码如下所示：

```
onst router = createRouter({
  scrollBehavior(to, from, savedPosition) {
    // 始终在 #main 元素上方滚动 10px
    return {
      // 也可以是
      // el: document.getElementById('main'),
      el: '#main',
      top: -10,
    }
  },
})
```

如果返回一个计算为 false 的值，或者一个空对象，那么不会发生滚动行为。

当使用后退 / 前进按钮导航时，返回 savedPosition 将获得类似浏览器的原生行为。

```
const router = createRouter({
  scrollBehavior(to, from, savedPosition) {
    if (savedPosition) {
      return savedPosition
    } else {
```

```
      return { top: 0 }
    }
  },
})
```

如果要模拟"滚动到锚点"的行为，则可以按以下方式调用：

```
const router = createRouter({
  scrollBehavior(to, from, savedPosition) {
    if (to.hash) {
      return {
        el: to.hash,
      }
    }
  },
})
```

如果浏览器支持滚动行为，则可以使其平滑地滚动。代码如下所示：

```
const router = createRouter({
  scrollBehavior(to, from, savedPosition) {
    if (to.hash) {
      return {
        el: to.hash
        behavior: 'smooth',
      }
    }
  }
})
```

　　有时在滚动页面之前，我们需要等待一段时间。例如，在处理转换时，我们希望在滚动之前等待转换完成。为此，可以返回一个 Promise，它返回所需的位置描述符。下面是一个在滚动前等待 500ms 的示例：

```
const router = createRouter({
  scrollBehavior(to, from, savedPosition) {
    return new Promise((resolve, reject) => {
      setTimeout(() => {
        resolve({ left: 0, top: 0 })
      }, 500)
    })
  },
})
```

📎 提示：

scrollBehavior() 方法实现的功能只在支持 history.pushState 的浏览器中可用。

扫一扫，看视频

14.14　延迟加载路由

当应用变得复杂后，路由组件也会增多，而 Webpack 的打包机制会将应用程序中所有 JavaScript 打包成一个文件（除 public 目录下的 js 文件），这个文件可能相当大，影响页面的加载效率。如果可以将每个路由的组件分割成单独的块，并且只在访问路由时加载它们，那么效率会更高。

Vue Router 本身支持动态导入，因此我们可以将静态导入替换为动态导入。代码如下所示：

```
// 将
// import UserDetails from './views/UserDetails'
// 替换为
const UserDetails = () => import('./views/UserDetails')

const router = createRouter({
  // ...
  routes: [{ path: '/users/:id', component: UserDetails }],
})
```

component 和 components 选项接收一个返回组件 Promise 的函数，Vue Router 只在第一次进入页面时获取它，然后使用缓存版本。这意味着我们也可以拥有更复杂的函数，只要它们返回一个 Promise。代码如下所示：

```
const UserDetails = () =>
  Promise.resolve({
    /* 组件定义 */
  })
```

通常，对所有路由始终使用动态导入是一个很好的抉择。

需要注意的是，不要对路由使用异步组件。异步组件仍然可以在路由组件内部使用，但是路由组件本身只是动态导入。

当使用像 Webpack 这样的打包器时，可以自动受益于其代码拆分功能，在代码中所有被 import() 的组件，都将打包成一个单独的 JS 文件，在路由匹配到该组件时，就会自动请求这个资源，实现异步加载。

如果希望将嵌套在某个路由下的所有组件都打包到同一个异步块（chunk）中，那么只需要使用特殊的注释语法提供一个块名来使用命名块（需要 webpack > 2.4）。代码如下所示：

```
{
  path: '/news',
  name: 'news',
  component: () => import(/* webpackChunkName: "home" */ '@/components/News'),
  meta: {
    title: '新闻'
  }
},
{
```

```
    path: '/books',
    name: 'books',
    component: () => import(/* webpackChunkName: "home" */ '@/components/Books'),
    meta: {
      title: '图书列表'
    }
  },
  {
    path: '/videos',
    name: 'videos',
    component: () => import(/* webpackChunkName: "home" */ '@/components/Videos'),
    meta: {
      title: '视频',
    }
  },
```

在构建发布版本时，就会将 News、Books 和 Videos 组件打包到同一个名字中包含 home 的 JS 文件中。

14.15　等待导航结果

当使用 \<router-link\> 时，Vue Router 调用 router.push() 函数触发导航，虽然大多数链接的预期行为是将用户导航到新页面，但也有一些情况，用户将保持在同一页面：

● 用户已经在他们试图导航到的页面上；
● 导航守卫通过返回 false 终止导航；
● 一个新的导航守卫在前一个还未完成时发生；
● 导航守卫通过返回一个新的位置（例如，返回 '/login'）来重定向到其他地方；
● 导航守卫抛出错误。

如果我们想在导航完成后做些事情，那么需要有一种方式可以在调用 router.push() 函数后进行等待。假设有一个导航菜单，经由它可以跳转到不同的页面，但我们想在导航到新页面后隐藏这个菜单，于是编写如下代码：

```
router.push('/my-profile')
this.isMenuOpen = false
```

但这将立即关闭菜单，因为导航是异步的，需要等待 router.push() 返回的 Promise。代码如下所示：

```
await router.push('/my-profile')
this.isMenuOpen = false
```

现在，菜单将在导航完成后关闭，但如果导航被阻止，它也将关闭，我们需要一种方法检测是否真的改变了页面。

如果导航被阻止，导致用户停留在同一页面上，则 router.push() 返回的 Promise 的已解析（resovled）值将是一个导航失败（navigation failure），否则，它将是一个计算为 false 的值（通常是 undifined），这样我们就能区分导航是否成功、页面是否被改变。代码如下所示：

```
const navigationResult = await router.push('/my-profile')

if (navigationResult) {
  // 导航被阻止
} else {
  // 导航成功（包括重定向的情况）
  this.isMenuOpen = false
}
```

导航失败是带有一些额外属性的 Error 实例，这些属性为我们提供了足够的信息，让我们知道哪个导航被阻止了，以及被阻止的原因。要检查一个导航结果的性质，可以使用 isNavigationFailure() 函数。代码如下所示：

```
import { NavigationFailureType, isNavigationFailure } from 'vue-router'

const failure = await router.push('/articles/2')

// 如果用户没有保存就离开了文章的编辑页
if (isNavigationFailure(failure, NavigationFailureType.aborted)) {
  // 向用户显示一个通知
  showToast('You have unsaved changes, discard and leave anyway?')
}
```

NavigationFailureType 是枚举类型，共有 3 个枚举值，它们的含义如下。
● aborted：中止的导航是由于导航守卫返回 false 或调用 next(false) 函数而失败的导航；
● cancelled：在当前导航完成之前发生了新的导航。例如，在一个导航守卫内部等待时调用了 router.push() 函数。
● duplicated：导航被阻止，因为我们已经在目标位置。
如果省略第 2 个参数，即调用 isNavigationFailure(failure) 函数，那么该函数只检查失败是否是导航失败。
所有导航失败都暴露在 to 和 from 属性中，以反映失败导航的当前位置和目标位置。代码如下所示：

```
// 试图访问 admin 页面
router.push('/admin').catch(failure => {
  if (isNavigationFailure(failure, NavigationFailureType.aborted)) {
    failure.to.path      // '/admin'
    failure.from.path    // '/'
  }
})
```

当在导航守卫内部返回一个新位置时，将触发一个新的导航，该导航将覆盖正在进行的导航。

与其他返回值不同，重定向不会阻止导航，而是创建一个新的导航。可以通过读取路由位置对象的 redirectedFrom 属性进行检测。代码如下所示：

```
await router.push('/my-profile')
if (router.currentRoute.value.redirectedFrom) {
  // redirectedFrom 在导航守卫中被解析为路由位置对象，如同 to 和 from
}
```

14.16　动态路由

向路由器添加路由通常是通过 routes 选项完成的，但是在某些情况下，我们可能希望在应用程序已经运行时添加或删除路由，也就是以编程的方式添加或删除路由。

14.16.1　添加路由

动态路由主要通过两个方法来实现：router.addRoute() 和 router.removeRoute()。router.addRoute() 方法只是注册一个新的路由，如果新注册的路由与当前位置匹配，则需要使用 router.push() 函数或 router.replace() 函数手动导航以显示新路由。

在下面的代码中，只定义了一个单一的路由：

```
const router = createRouter({
  history: createWebHistory(),
  routes: [{ path: '/:articleName', component: Article }],
})
```

转到任何页面，如 /about、/store，都将渲染 Article 组件。如果在 /about 上想显示一个新路由，那么仅编写下面的代码是不够的。

```
router.addRoute({ path: '/about', component: About })
```

路由到 /about 页面，仍将显示 Article 组件。要显示 About 组件，我们需要手动调用 router.replace() 函数改变当前位置并覆盖之前的位置。代码如下所示：

```
router.addRoute({ path: '/about', component: About })
// 也可以使用 this.$route 或 route = useRoute()（在 setup() 函数中）
router.replace(router.currentRoute.value.fullPath)
```

如果需要等待新路由显示，则可以调用 await router.replace()。

14.16.2　在导航守卫中添加路由

在导航守卫中添加或删除路由，不要调用 router.replace() 函数，而是通过返回新的位置来触发重定向。代码如下所示：

```
router.beforeEach(to => {
  if (!hasNecessaryRoute(to)) {
    router.addRoute(generateRoute(to))
    // 触发重定向
    return to.fullPath
  }
})
```

上面的示例假设两件事：首先，新添加的路由记录将匹配到目标位置，这实际上导致了与我们尝试访问的位置不同；其次，hasNecessaryRoute() 函数在添加新路由后返回 false，以避免无限重定向。

因为我们进行了重定向，所以替换了正在进行的导航，其行为与前面的示例类似。在实际场景中，添加更有可能发生在导航守卫之外。例如，当一个视图组件挂载时，它会注册新的路由。

14.16.3　删除路由

有几种不同的方式可以删除现有的路由。

（1）通过添加名称冲突的路由。如果添加了一个与现有路由同名的路由，那么会先删除该路由，然后再添加路由。代码如下所示：

```
router.addRoute({ path: '/about', name: 'about', component: About })
// 这将删除先前添加的路由，因为它们具有相同的名称且名称是唯一的
router.addRoute({ path: '/other', name: 'about', component: Other })
```

（2）通过调用 router.addRoute() 函数返回的回调。代码如下所示：

```
const removeRoute = router.addRoute(routeRecord)
removeRoute() // 如果路由存在，则删除它
```

这在路由没有名称时非常有用。

（3）通过调用 router.removeRoute() 函数按名称删除一个路由。代码如下所示：

```
router.addRoute({ path: '/about', name: 'about', component: About })
// 删除路由
router.removeRoute('about')
```

注意：如果希望使用 removeRoute() 函数，但又希望避免名称冲突，可以在路由中使用 Symbol 作为名称。

当一个路由被删除时，它的所有别名和子路由都会被删除。

14.16.4　添加嵌套路由

要向现有路由添加嵌套路由，可以将路由的名称作为第一个参数传递给 router.addRoute() 函数，这将有效地添加路由，就像通过 children 添加一样。代码如下所示：

```
router.addRoute({ name: 'admin', path: '/admin', component: Admin })
router.addRoute('admin', { path: 'settings', component: AdminSettings })
```

这相当于：

```
router.addRoute({
  name: 'admin',
  path: '/admin',
  component: Admin,
  children: [{ path: 'settings', component: AdminSettings }],
})
```

14.16.5　查看现有路由

Vue Router 给出了两个查看现有路由的函数。

● router.hasRoute()：检查路由是否存在。
● router.getRoutes()：获取包含所有路由记录的数组。

14.17　小　　结

本章详细介绍了 Vue 官方的路由管理器 Vue Router 的使用。涵盖动态参数、嵌套路由、命名视图、声明式导航和编程式导航，在使用 HTML5 history 模式的时候，在生产环境下会引发 404 错误，需要我们针对不同的 Web 服务器做相应的配置来解决这个问题。

之后详细介绍了 Vue Router 中的导航守卫，并给出了具体的应用案例。

本章还介绍了 Vue Router 的其他相关知识，包括数据获取、Vue Router 提供的组合 API 函数、滚动行为、延迟加载路由、等待导航结果、动态路由等内容。

第 15 章 与服务端通信——axios

在实际项目中，页面中所需要的数据通常是从服务端获取的，这必然牵涉与服务端的通信，Vue 官方推荐使用 axios 完成 Ajax 请求。

axios 是一个基于 Promise 的 HTTP 库，可以用在浏览器和 Node.js 中。

15.1 安　　装

可以使用 CDN 方式安装 axios。代码如下所示：

```
<!-- 引用最新版 -->
<script src="https://unpkg.com/axios/dist/axios.min.js"></script>
```

如果采用模块化开发，则使用 npm 安装方式，执行以下命令来安装 axios。

```
npm install axios --save
```

或者使用 yarn 安装，执行以下命令。

```
yarn add axios --save
```

在 Vue 的脚手架项目中使用，可以将 axios 结合 vue-axios 插件一起使用，该插件只是将 axios 集成到 Vue.js 的轻度封装，本身不能独立使用。可以使用以下命令一起安装 axios 和 vue-axios。

```
npm install axios vue-axios
```

安装 vue-axios 插件后，使用形式如下：

```
import { createApp } from 'vue'
import axios from 'axios'
import VueAxios from 'vue-axios'


const app = createApp(App);
app.use(VueAxios, axios)  // 安装插件
app.mount('#app')
```

之后在组件内就可以通过 this.axios 调用 axios 的方法发送请求。

15.2 基 本 用 法

HTTP 最基本的请求就是 get 请求和 post 请求。使用 axios 发送 get 请求调用形式如下。

```
axios.get('/book?id=1')
  .then(function (response) {
    console.log(response);
  })
  .catch(function (error) {
    console.log(error);
  });
```

　　get() 方法接收一个 URL 作为参数，如果有要发送的数据，则以查询字符串的形式附加在 URL 后面。当服务端发回成功响应（状态码是 2XX）时调用 then() 方法中的回调，可以在该回调函数中对服务端的响应进行处理；如果出现错误，则会调用 catch() 方法中的回调，可以在该回调函数中对错误信息进行处理，并向用户提示错误。

　　如果不喜欢 URL 后附加查询参数的写法，可以为 get() 方法传递一个配置对象作为参数，在配置对象中使用 params 字段指定要发送的数据。代码如下所示：

```
axios.get('/book', {
    params: {
      id: 1
    }
  })
  .then(function (response) {
    console.log(response);
  })
  .catch(function (error) {
    console.log(error);
  });
```

　　可以使用 ES2017 的 async/await 执行异步请求。代码如下所示：

```
async function getBook() {
  try {
    const response = await axios.get('/book?id=1');
    console.log(response);
  } catch (error) {
    console.error(error);
  }
```

　　post 请求是在请求体中发送数据，因此，axios 的 post() 方法比 get() 方法多一个参数，该参数是一个对象，对象的属性就是要发送的数据。代码如下所示：

```
axios.post('/login', {
    username: 'lisi',
    password: '1234'
  })
  .then(function (response) {
    console.log(response);
  })
```

```
.catch(function (error) {
    console.log(error);
});
```

get() 和 post() 方法的原型如下：

```
get(url[, config])
post(url[, data[, config]])
```

关于 config 对象，请参看 15.4 节。

接收到服务端的响应信息后，需要对响应信息进行处理。例如，设置用于组件渲染或更新所需要的数据。回调函数中的 response 是一个对象，该对象常用的属性是 data 和 status，前者用于获取服务端发回的响应数据，后者是服务端发送的 HTTP 状态代码。response 对象的完整属性如下所示：

```
{
    //data 是服务器发回的响应数据
    data: {},

    //status 是服务器响应的 HTTP 状态码
    status: 200,

    //statusText 是服务器响应的 HTTP 状态描述
    statusText: 'OK',

    //headers 是服务器响应的消息报头
    // 所有报头的名字都是小写的，可以使用方括号来访问
    // 例如：response.headers['content-type']
    headers: {},

    //config 是为请求提供的配置信息
    config: {},

    //request 是生成此响应的请求
    request: {}
}
```

成功响应后，获取数据的一般处理形式如下：

```
axios.get('/book?id=1')
  .then(function (response) {
    if(response.status === 200){
        this.book = response.data;
    }
  })
  .catch(function (error) {
    console.log(error);
  });
```

　　如果出现错误，则会调用 catch() 方法中的回调，并向该回调函数传递一个错误对象。错误处理的一般形式如下：

```
axios.get('/book?id=1')
  .catch(function (error) {
    if (error.response) {
      // 请求已发送并接收到服务端响应，但响应的状态码不是 2XX
      console.log(error.response.data);
      console.log(error.response.status);
      console.log(error.response.headers);
    } else if (error.request) {
      // 请求已发送，但未接收到响应
      console.log(error.request);
    } else {
        // 在设置请求时出现问题而引发错误
      console.log('Error', error.message);
    }
    console.log(error.config);
  });
```

15.3　axios API

可以通过向 axios 传递相关配置来创建请求。axios 原型如下：

```
axios(config)
axios(url[, config])
```

get 请求和 post 请求的调用形式如下：

```
// 发送 get 请求（默认的方法）
axios('/book?id=1');

//get 请求，获取远端的图片
axios({
  method:'get',
  url:'/images/logo.png',
  responseType:'stream'
})
  .then(function(response) {
    response.data.pipe(fs.createWriteStream('logo.png'))
});

// 发送 post 请求
axios({
  method: 'post',
  url: '/login',
```

```
  data: {
    username: 'lisi',
    password: '1234'
  }
});
```

为了方便使用，axios 库为所有支持的请求方法提供了别名。代码如下所示：
- axios.request(config)
- axios.get(url[, config])
- axios.delete(url[, config])
- axios.head(url[, config])
- axios.options(url[, config])
- axios.post(url[, data[, config]])
- axios.put(url[, data[, config]])
- axios.patch(url[, data[, config]])

在使用别名方法时，url、method 和 data 这些属性都不必在配置对象中指定。

15.4　请求配置

axios 库为请求提供了配置对象，在该对象中可以设置很多选项，常用的是 url、method、headers 和 params。完整的选项如下所示：

```
{
  //url 是用于请求的服务器 URL
  url: '/book',

  //method 是发起请求时使用的请求方法
  method: 'get', // 默认的

  //baseURL 将自动加在 url 前面，除非 url 是一个绝对 URL
  // 为 axios 实例设置一个 baseURL，就可以将相对 URL 传递给该实例的方法
  baseURL: 'https://some-domain.com/api/',

  //transformRequest 允许在将请求数据发送到服务器前对其进行修改
  // 只能用于 put、post、patch 和 delete 这几个请求方法
  // 数组中的最后一个函数必须返回一个字符串、Buffer 的实例、ArrayBuffer、FormData 或 Stream
  // 也可以修改 headers 对象
  transformRequest: [function (data, headers) {
    // 对 data 进行任意转换处理
    return data;
  }],

  //transformResponse 允许在将响应数据传递给 then/catch 之前对其进行更改
```

```
transformResponse: [function (data) {
  // 对 data 进行任意转换处理
  return data;
}],

//headers 是要发送的自定义请求头
headers: {'X-Requested-With': 'XMLHttpRequest'},

//params 是与请求一起发送的 URL 参数
// 必须是一个普通对象（plain object）或 URLSearchParams 对象
params: {
  ID: 1
},

//paramsSerializer 是一个负责 params 序列化的可选函数
//(e.g. https://www.npmjs.com/package/qs, http://api.jquery.com/jquery.param/)
paramsSerializer: function(params) {
  return Qs.stringify(params, {arrayFormat: 'brackets'})
},

//data 是作为请求体被发送的数据
// 只适用于请求方法 put、post、delete 和 patch
// 在没有设置 transformRequest 时，必须是以下类型之一
//- string、plain object、ArrayBuffer、ArrayBufferView、URLSearchParams
//- 浏览器专属：FormData、File、Blob
//- Node 专属：Stream、Buffer
data: {
  firstName: 'Fred'
},

// 将数据发送到请求体的替代语法
// 适用于 Post 方法
// 只发送值，而不发送键
data: 'Country=Brasil&City=Belo Horizonte',

//timeout 指定请求超时的毫秒数，默认是 0，表示无超时时间
// 如果请求耗费的时间超过了 timeout，则请求被终止
timeout: 1000,

 //withCredentials 表示跨域请求时是否需要使用凭证
withCredentials: false, // 默认的

//adapter 允许自定义处理请求，以使测试更加容易
// 返回一个 promise 并提供一个有效的响应
adapter: function (config) {
  /* ... */
},
```

```
// auth 表示应该使用 HTTP 基础验证，并提供凭据
// 这将设置一个 Authorization 报头，覆盖使用 headers 设置的现有的 Authorization 自定义报头
auth: {
  username: 'janedoe',
  password: 's00pers3cret'
},
// responseType 表示服务器响应的数据类型
// 可以是 'arraybuffer'、'document'、'json'、'text' 和 'stream'
// 浏览器专属：blob
responseType: 'json', // 默认的

// responseEncoding 表示用于解码响应数据的编码
// 注意：对于 stream 响应类型，将忽略
responseEncoding: 'utf8', // 默认的

 // xsrfCookieName 是用作 xsrf token 值的 cookie 的名称
xsrfCookieName: 'XSRF-TOKEN', // 默认的

// xsrfHeaderName 是携带 xsrf token 值的 HTTP 报头的名字
xsrfHeaderName: 'X-XSRF-TOKEN', // 默认的

// onUploadProgress 允许为上传处理进度事件
// 浏览器专属
onUploadProgress: function (progressEvent) {
// 对原生进度事件的处理
},

// onDownloadProgress 允许为下载处理进度事件
// 浏览器专属
onDownloadProgress: function (progressEvent) {
// 对原生进度事件的处理
},

// maxContentLength 定义 Node.js 中允许的响应内容的最大大小（以字节为单位）
maxContentLength: 2000,

// maxBodyLength（只适用于 Node 的选项）定义允许的 HTTP 请求内容的最大大小（以字节为单位）
maxBodyLength: 2000,

// validateStatus 定义对于给定的 HTTP 响应状态码是解析（resolve）还是拒绝（reject）这个
// promise
// 如果 validateStatus 返回 true（或者设置为 null 或 undefined）
// promise 将被解析（resolve），否则，promise 将被拒绝（reject）
validateStatus: function (status) {
  return status >= 200 && status < 300; // 默认的
},
```

```
// maxRedirects 定义在 Node.js 中 follow 的最大重定向数目
// 如果设置为 0，那么将不会 follow 任何重定向
maxRedirects: 5, // 默认的

// socketPath 定义要在 Node.js 中使用的 UNIX 套接字
// 例如：'/var/run/docker.sock' 向 docker 守护进程发送请求
// 只能指定 socketPath 或 proxy，如果两者都指定，则使用 socketPath
socketPath: null, // 默认的
// httpAgent 和 httpsAgent 用于定义在 Node.js 中执行 HTTP 和 HTTPS 时要使用的自定义代理
// 允许配置类似 keepAlive 的选项，keepAlive 默认没有启用
httpAgent: new http.Agent({ keepAlive: true }),
httpsAgent: new https.Agent({ keepAlive: true }),

// proxy 定义代理服务器的主机名和端口
// auth 表示 HTTP 基础验证应当用于连接代理，并提供凭据
// 这将会设置一个 Proxy-Authorization 报头
// 覆盖使用 headers 设置的任何现有的自定义 Proxy-Authorization 报头
proxy: {
  host: '127.0.0.1',
  port: 9000,
  auth: {
    username: 'mikeymike',
    password: 'rapunz3l'
  }
},

// cancelToken 指定用于取消请求的 cancel token
cancelToken: new CancelToken(function (cancel) {
})

// decompress 表示是否应该自动解压缩响应正文
// 如果设置为 true，则还将从所有解压缩响应的 responses 对象中删除 content-encoding 报头
// - Node 专属（浏览器的 XMLHttpRequest 无法关闭解压缩）
decompress: true // 默认的
}
```

15.5　并发请求

有时需要同时向服务端发起多个请求，这可以用 Promise.all 实现。
例如：

```
function getUserAccount() {
  return axios.get('/user/12345');
}
```

```
function getUserPermissions() {
  return axios.get('/user/12345/permissions');
}

Promise.all([getUserAccount(), getUserPermissions()])
  .then(function (results) {
    // 两个请求现在都执行完成
    const acct = results[0];
    const perm = results[1];
    //acct 是 getUserAccount() 方法请求的响应结果
    //perms 是 getUserPermissions() 方法请求的响应结果
  });
```

15.6　创 建 实 例

可以使用自定义配置调用 axios.create([config]) 方法创建一个 axios 实例，之后使用该实例向服务端发起请求，就不用每次请求时重复设置配置选项了。代码如下所示：

```
const instance = axios.create({
  baseURL: 'https://some-domain.com/api/',
  timeout: 1000,
  headers: {'X-Custom-Header': 'foobar'}
});
```

15.7　配置默认值

对于每次请求相同的配置选项，可以通过为配置选项设置默认值来简化代码的编写。项目中使用的全局 axios 默认值可以在项目的入口文件 main.js 中按照以下形式进行设置。

```
axios.defaults.baseURL = 'https://api.example.com';
axios.defaults.headers.common['Authorization'] = AUTH_TOKEN;
axios.defaults.headers.post['Content-Type'] = 'application/x-www-form-
urlencoded';
axios.defaults.withCredentials = true
```

也可以在自定义实例中设置配置默认值，这些配置选项只有在使用该实例发起请求时才生效。代码如下所示：

```
// 创建实例时设置配置默认值
const instance = axios.create({
  baseURL: 'https://api.example.com'
});
```

```
// 实例创建后更改默认值
instance.defaults.headers.common['Authorization'] = AUTH_TOKEN;
```

配置将按优先顺序进行合并。顺序是先在 lib/defaults.js 中找到的库的默认值，然后是实例的 defaults 属性，最后是请求的 config 参数。后者将优先于前者。代码如下所示：

```
// 使用由库提供的配置默认值来创建实例
// 此时超时配置的默认值是 0
var instance = axios.create();

// 覆写库的超时默认值
// 现在，在超时前，使用该实例发起的所有请求都会等待 2.5s
instance.defaults.timeout = 2500;

// 在发起请求时，覆写超时值
instance.get('/longRequest', {
  timeout: 5000
});
```

15.8　拦　截　器

有时需要统一处理 HTTP 的请求和响应，如登录验证，这时就可以使用 axios 的拦截器，分为请求拦截器和响应拦截器，它们会在请求或响应被 then() 或 catch() 方法处理前拦截它们。axios 的拦截器的使用形式如下：

```
// 添加请求拦截器
axios.interceptors.request.use(function (config) {
    // 在发送请求之前做些什么
    return config;
  }, function (error) {
    // 对请求错误做些什么
    return Promise.reject(error);
  });

// 添加响应拦截器
axios.interceptors.response.use(function (response) {
    // 对响应数据做些什么
    return response;
  }, function (error) {
    // 对响应错误做些什么
    return Promise.reject(error);
  });
```

14.10.1 小节使用全局守卫实现了一个用户登录验证的例子，不过这种方式只是简单的前端路由控制，用户一旦成功登录，前端就保存了用户登录的状态，允许用户访问受保护的资源。如果在这期间，该用户在服务端失效了。例如，用户长时间未操作、服务端强制下线，或者管理员将该用户拉入黑名单，那么前端就应该及时更新用户的状态，对用户的后续访问做出控制。在这种情况下，就应该使用 axios 的拦截器结合 HTTP 状态码进行用户是否已登录的判断。代码如下所示：

```
// 请求拦截器
axios.interceptors.request.use(
    config => {
        if (token) {   // 判断是否存在 token，如果存在，则每个 HTTP header 都加上 token
            config.headers.Authorization = `token ${store.state.token}`;
        }
        return config;
    },
    err => {
        return Promise.reject(err);
    });

// 响应拦截器
axios.interceptors.response.use(
    response => {
        return response;
    },
    error => {
        if (error.response) {
            switch (error.response.status) {
                case 401:
                    // 如果返回 401，则清除 token 信息并跳转到登录页面
                    router.replace({
                        path: 'login',
                        query: {redirect: router.currentRoute.fullPath}
                    })
            }
        }
        return Promise.reject(error.response.data)
    });
```

如果之后想移除拦截器，则可以按以下方式调用。

```
const myInterceptor = axios.interceptors.request.use(function () {/*...*/});
axios.interceptors.request.eject(myInterceptor);
```

也可以为自定义的 axios 实例添加拦截器。代码如下所示：

```
const instance = axios.create();
instance.interceptors.request.use(function () {/*...*/});
```

15.9　小　　结

　　本章详细介绍了与服务端通信的 axios 库的使用，该库的使用并不复杂，不过由于需要服务端提供数据访问接口，所以本章并未给出实际应用案例。关于 axios 库的使用，可以参看第 17 章的项目案例。

第 16 章　状态管理——Vuex

第 10 章介绍了父子组件之间的通信方式，父组件通过 prop 向子组件传递数据，子组件通过自定义事件向父组件传递数据。然而，在实际项目中，经常会遇到多个组件需要访问同一数据的情况，且都需要根据数据的变化做出响应，而这些组件之间可能并不是父子组件这种简单的关系。在这种情况下，就需要一个全局的状态管理方案。在 Vue 开发中，官方推荐使用 Vuex。

Vuex 是一个专门为 Vue.js 应用程序开发的状态管理模式。它采用集中式存储来管理应用程序中所有组件的状态，并以相应的规则保证状态以一种可预测的方式发生变化。Vuex 也被集成到了 Vue 的官方调试工具 vue-devtools 中，提供了诸如零配置的 time-travel 调试、状态快照导入 / 导出等高级调试功能。

如图 16-1 所示为 Vuex 的工作原理图。

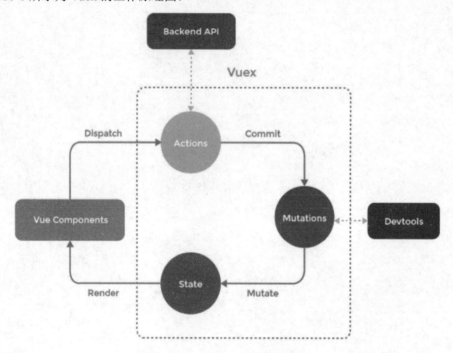

图 16-1　Vuex 的工作原理图

16.1　简单的状态管理

Vue.js 应用程序数据的真实来源是响应式数据对象，组件实例只是代理对它的访问，这一点经常被忽视。因此，如果有一个状态需要被多个实例共享，可以使用 reactive() 方法使一个对象成为响应式数据。代码如下所示：

```
const sourceOfTruth = Vue.reactive({
  message: 'Hello'
})

const appA = Vue.createApp({
  data() {
    return sourceOfTruth
  }
}).mount('#app-a')

const appB = Vue.createApp({
  data() {
    return sourceOfTruth
  }
}).mount('#app-b')

<div id="app-a">App A: {{ message }}</div>

<div id="app-b">App B: {{ message }}</div>
```

现在每当 sourceOfTruth 发生变化时，appA 和 appB 都会自动更新它们的视图。但现在有一个问题，因为 sourceOfTruth 是一个单一的数据源，任意一个 app 都可以随时更改数据，而不会留下任何痕迹，这使得我们很难调试应用程序。例如：

```
const appB = Vue.createApp({
  data() {
    return sourceOfTruth
  },
  mounted() {
    sourceOfTruth.message = 'Goodbye' // 两个 app 都将渲染 Goodbye 信息
  }
}).mount('#app-b')
```

为了解决这个问题，可以采用 store 模式。代码如下所示：

```
const store = {
  debug: true,

  state: Vue.reactive({
    message: 'Hello!'
  }),

  setMessageAction(newValue) {
    if (this.debug) {
      console.log('setMessageAction triggered with', newValue)
```

```
    }
    this.state.message = newValue
  },

  clearMessageAction() {
    if (this.debug) {
      console.log('clearMessageAction triggered')
    }

    this.state.message = ''
  }
}
```

现在所有改变存储状态的操作都放在 store 内。这种集中式的状态管理让我们更容易理解什么类型的更改可能发生，以及它们是如何触发的。当出现问题时，还会有一个导致错误发生的日志。

对于应用程序程序实例或组件，它们仍然可以拥有和管理自己的私有状态。代码如下所示：

```
<div id="app-a">{{sharedState.message}}</div>
<div id="app-b">{{sharedState.message}}</div>

const appA = Vue.createApp({
  data() {
    return {
      privateState: {},
      sharedState: store.state
    }
  },
  mounted() {
    store.setMessageAction('Goodbye!')
  }
}).mount('#app-a')

const appB = Vue.createApp({
  data() {
    return {
      privateState: {},
      sharedState: store.state
    }
  }
}).mount('#app-b')
```

需要注意的是，不要在操作中替换原始对象，组件和 store 需要共享对同一对象的引用，以便观察到变化。

图 16-2 展示了 store 模式的状态变更。

图 16-2   store 模式的状态变更

作为一种约定，组件永远不允许直接改变属于 store 的状态，而应该通过分发事件通知 store 执行操作。这种约定的好处是，可以记录 store 中发生的所有状态变化，并实现高级调试助手，如变化日志、快照和历史重放 / 时间旅行。

如果要体验更强大的状态管理解决方案，就让我们开始 Vuex 之旅吧！

扫一扫，看视频

16.2   安装 Vuex

可以使用 CDN 方式安装。代码如下所示：

```
<!-- 引用最新版 -->
<script src="https://unpkg.com/vuex@next"></script>
<!-- 引用指定版本 -->
<script src="https://unpkg.com/vuex@4.0.0-rc.1"></script>
```

如果使用模块化开发，则使用 npm 安装方式。执行以下命令安装 Vuex：

```
npm install vuex@next --save
```

或者使用 yarn 安装，执行下面的命令：

```
yarn add vuex@next --save
```

📋 提示：

注意安装 Vuex 时，要安装支持 Vue 3.0 的新版本 Vuex，即这里的 vuex@next。支持 Vue 2.x 的 Vuex 版本名是 vuex。

在 Vue 3.0 的脚手架项目中使用，在 main.js 文件中导入 createStore，并调用该方法创建一个 store 实例，之后使用 Vue.js 应用程序实例的 use() 方法将该实例作为插件安装。代码如下所示：

```
import { createApp } from 'vue'
import { createStore } from 'vuex'

// 创建新的 store 实例
const store = createStore({
  state () {
    return {
      count: 1
    }
  }
})

const app = createApp({ /* 根组件 */ })

// 将 store 实例作为插件安装
app.use(store)
```

扫一扫，看视频

16.3　基本用法

Vuex 使用单一状态树，也就是说，用一个对象包含了所有应用层级的状态，作为唯一数据源（single source of truth）而存在。每一个 Vuex 应用的核心就是 store，store 可以理解为保存应用程序状态的容器。store 与普通的全局对象的区别有以下两点。

（1）Vuex 的状态存储是响应式的。当 Vue 组件从 store 中检索状态的时候，如果 store 中的状态发生变化，那么组件也会相应地得到高效更新。

（2）不能直接改变 store 中的状态。改变 store 中的状态的唯一途径就是显式地提交 mutation。这可以确保每个状态更改都留下可跟踪的记录，从而能够启用一些工具来帮助我们更好地理解应用。

接下来，通过一个购物车实例来学习 Vuex 的使用，按照以下步骤创建脚手架项目，安装 Vuex 并进行基础配置。

（1）使用 Vue CLI 创建一个 Vue 3.0 的脚手架项目，项目名为 statemanage，直接选择 Default (Vue 3.0 Preview) ([Vue 3] babel, eslint)，开始项目创建。

（2）启动 Visual Studio Code，打开项目所在文件夹，为项目安装 Vuex。选择【终端】→【新终端】选项，在弹出的终端窗口中输入以下命令安装 Vuex。

```
npm install vuex@next --save
```

（3）在实际项目开发中，我们通常是把状态管理相关文件单独放到一个文件夹下，以集中管理和配置。在 src 目录下新建一个文件夹 store，在该文件夹下新建一个 index.js 文件。编辑该文件，代码如例 16-1 所示。

例 16-1   store\index.js

```
import { createStore } from 'vuex'

const store = createStore({
  // 状态数据通过 state() 函数返回
  state() {
    return {
    }
  }
})

export default store
```

（4）在程序入口 main.js 文件中使用 store 实例，从而在整个应用程序中应用 Vuex 的状态管理功能。代码如例 16-2 所示。

例 16-2   main.js

```
import { createApp } from 'vue'
import App from './App.vue'
import store from './store'

createApp(App).use(store).mount('#app')
```

接下来就可以正式开始编写购物车实例了。首先将购物车中的商品数据放到 store 中统一管理。在实际项目中，购物车中的商品数据是用户在商品页面添加商品保存的，而所有的商品信息都是从后端服务器得到的。简单起见，在前端硬编码一些商品数据，作为购物车中用户选购的商品。在 src 目录下新建一个文件夹 data，在该文件夹下新建一个 books.js 文件。编辑该文件，代码如例 16-3 所示。

例 16-3   data\books.js

```
export default [
  {
    id: 1,
    title: 'Java 无难事 ',
    price: 188,
    count: 1
  },
  {
    id: 2,
    title: 'VC++ 深入详解 ',
    price: 168,
    count: 1
  },
  {
    id: 3,
    title: 'Servlet/JSP 深入详解 ',
```

```
      price: 139,
      count: 1
    }
  ]
```

在 books 模块中导出一个图书商品的数组，将该数组作为 store 中状态数据的来源。编辑 store 目录下的 index.js 文件。修改后的代码如例 16-4 所示。

例 16-4　store\index.js

```
import { createStore } from 'vuex'
import books from '@/data/books.js'

const store = createStore({
  state() {
    return {
      items: books   // 使用导入的 books 对 items 进行初始化
    }
  }
})

export default store
```

新增的代码以粗体显示。

现在可以使用 store.state.items 访问商品数据。前面在 main.js 中已经引入了 store 实例，该 store 实例会被注入根组件下的所有子组件中，因此在组件中，就可以通过 this.$store 访问 store。如果在组件中要展示 store 中的状态，应该使用计算属性返回 store 的状态。代码如下所示：

```
computed: {
  books(){
    return this.$store.state.items;
  }
}
```

之后在组件的模板中就可以直接使用 books。当 store 中的 items 发生改变时，组件内的计算属性 books 也会同步发生改变。

那么如何更改 store 中的状态呢？注意不要直接修改 items 的值。例如：

```
methods: {
  addCart(){
    this.$store.state.items.push({...});   // 不要这么做
  }
}
```

既然选择了 Vuex 作为应用的状态管理方案，那么就应该遵照 Vuex 的要求：**通过提交 mutation() 函数更改 store 中的状态**。在严格模式下，如果 store 中的状态改变不是由 mutation() 函数引起的，则会抛出错误，而且如果直接修改 store 中的状态，Vue 的调试工具也无法跟踪状态的改变。在开发阶段，可以启用严格模式，以避免直接的状态修改，在创建 store 时，传入 strict: true。代码如下所示：

```
const store = createStore({
  // ...
  strict: true
})
```

Vuex 中的 mutation() 函数非常类似于事件：每个 mutation() 函数都有一个字符串的事件类型和一个处理器函数。这个处理器函数就是实际进行状态更改的地方，它接收 state 作为第 1 个参数。代码如下所示：

```
const store = createStore({
  state() {
    return {
      count: 1
    }
  },

  //mutations 选项中定义修改状态的方法
  // 这些方法接收 state 作为第 1 个参数
  mutations: {
    increment (state) {
      state.count++
    }
  }
})
```

我们不能直接调用一个 mutation() 处理器函数，mutations 选项更像是事件注册，当触发一个类型为 increment 的 mutation 时，调用此函数。要调用一个 mutation() 处理器函数，需要用它的类型调用 store.commit() 方法。代码如下所示：

```
store.commit('increment')
```

实际上，提交时指定的 mutation 的类型就是我们在 mutations 选项中定义的 mutation() 处理器函数的名字。

在使用 store.commit() 方法提交 mutation() 时，还可以传入额外的参数，即 mutation() 的载荷（payload）。代码如下所示：

```
//...
mutations: {
  increment (state, n) {
    state.count += n
  }
}

store.commit('increment', 10)
```

载荷也可以是一个对象。代码如下所示：

```
//...
mutations: {
  increment (state, payload) {
    state.count += payload.amount
  }
}

store.commit('increment', {
  amount: 10
})
```

提交 mutation 时，也可以使用包含 type 属性的对象，这样传一个参数就可以了。代码如下所示：

```
store.commit({
  type: 'increment',
  amount: 10
})
```

当使用对象风格提交时，整个对象将作为载荷传给 mutation 函数，因此处理器保持不变。代码如下所示：

```
mutations: {
  increment (state, payload) {
    state.count += payload.amount
  }
}
```

还可以用常量替代 mutation 的类型。可以把常量放到一个单独的 JS 文件中，有助于项目团队对 store 中所包含的 mutation 一目了然。例如：

```
//mutation-types.js
export const SOME_MUTATION = 'SOME_MUTATION'

//store.js
import { createStore } from 'vuex'
import { SOME_MUTATION } from './mutation-types'

const store = createStore({
  state: { ... },
  mutations: {
    // 可以使用 ES2015 的计算属性命名功能来使用一个常量作为函数名
    [SOME_MUTATION] (state) {
      // mutate 状态
    }
  }
})
```

接下来，在 store 中定义一个 mutation，通过提交该 mutation 向购物车中添加商品。修改 store 目录下的 index.js 文件。修改后的代码如例 16-5 所示。

例 16-5 store\index.js

```
import { createStore } from 'vuex'
import books from '@/data/books.js'

const store = createStore({
  state() {
    return {
      items: books  // 使用导入的books对items进行初始化
    }
  },
  mutations: {
    pushItemToCart (state, book) {
      state.items.push(book);
    }
  }
})

export default store
```

新增的代码以粗体显示。

接下来编写购物车组件。在 components 目录下新建 Cart.vue。代码如例 16-6 所示。

例 16-6 Cart.vue

```
<template>
  <div>
    <table>
      <tr>
        <td>商品编号</td>
        <td><input type="text" v-model.number="id"></td>
      </tr>
      <tr>
        <td>商品名称</td>
        <td><input type="text" v-model="title"></td>
      </tr>
      <tr>
        <td>商品价格</td>
        <td><input type="text" v-model="price"></td>
      </tr>
      <tr>
        <td colspan="2"><button @click="addCart">加入购物车</button></td>
      </tr>
    </table>
    <table>
      <thead>
```

```
        <tr>
          <th> 编号 </th>
          <th> 商品名称 </th>
          <th> 价格 </th>
          <th> 数量 </th>
          <th> 金额 </th>
          <th> 操作 </th>
        </tr>
      </thead>
      <tbody>
        <tr v-for="book in books" :key="book.id">
          <td>{{ book.id }}</td>
          <td>{{ book.title }}</td>
          <td>{{ book.price }}</td>
          <td>
            <button>-</button>
            {{ book.count }}
            <button>+</button>
          </td>
          <td> 金额 </td>
          <td><button> 删除 </button></td>
        </tr>
      </tbody>
    </table>
    <span> 总价：￥0.00</span>
  </div>
</template>

<script>
export default {
  data(){
    return {
      id: null,
      title: '',
      price: '',
      quantity: 1
    }
  },
  computed: {
    books(){
      return this.$store.state.items;
    }
  },
  methods: {
    addCart(){
      this.$store.commit('pushItemToCart', {
        id: this.id,
        title: this.title,
        price: this.price,
```

```
      count: this.quantity
    })
    this.id = '';
    this.title = '';
    this.price = '';
    }
  }

};
</script>
```

... // 省略了 CSS 样式代码

简单起见，我们使用表格对购物车中的商品项进行布局。

最后在 App.vue 组件中删除 HelloWorld 组件，使用 Cart 组件。代码如例 16-7 所示。

例 16-7　App.vue

```
<template>
  <Cart />
</template>

<script>
import Cart from './components/Cart.vue'

export default {
  name: 'App',
  components: {
    Cart
  }
}
</script>
```

... // 省略了 CSS 样式代码

打开终端窗口，执行 npm run serve 命令，打开浏览器，访问 http://localhost:8080/，出现如图 16-3 所示的界面。

编号	商品名称	价格	数量	金额	操作
商品编号					
商品名称					
商品价格					
	加入购物车				
1	Java无难事	188	- 1 +	金额	删除
2	VC++深入详解	168	- 1 +	金额	删除
3	Servlet/JSP深入详解	139	- 1 +	金额	删除

总价：￥0.00

图 16-3　购物车界面

购物车还有很多功能没有完成，请读者不要着急，在下面章节的学习中，我们会逐步完成购物车的所有功能。

现在请读者输入一件商品的信息，然后单击"加入购物车"按钮，会看到如图 16-4 所示的变化。

商品编号	
商品名称	
商品价格	

加入购物车

编号	商品名称	价格	数量	金额	操作
1	Java无难事	188	- 1 +	金额	删除
2	VC++深入详解	168	- 1 +	金额	删除
3	Servlet/JSP深入详解	139	- 1 +	金额	删除
4	Vue.js从入门到实战	89.80	- 1 +	金额	删除

总价：￥0.00

图 16-4   添加商品后购物车的变化

扫一扫，看视频

16.4   mapMutations

继续完善购物车程序，为购物车添加删除商品功能。删除商品同样要修改 store 中保存的购物车商品数据，因此继续在 mutations 选项中定义一个 deleteItem mutation。编辑 store 目录下的 index.js 文件，修改后的代码如例 16-8 所示。

例 16-8   store\index.js

```
const store = createStore({
  ...,

  mutations: {
    pushItemToCart (state, book) {
      state.items.push(book);
    },
    deleteItem (state, id){
      // 根据提交的 id 载荷，查找是否存在相同 id 的商品，返回商品的索引
      let index = state.items.findIndex(item => item.id === id);
      if(index >= 0){
        state.items.splice(index, 1);
      }
    }
  }
})

export default store
```

新增的代码以粗体显示。

编辑 Cart.vue，为"删除"按钮添加 click 事件处理，提交 deleteItem mutation。代码如下所示：

```
<td><button @click="$store.commit('deleteItem', book.id)">删除</button></td>
```

读者可以再次运行购物车项目，单击"删除"按钮，可以看到购物车中的商品项被成功删除。

如果组件中需要提交的 mutation 较多，使用 this.$store.commit() 方法来提交就会很烦琐，为了简化 mutation 的提交，可以使用 mapMutations() 辅助函数将组件中的方法映射为 store.commit() 调用。代码如下所示：

```
import { mapMutations } from 'vuex'
methods: mapMutations([
    // 将 this.increment() 映射为 this.$store.commit('increment')
    'increment',

    // 将 this.incrementBy(amount) 映射为 this.$store.commit('incrementBy', amount)
    'incrementBy'
])
```

除了使用字符串数组外，mapMutations() 函数的参数也可以是一个对象。代码如下所示：

```
import { mapMutations } from 'vuex'
methods: mapMutations({
    // 将 this.add() 映射为 this.$store.commit('increment')
    add: 'increment'
})
```

在大多数情况下，组件还有自己的方法，在这种情况下，可以使用 ES6 的展开运算符提取 mapMutations() 函数返回的对象属性，复制到 methods 选项中。代码如下所示：

```
import { mapMutations } from 'vuex'

export default {
  //...
  methods: {
    ...mapMutations([
        // 将 this.increment() 映射为 this.$store.commit('increment')
        'increment',

        // mapMutations 也支持载荷
        // 将 this.incrementBy(amount) 映射为 this.$store.commit('incrementBy', amount)
        'incrementBy'
    ]),
    ...mapMutations({
        // 将 this.add() 映射为 this.$store.commit('increment')
        add: 'increment'
    })
  }
}
```

修改 Cart.vue，使用 mapMutations() 辅助函数简化 mutation 的提交。代码如例 16-9 所示。

例 16-9   Cart.vue

```
...
<td><button @click="deleteItem(book.id)"> 删除 </button></td>

  ...
  import { mapMutations } from 'vuex'

  ...
  methods: {
    ...mapMutations({
      addItemToCart: 'pushItemToCart'
    }),
    ...mapMutations([
      'deleteItem'
    ]),
    addCart(){
      this.addItemToCart({
        id: this.id,
        title: this.title,
        price: this.price,
        count: this.quantity
      })
      this.id = '';
      this.title = '';
      this.price = '';
    }
}
```

代码中为了演示 mapMutations() 辅助函数的用法，采用了两种方式映射 mutation，实际开发中当然不必如此，采用统一的映射方式更有助于代码的维护和修改。

扫一扫，看视频

16.5   mapState

当一个组件需要使用多个 store 状态属性时，将这些状态都声明为计算属性就会有些重复和冗余。为了解决这个问题，可以使用 mapState() 辅助函数生成计算属性。例如，在 store 中定义了两个状态。代码如下所示：

```
const store = createStore({
  state() {
    return {
      count: 0,
      message: 'Java 无难事 '
    }
  },
  ...
})
```

在组件中使用 mapState() 辅助函数生成计算属性。代码如下所示:

```
import { mapState } from 'vuex'

export default {
  //...
  computed: mapState({
    count: 'count',
    msg: 'message'
  })
}
```

注意粗体显示的代码,冒号前是计算属性的名字,冒号后是 store 中状态属性的名字,以字符串形式给出。上述代码等价于下面的代码:

```
import { mapState } from 'vuex'

export default {
  //...
  computed: mapState({
    count: function(state){
      return state.count;
    },
    msg: (state) => state.message
  }),
}
```

可以看到,不管是使用普通函数,还是箭头函数,都没有直接使用字符串方便。但如果在计算属性中还要访问组件内的数据属性,那么就只能使用普通函数的方式。代码如下所示:

```
import { mapState } from 'vuex'

export default {
  data(){
    return {
      price: 99
    }
  },
  computed: mapState({
    totalPrice(state){
      return this.price * state.count;
    }
  })
}
```

这里不能使用箭头函数,至于为什么,读者可以思考一下。

如果计算属性的名字和 store 中状态属性的名字相同,那么还可以进一步简化,直接给 mapState() 函数传递一个字符串数组即可。代码如下所示:

```
computed: mapState([
  // 映射 this.count 为 store.state.count
  'count',
  // 映射 this.message 为 store.state.message
  'message'
])
```

与 mapMutations() 一样，mapState() 函数返回的也是一个对象，因此可以使用展开运算符将它和组件内的本地计算属性结合一起使用。代码如下所示：

```
computed: {
  localComputed () { /* ... */ },
  // 使用对象展开运算符将此对象混入外部对象中
  ...mapState({
    //...
  })
}
```

接下来修改 Cart.vue，使用 mapState() 辅助函数生成 books 计算属性。修改的代码如例 16-10 所示。

例 16-10   Cart.vue

```
import { mapMutations, mapState } from 'vuex'
...
computed: {
  ...mapState({
    books: 'items'
  })
},
```

扫一扫，看视频

16.6   getter

假如在 store 的状态中定义了一个图书数组。代码如下所示：

```
const store = createStore({
  state() {
    return {
      books: [
        {id:1, title: 'Vue 3.x 从入门到项目实战 ', isSold: false},
        {id:2, title: 'VC++ 深入详解 ', isSold: true},
        {id:3, title: 'Servlet/JSP 深入详解 ', isSold: true}
      ]
    }
  },
  ...
})
```

在组件内需要得到正在销售的图书，于是定义一个计算属性 sellingBooks，对 state 中的 books 进行过滤。代码如下所示：

```
computed: {
    sellingBooks(){
        return this.$store.state.books.filter(book => book.isSold === true);
    }
}
```

这没有什么问题，但如果多个组件都需要用到 sellingBooks 属性，那么应该怎么办呢？是复制代码，还是抽取为共享函数在多处导入？显然，这都不理想。

Vuex 允许我们在 store 中定义 getters（可以认为是 store 的计算属性）。与计算属性一样，getter 的返回值会根据它的依赖项被缓存起来，且只有在它的依赖项发生改变时才会重新计算。

getter 接收 state 作为其第 1 个参数。代码如下所示：

```
const store = createStore({
  state() {
    return {
      books: [
        {id:1, title: 'Vue 3.x 从入门到项目实战 ', isSold: false},
        {id:2, title: 'VC++ 深入详解 ', isSold: true},
        {id:3, title: 'Servlet/JSP 深入详解 ', isSold: true}
      ]
    }
  },
  getters: {
    sellingBooks: state => state.books.filter(book => book.isSold === true)
  }
})
```

我们定义的 getter 将作为 store.getters 对象的属性来访问。代码如下所示：

```
<ul>
    <li v-for="book in this.$store.getters.sellingBooks" :key="book.id">
        {{book.title}}
    </li>
</ul>
```

getter 也可以接收其他 getter 作为第 2 个参数。代码如下所示：

```
getters: {
    sellingBooks: state => state.books.filter(book => book.isSold === true),
    sellingBooksCount: (state, getters) => {
        return getters.sellingBooks.length
    }
}
```

在组件内，要简化 getter 的调用，同样可以使用计算属性。代码如下所示：

```
computed: {
    sellingBooks(){
        return this.$store.getters.sellingBooks;
    },
    sellingBooksCount(){
        return this.$store.getters.sellingBooksCount;
    }
}
```

要注意，作为属性访问的 getter 作为 Vue 的响应式系统的一部分被缓存。

如果想简化上述 getter 在计算属性中的访问形式，则可以使用 mapGetters() 辅助函数，这个辅助函数的用法和 mapMutations()、mapState() 类似。代码如下所示：

```
computed: {
    // 使用对象展开运算符将 getter 混入 computed 中
    // 传递数组作为参数
    ...mapGetters([
      'sellingBooks',
      'sellingBooksCount',
      //...
    ]),
    // 传递对象作为参数
    ...mapGetters({
      // 将 this.booksCount 映射为 this.$store.getters.sellingBooksCount
      booksCount: 'sellingBooksCount'
    })
}
```

getter 还有更灵活的用法，通过让 getter 返回一个函数来实现给 getter 传参。例如，下面的 getter 根据图书 id 查找图书对象。

```
getters: {
  ...
  getBookById: function(state){
      return function(id){
          return state.books.find(book => book.id === id);
      }
  }
}
```

如果读者对箭头函数已经熟练掌握，那么可以使用箭头函数简化上述代码的编写。代码如下所示：

```
getters: {
  ...
  getBookById: state => id => state.books.find(book => book.id === id)
}
```

下面在组件模板中的调用将返回 { "id": 2, "title": "VC++ 深入详解 ", "isSold": true }。

```
<p>{{$store.getters.getBookById(2)}}</p>
```

下面完成购物车中单项商品价格和所有商品总价的计算，单项商品价格是商品的价格乘以数量，总价是单项商品价格相加的结果。由于购物车中的商品是存储在 store 中的，因此单项商品价格和所有商品总价的计算应该通过 getter 完成，而不是直接在组件内定义计算属性来完成。

编辑 store 目录下的 index.js 文件，添加计算单项商品价格和所有商品总价的 getter。代码如例 16-11 所示。

例 16-11　store\index.js

```
const store = createStore({
  ...,
  getters: {
    cartItemPrice(state){
      return function(id){
        let item = state.items.find(item => item.id === id);
        if(item){
          return item.price * item.count;
        }
      }
    },
    cartTotalPrice(state){
      return state.items.reduce((total, item) =>{
        return total + item.price * item.count;
      }, 0);
    }
  }
})
```

如果 getter 要接收参数，则需要 getter 返回一个函数来实现给 getter 传参。

编辑 Cart.vue，在 computed 选项中使用 mapGetters() 映射上述两个 getter，然后修改模板代码，完善单项商品价格计算和购物车中所有商品总价的计算。代码如例 16-12 所示。

例 16-12　Cart.vue

```
...
<table>
  <thead>
    <tr>
      <th> 编号 </th>
      <th> 商品名称 </th>
      <th> 价格 </th>
      <th> 数量 </th>
      <th> 金额 </th>
      <th> 操作 </th>
```

```
      </tr>
    </thead>
    <tbody>
      <tr v-for="book in books" :key="book.id">
        <td>{{ book.id }}</td>
        <td>{{ book.title }}</td>
        <td>{{ book.price }}</td>
        <td>
          <button>-</button>
          {{ book.count }}
          <button>+</button>
        </td>
        <td>{{ itemPrice(book.id) }}</td>
        <td><button @click="deleteItem(book.id)">删除</button></td>
      </tr>
    </tbody>
  </table>
  <span>总价：￥{{ totalPrice }}</span>

...
import { mapMutations, mapState, mapGetters } from 'vuex'

computed: {
  ...mapState({
    books: 'items'
  }),
  ...mapGetters({
    itemPrice: 'cartItemPrice',
    totalPrice: 'cartTotalPrice'
  })
},
```

下面实现购物车中商品数量加 1 和减 1 的功能，这个功能的实现与 getter 无关，因为要修改 store 中所存储的商品的数量，因此是通过 mutation 实现商品数量的变化。

编辑 store 目录下的 index.js 文件，修改后的代码如例 16-13 所示。

例 16-13   store/index.js

```
...
mutations: {
  ...
  incrementItemCount(state, {id, count}){
    let item = state.items.find(item => item.id === id);
    if(item){
     item.count += count; // 如果 count 为 1，则加 1；如果 count 为 -1，则减 1
    }
  }
},
```

编辑 Cart.vue，在 methods 选项中使用 mapMutations() 辅助函数映射 incrementItemCount，并为减号按钮和加号按钮添加 click 事件的处理代码。修改后的代码如例 16-14 所示。

例 16-14　Cart.vue

```
<td>
  <button :disabled="book.count===0"
    @click="increment({id: book.id, count: -1})">-</button>
  {{ book.count }}
  <button @click="increment({id: book.id, count: 1})">+</button>
</td>

...

methods: {
  ...mapMutations({
    addItemToCart: 'pushItemToCart',
    increment: 'incrementItemCount'
  }),
  ...mapMutations([
    'deleteItem'
  ]),
  addCart(){
    ...
  }
}
```

新增的代码以粗体显示。

运行项目，访问 http://localhost:8080/，随意增加某项商品的数量。结果如图 16-5 所示。

商品编号	
商品名称	
商品价格	

加入购物车

编号	商品名称	价格	数量	金额	操作
1	Java无难事	188	- 3 +	564	删除
2	VC++深入详解	168	- 1 +	168	删除
3	Servlet/JSP深入详解	139	- 1 +	139	删除

总价：￥871

图 16-5　实现单项商品价格和所有商品总价的计算

16.7　action

扫一扫，看视频

在定义 mutation 时，一条重要的原则就是 mutation 必须是同步函数。换句话说，在 mutation() 处理器函数中，不能存在异步调用。例如：

```
mutations: {
  someMutation (state) {
    api.callAsyncMethod(() => {
      state.count++
    })
  }
}
```

在 someMutation() 函数中调用 api.callAsyncMethod() 方法，传入了一个回调函数，这是一个异步调用。记住，不要这么做，因为这会让调试变得困难。假设正在调试应用程序并查看 devtool 中的 mutation 日志，对于每个记录的 mutation，devtool 都需要捕捉到前一状态和后一状态的快照。然而，在上面的例子中，mutation 中的 api.callAsyncMethod() 方法中的异步回调让这不可能完成。因为当 mutation 被提交的时候，回调函数还没有被调用，devtool 也无法知道回调函数什么时候真正被调用。实质上，任何在回调函数中执行的状态的改变都是不可追踪的。

如果确实需要执行异步操作，那么应该使用 action。action 类似于 mutation，不同之处在于：

● action 提交的是 mutation，而不是直接变更状态。
● action 可以包含任意异步操作。

一个简单的 action 如下所示：

```
const store = createStore({
  state() {
    return {
      count: 0
    }
  },
  mutations: {
    increment (state) {
      state.count++
    }
  },
  actions: {
    increment (context) {
      context.commit('increment')
    }
  }
})
```

action 处理函数接收一个与 store 实例具有相同方法和属性的 context 对象，因此可以利用该对象调用 commit() 方法提交 mutation，或者通过 context.state 和 context.getters 访问 state 和 getter。甚至可以用 context.dispatch() 调用其他的 action。要注意的是，context 对象并不是 store 实例本身。

如果在 action 中需要多次调用 commit，则可以考虑使用 ES6 中的解构语法简化代码。代码如下所示：

```
actions: {
  increment ({ commit }) {
    commit('increment')
  }
}
```

16.7.1　分发 action

action 通过 store.dispatch() 方法触发。代码如下所示：

```
store.dispatch('increment')
```

action 和 mutation 看似没有什么区别，实际上，它们之间最主要的区别就是 action 中可以包含异步操作。例如：

```
actions: {
  incrementAsync ({ commit }) {
    setTimeout(() => {
      commit('increment')
    }, 1000)
  }
}
```

action 同样支持以载荷和对象方式进行分发。代码如下所示：

```
// 载荷是一个简单值
store.dispatch('incrementAsync', 10)

// 载荷是一个对象
store.dispatch('incrementAsync', {
  amount: 10
})

// 直接传递一个对象进行分发
store.dispatch({
  type: 'incrementAsync',
  amount: 10
})
```

一个实际的例子是购物车结算操作，该操作涉及调用一个异步 API 和提交多个 mutation。代码如下所示：

```
actions: {
  checkout ({ commit, state }, products) {
    // 保存购物车中当前的商品项
    const savedCartItems = [...state.cart.added]
    // 发出结算请求，并乐观地清空购物车
    commit(types.CHECKOUT_REQUEST)
    // shop.buyProducts() 方法接收一个成功回调和一个失败回调
    shop.buyProducts(
      products,
      // 处理成功
      () => commit(types.CHECKOUT_SUCCESS),
      // 处理失败
      () => commit(types.CHECKOUT_FAILURE, savedCartItems)
    )
  }
}
```

checkout 执行一个异步操作流，并通过提交这些操作记录 action 的副作用（状态更改）。

16.7.2　在组件中分发 action

在组件中可以使用 this.$store.dispatch('XXX') 方法分发 action，或者使用 mapActions() 辅助函数将组件的方法映射为 store.dispatch 调用。代码如下所示：

```
                                        store.js
const store = createStore({
  state() {
    return {
      count: 0
    }
  },
  mutations: {
    increment (state) {
        state.count++;
    },
    incrementBy (state, n) {
        state.count += n;
    },
  },
  actions: {
      increment ({ commit }) {
        commit('increment');
      },
      incrementBy ({ commit}, n) {
        commit('incrementBy', n);
      }
    }
})


                            组件
<template>
    <button @click="incrementBy(10)">
        You clicked me {{ count }} times.
    </button>`
</template>

import { mapActions } from 'vuex'
export default {
  //...
  methods: {
    ...mapActions([
      // 将 this.increment() 映射为 this.$store.dispatch('increment')
      'increment',
```

```
    // mapActions 也支持载荷
    // 将 this.incrementBy(n) 映射为 this.$store.dispatch('incrementBy', n)
    'incrementBy'
  ]),
  ...mapActions({
    // 将 this.add() 映射为 this.$store.dispatch('increment')
    add: 'increment'
  })
 }
}
```

16.7.3 组合 action

action 通常是异步的，那么如何知道 action 何时完成呢？更重要的是，我们如何才能组合多个 action 来处理更复杂的异步流程呢？

首先，要知道是 store.dispatch() 方法可以处理被触发的 action 的处理函数返回的 Promise，并且 store.dispatch() 方法仍旧返回 Promise。例如：

```
actions: {
  actionA ({ commit }) {
    return new Promise((resolve, reject) => {
      setTimeout(() => {
        commit('someMutation')
        resolve()
      }, 1000)
    })
  }
}
```

现在可以：

```
store.dispatch('actionA').then(() => {
  //...
})
```

在另外一个 action 中也可以：

```
actions: {
  //...
  actionB ({ dispatch, commit }) {
    return dispatch('actionA').then(() => {
      commit('someOtherMutation')
    })
  }
}
```

最后，如果使用 async / await，则可以按以下方式组合 action。

```
// 假设 getData() 和 getOtherData() 返回的是 Promise
actions: {
  async actionA ({ commit }) {
    commit('gotData', await getData())
  },
  async actionB ({ dispatch, commit }) {
    await dispatch('actionA') // 等待 actionA 完成
    commit('gotOtherData', await getOtherData())
  }
}
```

　　一个 store.dispatch() 方法在不同模块中可以触发多个 action 处理函数。在这种情况下，只有当所有触发的处理函数完成后，返回的 Promise 才会执行。

　　下面给出一个简单的例子，来看看如何组合 action 来处理异步流程。代码没有采用单文件组件，而是在 HTML 页面中直接编写，如例 16-15 所示。

　　例 16-15　ComposingActions.html

```
<div id="app">
    <book></book>
</div>

<script src="https://unpkg.com/vue@next"></script>
<script src="https://unpkg.com/vuex@next"></script>
<script>
const app = Vue.createApp({});
    const store = Vuex.createStore({
      state() {
        return {
          book: {
           title: 'VC++ 深入详解 ',
            price: 168,
            quantity: 1
          },
          totalPrice: 0
        }
      },
      mutations: {
        // 增加图书数量
        incrementQuantity (state, quantity) {
          state.book.quantity += quantity;
        },
        // 计算图书总价
        calculateTotalPrice(state){
          state.totalPrice = state.book.price * state.book.quantity;
        }
      },
```

```
    actions: {
      incrementQuantity({commit}, n){
        // 返回一个 Promise
        return new Promise((resolve, reject) => {
          // 模拟异步操作
          setTimeout(() => {
            // 提交 mutation
            commit('incrementQuantity', n)
            resolve()
          }, 1000)
        })
      },
      updateBook({ dispatch, commit }, n){
        // 调用 dispatch() 方法触发 incrementQuantity action
        // incrementQuantity action 返回一个 Promise
        // dispatch 对其进行处理，仍旧返回 Promise
        // 因此可以继续调用 then() 方法
        return dispatch('incrementQuantity', n).then(() => {
          // 提交 mutation
          commit('calculateTotalPrice');
        })
      }
    }
  }
})

app.component('book', {
  data(){
      return {
        quantity: 1
      }
  },
  computed: {
  ...Vuex.mapState([
    'book',
    'totalPrice'
  ])
},
  methods: {
      ...Vuex.mapActions([
        'updateBook',
      ]),
      addQuantity(){
        this.updateBook(this.quantity)
      }
  },
template: `
  <div>
    <p> 书名：{{ book.title }}</p>
```

```
      <p> 价格: {{ book.price }}</p>
      <p> 数量: {{ book.quantity }}</p>
      <p> 总价: {{ totalPrice }}</p>
      <p>
        <input type="text" v-model.number="quantity">
        <button @click="addQuantity"> 增加数量 </button>
      </p>
    </div>`
  });

  app.use(store).mount('#app');
</script>
```

我们在 state 中定义了两个状态数据：book 对象和 totalPrice，并为修改它们的状态分别定义了 mutation:incrementQuantity 和 calculateTotalPrice，之后定义了两个 action：incrementQuantity 和 updateBook，前者模拟异步操作提交 incrementQuantity mutation 修改图书数量；后者调用 dispatch() 方法触发前者的调用，在前者成功完成后，提交 calculateTotalPrice mutation，计算图书的总价。

例 16-15 页面的渲染效果如图 16-6 所示。

当单击"增加数量"按钮时，在 addQuantity 事件处理函数中触发的是 updateBook action，而在该 action 方法中调用 dispatch() 方法触发 incrementQuantity action，等待后者的异步操作成功完成后（1s 后更新了图书的数量），接着在 then() 方法中成功完成函数调用，提交 calculateTotalPrice mutation，计算图书总价，最终在页面中渲染出图书新的数量和总价。

本例只是用于演示如何组合 action 处理异步流程，并不具有实用价值，实际开发中对于本例完成的功能不要这么做。

书名：VC++深入详解

价格：168

数量：1

总价：0

| 1 | 增加数量 |

图 16-6　例 16-15 页面的渲染效果

下面继续完善购物车程序。首先为商品加入购物车增加一个数量文本字段，并绑定到 quantity 属性上。编辑 Cart.vue，添加的代码如下所示：

```
<table>
  ...
  <tr>
    <td> 商品价格 </td>
    <td><input type="text" v-model="price"></td>
  </tr>
  <tr>
    <td> 数量 </td>
    <td><input type="text" v-model.number="quantity"></td>
  </tr>
  <tr>
    <td colspan="2"><button @click="addCart"> 加入购物车 </button></td>
  </tr>
</table>
```

新增的代码以粗体显示。运行项目，添加数量字段后购物车页面的显示效果如图 16-7 所示。

图 16-7　添加数量字段后购物车页面的显示效果

现在我们想实现当用户输入的商品编号与现有商品的编号相同时，在购物车中不新增商品，而只是对现有商品累加数量。只有当用户添加新的商品时，才加入购物车中。这个功能的实现，就可以考虑放到 action 中去完成。

编辑 store 目录下的 index.js 文件，在 actions 选项中定义一个加入商品到购物车的 action。代码如例 16-16 所示。

例 16-16　store\index.js

```javascript
import { createStore } from 'vuex'
import books from '@/data/books.js'

const store = createStore({
  ...,
  actions: {
    addItemToCart(context, book){
      let item = context.state.items.find(item => item.id === book.id);
      // 如果添加的商品已经在购物车中存在，则只增加购物车中商品的数量
      if(item){
        context.commit('incrementItemCount', book);
      }
      // 如果添加的商品是新商品，则加入购物车中
      else{
        context.commit('pushItemToCart', book);
      }
    }
  }
})

export default store
```

需要注意的是，在 action 中不要直接修改状态，而应该通过提交 mutation 更改状态。

接下来编辑 Cart.vue，通过分发 addItemToCart 这个 action 来实现商品加入购物车的完整功能。代码如例 16-17 所示。

例 16-17　Cart.vue

```
<script>
import { mapMutations, mapState, mapGetters, mapActions } from 'vuex'

export default {
  methods: {
    ...,
    ...mapActions([
      'addItemToCart'
    ]),
    addCart(){
      //this.$store.dispatch('addItemToCart', {
      this.addItemToCart({
        id: this.id,
        title: this.title,
        price: this.price,
        count: this.quantity
      })
      this.id = '';
      this.title = '';
      this.price = '';
    }
  }
};
</script>
```

新增的代码以粗体显示。

读者可以自行添加新商品和现有商品，测试一下购物车程序的运行情况。要提醒读者的是，在本例中，简单起见，我们对是否是现有商品仅通过商品的编号来判断，所以在添加商品时，只要编号相同就认为是同一种商品。而在实际项目中，不会这么做。

16.8　表单处理

在表单控件上通常会使用 **v-model** 指令进行数据绑定，如果绑定的数据是 Vuex 中的状态数据，就会遇到一些问题。我们看例 16-18 所示的代码。

例 16-18　form.html

```
<div id="app">
    <my-component></my-omponent>
</div>

<script src="https://unpkg.com/vue@next"></script>
<script src="https://unpkg.com/vuex@next"></script>
<script>
```

```
      const app = Vue.createApp({});
      const store =  Vuex.createStore({
        state() {
          return {
            message: 'Java 无难事'
          }
        },
        mutations: {
          updateMessage (state, msg) {
            state.message = msg;
          }
        }
      })

      app.component('MyComponent', {
          computed: Vuex.mapState([
              'message'
          ]),
          template: '<input type="text" v-model="message">'
      });

      app.use(store).mount('#app')
</script>
```

当在文本控件中输入值时，v-model 会试图直接修改 message 属性的值，这将引发一个警告：
[Vue warn]: Write operation failed: computed property "message" is readonly，这是由 v-model 的数据
双向绑定机制决定的。我们希望在用户输入数据时，调用 mutation() 处理函数修改 store 中的状态
message，从而实现计算属性 message 的更新，那么可以采用两种方式来实现。

（1）通过 <input> 元素使用 v-bind 绑定 value 属性，然后使用 v-on 监听 input 或 change 事件，
在事件处理函数中提交 mutation。修改例 16-4 的代码，如下所示：

```
...
app.component('MyComponent', {
    computed: Vuex.mapState([
        'message'
    ]),
    methods: {
        updateMessage(e){
            this.$store.commit('updateMessage', e.target.value)
        }
    },
    template: '<input type="text" :value="message" @input="updateMessage">'
});
...
```

粗体显示的代码是新增的代码。这种方式相当于自己实现了 v-model 指令，代码有些烦琐。如
果还是想用 v-model，那么可以使用第 2 种方式。

（2）在 6.1 节中介绍过，计算属性可以提供一个 setter 用于计算属性的修改。可以在 set() 函数中提交 mutation。代码如下所示：

```
...
app.component('MyComponent', {
    computed: {
        message: {
            get () {
                return this.$store.state.message;
            },
            set (value) {
                this.$store.commit('updateMessage', value);
            }
        }
    },
    template: '<input type="text" v-model="message">'
});
...
```

16.9 Vuex 与组合 API

要在 setup() 函数中访问 store，可以调用 useStore() 函数，这与在选项 API 中通过 this.$store 访问 store 是等价的。代码如下所示：

```
import { useStore } from 'vuex'

export default {
  setup () {
    const store = useStore()
  }
}
```

如果要访问 state 和 getters，则需要使用 computed() 函数创建计算属性，以保持响应性，这相当于使用选项 API 创建计算属性。代码如下所示：

```
import { computed } from 'vue'
import { useStore } from 'vuex'

export default {
  setup () {
    const store = useStore()

    return {
      // 在 computed() 函数中访问状态
      count: computed(() => store.state.count),
```

```
      // 在 computed() 函数中访问 getters
      double: computed(() => store.getters.double)
    }
  }
}
```

要访问 mutation 和 action，只需在 setup() 函数中调用 store 对象的 commit() 和 dispatch() 函数。
代码如下所示：

```
import { useStore } from 'vuex'

export default {
  setup () {
    const store = useStore()

    return {
      // 访问 mutation
      increment: () => store.commit('increment'),

      // 访问 action
      asyncIncrement: () => store.dispatch('asyncIncrement')
    }
  }
}
```

扫一扫，看视频

16.10 模　块

Vuex 使用单一状态树，应用程序的所有状态都包含在一个大的对象中，当应用变得复杂时，
store 对象就会变得非常臃肿。

为了解决这个问题，Vuex 允许将 store 划分为多个模块，每个模块可以包含自己的 state、
mutations、actions、getters 及嵌套的子模块。例如：

```
const moduleA = {
  state: () => ({ ... }),
  mutations: { ... },
  actions: { ... },
  getters: { ... }
}

const moduleB = {
  state: () => ({ ... }),
  mutations: { ... },
  actions: { ... }
}
```

```
const store = createStore({
  modules: {
    a: moduleA,
    b: moduleB
  }
})

store.state.a //-> moduleA 的状态
store.state.b //-> moduleB 的状态
```

对于模块内部的 mutations 和 getters，接收的第 1 个参数是模块的局部状态对象。代码如下所示：

```
const moduleA = {
  state: () => ({
    count: 0
  }),
  mutations: {
    increment (state) {
      // state 对象是局部模块状态
      state.count++
    }
  },

  getters: {
    doubleCount (state) {
      return state.count * 2
    }
  }
}
```

同样地，对于模块内部的 actions，局部状态通过 context.state 暴露出来，根节点状态则为 context.rootState。代码如下所示：

```
const moduleA = {
  //...
  actions: {
    incrementIfOddOnRootSum ({ state, commit, rootState }) {
      if ((state.count + rootState.count) % 2 === 1) {
        commit('increment')
      }
    }
  }
}
```

对于模块内部的 getters，根节点状态将作为第 3 个参数暴露出来。代码如下所示：

```
const moduleA = {
  //...
```

```
    getters: {
      sumWithRootCount (state, getters, rootState) {
        return state.count + rootState.count
      }
    }
  }
}
```

在一个大型项目中，如果 store 模块划分较多，Vuex 建议项目结构按照以下形式组织。

```
│── store
    ├── index.js          # 组装模块并导出 store 的地方
    ├── actions.js        # 根级别的 actions
    ├── mutations.js      # 根级别的 mutations
    └── modules
        ├── cart.js       # 购物车模块
        └── products.js   # 产品模块
```

　　在默认情况下，模块内部的 action、mutation 和 getters 是注册在全局命名空间下的，这使多个模块能够对同一 mutation 或 action 做出响应。

　　如果希望模块具有更高的封装度和复用性，则可以通过添加 namespaced: true 的方式使其成为**带命名空间的模块。当模块被注册后，它的所有 mutation、action 和 getters 都会根据模块注册的路径自动命名。**

　　例如：

```
const store = createStore({
  modules: {
    account: {
      namespaced: true,

      // 模块内容 (module assets)
      // 模块的状态已经是嵌套的，使用 namespaced 选项不会对其产生影响
      state: () => ({ ... }),
      getters: {
        isAdmin () { ... } //-> getters['account/isAdmin']
      },
      actions: {
        login () { ... }   //-> dispatch('account/login')
      },
      mutations: {
        login () { ... }   //-> commit('account/login')
      },

      // 嵌套模块
      modules: {
        // 继承父模块的命名空间
        myPage: {
          state: () => ({ ... }),
```

```
      getters: {
        profile () { ... } //-> getters['account/profile']
      }
    },

    // 进一步嵌套命名空间
    posts: {
      namespaced: true,

      state: () => ({ ... }),
      getters: {
        popular () { ... } //-> getters['account/posts/popular']
      }
    }
  }
}
})
```

启用了命名空间的 getters 和 actions 会接收本地化的 getters、dispatch 和 commit。换句话说，在同一模块内使用模块内容（module assets）时不需要添加前缀。在命名空间和非命名空间之间切换不会影响模块内的代码。

在带有命名空间的模块内如果要使用全局 state 和 getters，rootState 和 rootGetters 会作为第 3 和第 4 个参数传入 getter() 函数，也会通过 context 对象的属性传入 action() 函数。如果在全局命名空间内分发 action 或提交 mutation，则将 { root: true } 作为第 3 个参数传给 dispatch() 或 commit() 方法即可。代码如下所示：

```
modules: {
  foo: {
    namespaced: true,

    getters: {
      // 在 foo 模块中，getters 已被本地化
      // 使用 getters 的第 3 个参数 rootState 访问全局 state
      // 使用 getters 的第 4 个参数 rootGetters 访问全局 getters
      someGetter (state, getters, rootState, rootGetters) {
        getters.someOtherGetter                 //-> 'foo/someOtherGetter'
        rootGetters.someOtherGetter             //-> 'someOtherGetter'
        rootGetters['bar/someOtherGetter']      // -> 'bar/someOtherGetter'
      },
      someOtherGetter: state => { ... }
    },

    actions: {
      // 在这个模块中，dispatch 和 commit 也被本地化了
      // 它们可以接收 root 选项以访问根 dispatch 或 commit
      someAction ({ dispatch, commit, getters, rootGetters }) {
```

```
          getters.someGetter                          //-> 'foo/someGetter'
          rootGetters.someGetter                       //-> 'someGetter'
          rootGetters['bar/someGetter']                //-> 'bar/someGetter'

          dispatch('someOtherAction')                  //-> 'foo/someOtherAction'
          dispatch('someOtherAction', null, { root: true }) //-> 'someOtherAction'

          commit('someMutation') //-> 'foo/someMutation'
          commit('someMutation', null, { root: true })   //-> 'someMutation'
        },
        someOtherAction (ctx, payload) { ... }
      }
    }
  }
```

如果需要在带命名空间的模块内注册全局 action，可以将其标记为 root: true，并将这个 action 的定义放到函数 handler() 中。例如：

```
{
  actions: {
    someOtherAction ({dispatch}) {
      dispatch('someAction')
    }
  },
  modules: {
    foo: {
      namespaced: true,

      actions: {
        someAction: {
          root: true,
          handler (namespacedContext, payload) { ... } //-> 'someAction'
        }
      }
    }
  }
}
```

在组件内使用 mapState()、mapGetters()、mapActions() 和 mapMutations() 这些辅助函数绑定带命名空间的模块时，写起来可能比较烦琐。代码如下所示：

```
computed: {
  ...mapState({
    a: state => state.some.nested.module.a,
    b: state => state.some.nested.module.b
  }),
  ...mapGetters([
    'some/nested/module/someGetter', // -> this['some/nested/module/someGetter']
```

```
      'some/nested/module/someOtherGetter',
      // -> this['some/nested/module/someOtherGetter']
    ])
  },
methods: {
    ...mapActions([
      'some/nested/module/foo', // -> this['some/nested/module/foo']()
      'some/nested/module/bar'  // -> this['some/nested/module/bar']()
    ])
}
```

在这种情况下，可以将带命名空间的模块名字作为第 1 个参数传递给上述函数，这样所有绑定都会自动使用该模块作为上下文。于是上面的例子可以简化为如下所示。

```
computed: {
  ...mapState('some/nested/module', {
    a: state => state.a,
    b: state => state.b
  }),
  ...mapGetters('some/nested/module', [
    'someGetter',         // -> this.someGetter
    'someOtherGetter',    // -> this.someOtherGetter
  ])
},
methods: {
  ...mapActions('some/nested/module', [
    'foo', // -> this.foo()
    'bar'  // -> this.bar()
  ])
}
```

此外，还可以使用 createNamespacedHelpers() 方法创建命名空间的辅助函数。它返回一个对象，该对象里有与给定命名空间值绑定的新的组件绑定辅助函数。代码如下所示：

```
import { createNamespacedHelpers } from 'vuex'

const { mapState, mapActions } = createNamespacedHelpers('some/nested/module')

export default {
  computed: {
    // 在 some/nested/module 中查找
    ...mapState({
      a: state => state.a,
      b: state => state.b
    })
  },
  methods: {
    // 在 some/nested/module 中查找
```

```
    ...mapActions([
      'foo',
      'bar'
    ])
  }
}
```

为了让读者对带命名空间的模块的访问有更直观的认知，下面给出一个简单的示例。
先给出两个带命名空间的模块定义。代码如下所示：

```
const ModuleA = {
  namespaced: true,
  state() {
    return {
      message : 'Hello Vue.js'
    }
  },
  mutations: {
    updateMessage(state, newMsg){
      state.message = newMsg;
    }
  },
  actions: {
    changeMessage({commit}, newMsg){
      commit('updateMessage', newMsg);
    }
  },
  getters: {
    reversedMessage(state){
      return state.message.split('').reverse().join('');
    }
  }
}

const ModuleB = {
  namespaced: true,
  state() {
    return {
      count : 0
    }
  },
  mutations: {
    increment(state){
      state.count++;
    }
  }
}
```

ModuleA 和 ModuleB 都使用了 namespaced 选项并设置为 true，从而变成具有命名空间的模块。
ModuleA 中 state、mutations、actions 和 getters 一个都不少，简单起见，ModuleB 只有 state 和 mutations。

接下来在 Store 实例中注册模块。代码如下所示：

```
const store = Vuex.createStore({
  modules: {
    msg: ModuleA,
    another: ModuleB
  }
})
```

根据模块注册时的名字访问模块。例如，要访问 ModuleA 中的状态，应该使用 msg 名字访问。代码如下所示：

```
this.$store.state.msg.message
// 或者
this.$store.state['msg'].message
```

模块注册时，也可以根据应用的需要，为名字添加任意前缀。例如：

```
const store = Vuex.createStore({
  modules: {
    'user/msg': ModuleA,
    another: ModuleB
  }
})
```

这时要访问 ModuleA 中的状态，需要使用 user/msg。代码如下所示：

```
this.$store.state['user/msg'].message
```

最后看在组件内如何访问带命名空间的模块。代码如下所示：

```
app.component('MyComponent', {
  data(){
    return {
      message: ''
    }
  },
  computed: {
    ...Vuex.mapState({
      msg(){
        return this.$store.state['msg'].message;
      }
    }),
    // 将模块的名字作为第 1 个参数传递给 mapState()
    ...Vuex.mapState('another', [
    // 将 this.count 映射为 store.state['another'].count
      'count',
    ]),
    reversedMessage(){
      return this.$store.getters['msg/reversedMessage'];
```

```
      }
    },
    methods: {
      // 将模块的名字作为第 1 个参数传递给 mapMutations()
      ...Vuex.mapMutations('msg', [
        // 将 this.updateMessage() 映射为
        //this.$store.commit('msg/increment')
        'updateMessage',
      ]),
      add(){
        this.$store.commit('another/increment')
      },
      changeMessage(){
        this.$store.dispatch('msg/changeMessage', this.message)
      },
      // 等价于
      /*...Vuex.mapActions('msg', [
        // 将 this.changeMessage(message) 映射为
        //this.$store.dispatch('msg/changeMessage', message)
        'changeMessage',
      ]),*/

    },
    template: `
      <div>
        <p>
          <span>消息：{{ msg }}</span>
          <span>反转的消息：{{ reversedMessage }}</span>
        </p>
        <p>
          <input type="text" v-model="message">
          <button @click="changeMessage()">修改内容 </button>
        </p>
        <p>
          <span>计数：{{ count }}</span>
          <button @click="add">增加计数 </button>
        </p>
      </div>`
});
```

如果使用注释中的代码，需要将粗体显示的 <button> 元素的代码修改如下：

```
<button @click="changeMessage(message)">修改内容 </button>
```

从上述代码可以看出，对于带命名空间的模块访问，最简单的方式是使用辅助函数进行映射，并将模块的名字作为第 1 个参数传递进去，这样不仅简单，而且不会出错。

完整的代码如例 16-19 所示。

例 16-19　Modules.html

```html
<div id="app">
  <my-component></my-component>
</div>

<script src="https://unpkg.com/vue@next"></script>
<script src="https://unpkg.com/vuex@next"></script>
<script>
  const app = Vue.createApp({});
  const ModuleA = {
    namespaced: true,
    state() {
      return {
        message : 'Hello Vue.js'
      }
    },
    mutations: {
      updateMessage(state, newMsg){
        state.message = newMsg;
      }
    },
    actions: {
      changeMessage({commit}, newMsg){
        commit('updateMessage', newMsg);
      }
    },
    getters: {
      reversedMessage(state){
        return state.message.split('').reverse().join('');
      }
    }
  }

  const ModuleB = {
    namespaced: true,
    state() {
      return {
        count : 0
      }
    },
    mutations: {
      increment(state){
        state.count++;
      }
    }
  }
  const store = Vuex.createStore({
```

```
    modules: {
      msg: ModuleA,
      another: ModuleB
    }
})

app.component('MyComponent', {
  data(){
    return {
      message: ''
    }
  },
  computed: {
    ...Vuex.mapState({
      msg(){
        return this.$store.state['msg'].message;
      }
    }),
    // 将模块的名字作为第 1 个参数传递给 mapState()
    ...Vuex.mapState('another', [
    // 将 this.count 映射为 store.state['another'].count
      'count',
    ]),
    reversedMessage(){
      return this.$store.getters['msg/reversedMessage'];
    }
  },
  methods: {
    // 将模块的名字作为第 1 个参数传递给 mapMutations()
    ...Vuex.mapMutations('msg', [
      // 将 this.updateMessage() 映射为 this.$store.commit('msg/increment')
      'updateMessage',
    ]),
    add(){
      this.$store.commit('another/increment')
    },
    changeMessage(){
      this.$store.dispatch('msg/changeMessage', this.message)
    },
    // 等价于
    /*...Vuex.mapActions('msg', [
      // 将 this.changeMessage(message) 映射为
      //this.$store.dispatch('msg/changeMessage', message)
      'changeMessage',
    ]),*/

  },
  template: `
```

```
      <div>
        <p>
          <span>消息：{{ msg }}</span>
          <span>反转的消息：{{ reversedMessage }}</span>
        </p>
        <p>
          <input type="text" v-model="message">
          <button @click="changeMessage()">修改内容</button>
        </p>
        <p>
          <span>计数：{{ count }}</span>
          <button @click="add">增加计数</button>
        </p>
      </div>`
    });

    app.use(store).mount('#app')
</script>
```

例 16-19 页面的渲染效果如图 16-8 所示。

消息：Hello Vue.js 反转的消息：sj.euV olleH

[_____] 修改内容

计数：0 增加计数

图 16-8　例 16-19 页面的渲染效果

下面将购物车程序按模块组织，首先在 store 目录下新建一个 modules 文件夹，在该文件夹下继续新建一个文件 cart.js，这个文件将作为购物车的模块文件，所有与购物车相关的状态管理都放到 cart 模块中。如果以后还有其他模块，如 users 模块，可以在 modules 目录下新建 users.js 文件，所有与用户相关的状态管理可以放到 uesrs 模块中。

将 store\index.js 文件中与购物车状态管理相关的代码复制到 cart.js 中，并指定选项 namespaced: true，让 cart 成为带命名空间的模块。代码如例 16-20 所示。

例 16-20　store\modules\cart.js

```
import books from '@/data/books.js'

const cart = {
  namespaced: true,
  state() {
    return {
      items: books
    }
  },
  ...
```

```
}

export default cart
```

接下来修改 store 目录下的 index.js 文件，使用 modules 选项注册 cart 模块。代码如例 16-21 所示。

例 16-21　store\index.js

```
import { createStore } from 'vuex'

const store = createStore({
  modules: {
    cart
  }
})

export default store
```

最后修改 Cart.vue，将带命名空间的模块名字 cart 作为第 1 个参数传递给 mapXxx() 等辅助函数，让所有绑定都自动使用 cart 模块作为上下文。修改后的代码如例 16-22 所示。

例 16-22　Cart.vue

```
<script>
import { mapMutations, mapState, mapGetters, mapActions } from 'vuex'
export default {
  ...,
  computed: {
    ...mapState('cart', {
      books: 'items'
    }),
    ...mapGetters('cart', {
      itemPrice: 'cartItemPrice',
      totalPrice: 'cartTotalPrice'
    })
  },
  methods: {
    ...mapMutations('cart', {
      addItemToCart: 'pushItemToCart',
      increment: 'incrementItemCount'
    }),
    ...mapMutations('cart', [
      'deleteItem'
    ]),
    ...mapActions('cart', [
      'addItemToCart'
    ]),
```

```
    ...
  }
};
</script>
```

新增的代码以粗体显示。

读者可以再次运行项目，会发现一切正常。

16.11　小　　结

本章详细介绍了 Vue 3.0 官方推荐的状态管理解决方法 Vuex 的使用，要明确的是，不要直接修改 store 中的状态，而应该提交对应的 mutation 进行修改。在组件中，mutation 是映射为组件的方法来使用的，而 store 中的 state 和 getter 是映射为计算属性来使用的，store 中的 action 也是映射为组件的方法来使用的。

如果应用比较复杂，状态比较多，那么可以分模块管理，也可以将模块定义为带命名空间的模块，不过访问时会稍显复杂。因此，在实际项目中，都建议使用辅助映射函数简化对 store 的访问。

第 17 章　网上商城项目

本章将结合前面所学知识，开发一个网上商城项目。

17.1　脚手架项目搭建

选择好项目存放的目录，使用 Vue CLI 创建一个脚手架项目，项目名为 bookstore。
打开命令提示符窗口，输入下面的命令开始创建脚手架。

```
vue create bookstore
```

选择 Manually select features，按照图 17-1 所示选中所需的功能，选择 Vue 3.x 版本，然后选择为路由器使用 history 模式，如图 17-2 所示。

接下来，选择 ESLint with error prevention only，之后连续按 Enter 键即可。

最后生成的项目结构如图 17-3 所示。

图 17-1　在脚手架项目中选择需要的功能

图 17-2　选择 history 模式

图 17-3　项目结构

可以看到路由（router/index.js）和 Vuex 状态管理（store/index.js）的目录结构已经生成，在 main.js 中也将 router 和 Store 全都导入和注册。main.js 的代码如下所示：

```
import { createApp } from 'vue'
import App from './App.vue'
import router from './router'
import store from './store'

createApp(App).use(store).use(router).mount('#app')
```

项目结构中还有一个 views 文件夹，在这个文件夹下存放页面级组件，如项目自带的 Home 组件。一般的小组件存放在 components 文件夹下，这些组件可以被复用，通常 views 组件不会被复用。

17.2 安装与配置 axios

本项目采用官网推荐的 axios 访问服务端接口提供的数据。使用 Visual Studio Code 打开项目目录，然后打开终端窗口，执行下面的命令安装 axios 和 vue-axios 插件。

```
npm install axios vue-axios -S
```

编辑项目的 main.js 文件，引入 axios。代码如下所示：

```
import { createApp } from 'vue'
import App from './App.vue'
import router from './router'
import store from './store'
import axios from 'axios'
import VueAxios from 'vue-axios'

createApp(App).use(store).use(router).use(VueAxios, axios).mount('#app')
```

本项目是一个前端项目，与后台提供数据的服务端是分离的，分别部署在不同的服务器上，因此请求后台数据会涉及一个跨域访问的问题。为此，需要配置一个反向代理来解决这个问题，将请求转发给真正提供数据的后台服务器。

在项目的根目录下（注意是项目根目录，不是 src 目录）新建一个名为 vue.config.js 的文件，该文件是 Vue 脚手架项目的配置文件，在这个配置文件中设置反向代理。代码如例 17-1 所示。

例 17-1 vue.config.js

```
module.exports = {
  devServer: {
    proxy: {
      ///api 是后端数据接口的上下文路径
```

```
        '/api': {
            // 这里的地址是后端数据接口的地址
            target: 'http://111.229.37.167/',
            // 允许跨域
            changeOrigin: true,
        }
    }
  }
}
```

接下来，在 main.js 文件中为 axios 配置全局的 baseURL 默认值。代码如下所示：

```
axios.defaults.baseURL = "/api"
```

经过上述配置后，不管前端项目所在的服务器 IP 和端口是多少，对 /book/new 发起的请求都会被自动代理为对 http://111.229.37.167/api/book/new 发起请求。

在本章后续内容中，将提供数据接口的后台服务器称为服务端，而本项目称为前端。

17.3　首　　页

前端页面的开发首先要做原型设计，最简单的原型设计就是画草图。本项目网上商城首页的布局如图 17-4 所示。

图 17-4　网上商城首页的布局

从图 17-4 中可以看到，本项目的首页大致可以分为 6 个部分，当然这已经是经过简化的商城首页了。划分出首页的每一部分，便于我们设计组件。粗略来看，至少需要 7 个组件（加首页组件本身），接下来就需要根据各部分的复杂程度、实现的功能是否可复用等因素去综合考量，最终确定组件的设计。

下面按照图 17-4 中的 6 个部分分别介绍其中组件的实现，以及涉及的知识点。

17.3.1　页面头部组件

考虑到搜索框与购物车可能会在多个地方被复用，因此决定将这两部分单独剥离出来，设计成两个组件，然后编写一个 Header 组件，将搜索框与购物车组件作为子组件在其内部调用。

1. 头部搜索框组件

在 components 目录下新建 HeaderSearch.vue，代码如例 17-2 所示。

例 17-2　HeaderSearch.vue

```
<template>
  <div class="headerSearch">
    <input type="search" v-model.trim="keyword">
    <button @click="search">搜索</button>
  </div>
</template>

<script>
  export default {
    name:'HeaderSearch',
    data () {
      return {
        keyword: ''
      };
    },
    methods: {
      search(){
        // 当查询关键字与当前路由对象中的查询参数 wd 值不同时，才调用 $router.push() 方法
        if(this.keyword != this.$route.query.wd)
          this.$router.push({path: '/search', query: {wd: this.keyword}})
      }
    },
  }
</script>
```

说明：

（1）本项目的头部组件（Header 组件）在所有页面中都存在，搜索框暂时未在其他组件中使用，在 Vue 的单文件组件开发中，建议与父组件紧密耦合的子组件以父组件为前缀命名，因此搜索框组件的名字在这里是 HeaderSearch。采用这种命名约定的好处是父子组件的关系一目了然，而在 IDE 中，通常也是按照字母顺序来组织文件，这样相关联的文件自然就排在了一起，便于快速定位和编辑。另一种方式是在以父组件命名的目录中编写子组件，但这种方式会导致许多文件的名字相同，使得在 IDE 中快速切换文件变得困难。此外，过多的嵌套子目录也增加了在 IDE 侧边栏中浏览组件所用的时间。当然，万事都不是绝对的，当项目非常复杂，组件数非常多（如 100+ 组件）的情况下，采用合理的目录结构管理组件可能更加合适。本章后面的组件名也会采用与 HeaderSearch 相同的命名约定，就不再重复说明了。

（2）当单击"搜索"按钮时，将输入框中的内容作为查询参数附加在"/search"后面，然后跳转到搜索页面。同时为了避免用户使用相同的关键字查询，在这里做一个判断。

（3）为了节省篇幅，本章所有的示例代码都将省略 CSS 样式规则。

2. 头部购物车组件

在 components 目录下新建 HeaderCart.vue，代码如例 17-3 所示。

例 17-3　HeaderCart.vue

```
<template>
  <div class="headerCart">
    <a href="javascript:;" @click.prevent="handleCart">
      <span>购物车 {{ cartItemsCount }}</span>
    </a>
  </div>
</template>

<script>
  import { mapGetters } from 'vuex'
  export default {
    name:'HeaderCart',
    components: {},
    computed: {
      //cart 模块带有命名空间
      ...mapGetters('cart', {
        //Vuex 的 store 中定义的一个 getter，得到购物车中商品的数量
        // 将 this.cartItemsCount 映射为 this.$store.getters['cart/itemsCount']
        cartItemsCount: 'itemsCount'
      })
    },

    methods: {
      handleCart(){
        this.$router.push("/cart");
      }
    },
  }
</script>
```

说明：

（1）本项目采用 Vuex 进行全局状态管理，HeaderCart 组件通过 store 中定义的一个 getter（itemsCount）得到购物车中商品的数量。

（2）本项目采用模块管理应用中不同的状态，目前分为两个带命名空间的模块 cart 和 user，cart 模块主要是购物车中商品的存储与管理，user 模块主要是用户信息的存储和管理。后面会详细介绍本项目中的状态管理实现。

（3）单击“购物车”按钮，跳转到购物车页面。

3. 头部组件

在 components 目录下新建 Header.vue，代码如例 17-4 所示。

例 17-4　Header.vue

```
<template>
  <div class="header">
    <img src="@/assets/images/logo.png">
    <HeaderSearch />
    <HeaderCart/>
    <span v-if="!user">你好，请<router-link to="/login">登录</router-link>　免费
<router-link to="/register">注册</router-link></span>
      <span v-else>欢 迎 您，{{ user.username }}, <a href="javascript:;" @
click="logout">退出登录</a></span>
  </div>
</template>

<script>
import HeaderSearch from "./HeaderSearch";
import HeaderCart from "./HeaderCart";
import { mapState, mapMutations } from 'vuex'

export default {
  name: "Header",

  components: {
    HeaderSearch,
    HeaderCart
  },

  computed: {
    //user 模块带有命名空间
    ...mapState('user', [
      // 将 this.user 映射为 this.$store.state.user.user
      'user'
    ])
  },

  methods: {
    logout(){
      this.deleteUser();
    },
    //user 模块带有命名空间
    ...mapMutations('user', [
      // 将 this.deleteUser 映射为 this.$store.commit('user/deleteUser')
      'deleteUser'
    ])
  },
};
</script>
```

说明：

（1）通过 v-if/v-else 指令控制用户登录前和登录后显示的文字。用户没有登录时，显示的是"你好，请登录 免费注册"，登录后显示的是："欢迎您，某某，退出登录"。

（2）当用户单击"退出登录"按钮时，提交 user/deleteUser mutation 删除在 store 中存储的用户信息。

Header 组件的渲染效果如图 17-5 所示。

图 17-5　Header 组件的渲染效果

17.3.2　菜单组件

菜单是单独定义的一个组件，本项目的菜单只有一级，如果需要定义多级菜单，可参照 5.3.1 小节的实现。在 components 目录下新建 Menus.vue，代码如例 17-5 所示。

例 17-5　Menus.vue

```
<template>
  <div class="menus">
    <ul>
      <li>
        <router-link to="/home">首页 </router-link>
      </li>
      <li>
        <router-link to="/newBooks">新书 </router-link>
      </li>
      <li>
        <a href="javascript:;">特价书 </a>
      </li>
      <li>
        <a href="javascript:;">教材 </a>
      </li>
      <li>
        <a href="javascript:;">视听教程 </a>
      </li>
    </ul>
  </div>
</template>

<script>
export default {
  name: "Menus",
};
</script>
```

这个组件比较简单，都是静态代码。由于本项目只是用于演示基于 Vue 的前端开发涉及的各个功能的实现，所以暂时只提供了首页和新书菜单的实现，其他 3 个菜单（特价书、教材、视听教程）功能的实现是类似的，只需要服务端提供相应的接口即可。

首页和新书菜单组件渲染的位置（即 <router-view>）在 App.vue 中指定。App.vue 的代码如例 17-6 所示。

例 17-6　App.vue

```
<template>
  <div id="app">
    <Header/>
    <Menus/>
    <router-view/>
  </div>
</template>
<script>
import Header from '@/components/Header.vue'
import Menus from '@/components/Menus.vue'
export default {
  components: {
    Header,
    Menus,
  }
}
</script>
```

本项目没有用到嵌套路由，所有页面级路由组件的渲染都是在这里。换句话说，即所有渲染的页面都有头部和菜单。

17.3.3　图书分类组件

图书分类组件用于显示商品的分类，每个分类都是一个链接，单击链接将跳转到展示该分类下所有商品的页面。

在 components 目录下新建 HomeCategory.vue，代码如例 17-7 所示。

例 17-7　HomeCategory.vue

```
<template>
  <div class="category">
    <h3> 图书分类 </h3>
    <div v-for="category in categories" :key="category.id">
      <h5>{{ category.name }}</h5>
      <router-link v-for="child in category.children" :key="child.id"
        :to="'/category/' + child.id">{{ child.name }}</router-link>
    </div>
```

```
    </div>
</template>
<script>
  export default {
    name:'HomeCategory',
    data () {
      return {
        categories: []
      };
    },

    created(){
      this.axios.get("/category")
        .then(response => {
          if(response.status == 200){
            this.categories = response.data;
          }
        })
        .catch(error => console.log(error));
    }
  }
</script>
```

在 created 生命周期钩子中向服务端请求所有分类数据。服务端提供的该数据接口如下：http://111.229.37.167/api/category。

返回的数据形式如下：

```
[
    {
        "id": 1,
        "name": "Java EE",
        "root": true,
        "parentId": null,
        "children": [
            {
                "id": 3,
                "name": "Servlet/JSP",
                "root": false,
                "parentId": 1,
                "children": []
            },
            {
                "id": 4,
                "name": "应用服务器",
                "root": false,
                "parentId": 1,
                "children": []
            },
```

```
            {
                "id": 5,
                "name": "MVC 框架 ",
                "root": false,
                "parentId": 1,
                "children": []
            }
        ]
    },
    {
        "id": 2,
        "name": " 程序设计 ",
        "root": true,
        "parentId": null,
        "children": [
            {
                "id": 6,
                "name": "C/C++",
                "root": false,
                "parentId": 2,
                "children": [
                    {
                        "id": 9,
                        "name": "C11",
                        "root": false,
                        "parentId": 6,
                        "children": []
                    }
                ]
            },
            {
                "id": 7,
                "name": "Java",
                "root": false,
                "parentId": 2,
                "children": []
            },
            {
                "id": 8,
                "name": "C#",
                "root": false,
                "parentId": 2,
                "children": []
            }
        ]
    }
]
```

子分类是放到 children 数组属性中的，本项目中未用到 root 和 parentId 属性，前者可用于列出某个根分类下的所有商品，后者可以用于查找某个分类的父分类，甚至反向查找所有上级分类。

清楚了数据接口返回的数据结构，那么 HomeCategory 组件的代码也就清楚了。

HomeCategory 组件的渲染效果如图 17-6 所示。

图书分类

Java EE

Servlet/JSP 应用服务器 MVC框架

程序设计

C/C++ Java C#

图 17-6 HomeCategory 组件的渲染效果

17.3.4 广告图片轮播组件

广告图片轮播功能在电商网站属于标配的功能，其实现是通过 JavaScript 代码控制图片的轮播，并处理一些控制图片显示的单击事件。

由于 Vue 3.0 推出的时间并不长，在写作本书时，之前 Vue 2.x 下的很多好用的图片轮播插件还没有移植到 Vue 3.0 下，如果我们自己编写一个成熟的图片轮播组件，又会增加本项目的复杂度，因此这里暂时先用一张静止的图片代替图片轮播。如果读者对图片轮播功能的实现感兴趣，可以在网上找到很多案例，将其封装为组件使用即可。不过相信读者在看到本书时，支持 Vue 3.0 的图片轮播插件也就有了。

在 components 目录下新建 HomeScrollPic.vue，代码如例 17-8 所示。

例 17-8 HomeScrollPic.vue

```
<template>
  <div class="scrollPic">
    <img src="/ad01.jpg">
  </div>
</template>

<script>

export default {
};
</script>
```

图片是保存在 public 目录下的，该目录下的资源直接通过根路径 "/" 引用即可。

HomeScrollPic 组件的渲染效果如图 17-7 所示。

图 17-7 HomeScrollPic 组件的渲染效果

17.3.5　热门推荐组件

热门推荐组件用于显示热门商品，用户如果对某一热门商品感兴趣，可以单击该商品链接，进入商品详情页面。

在 components 目录下新建 HomeBooksHot.vue，代码如例 17-9 所示。

例 17-9　HomeBooksHot.vue

```
<template>
  <div class="bookRecommend">
    <h3>热门推荐 </h3>
    <ul>
      <li v-for="book in books" :key="book.id">
        <router-link :to="'/book/'+ book.id">
          {{ book.title }}
          <span>{{ currency(factPrice(book.price, book.discount)) }}</span>
        </router-link>
      </li>
    </ul>
  </div>
</template>

<script>
  export default {
    name:'HomeBooksHot',
    data () {
      return {
        books: []
      };
    },
    inject: ['factPrice', 'currency'],
    created(){
      this.axios.get("/book/hot")
      .then(response => {
        if(response.status == 200){
          this.books = response.data;
        }
      })
      .catch(error => console.log(error));
    },
  }
</script>
```

在 created 生命周期钩子中向服务端请求热门商品数据。服务端提供的该数据接口如下：
http://111.229.37.167/api/book/hot。
返回的数据形式如下：

```
[
    {
        "id": 1,
        "title": " VC++ 深入详解（第 3 版）",
        "author": " 孙鑫 ",
        "price": 168.0,
        "discount": 0.95,
        "imgUrl": "/api/img/vc++.jpg",
        "bigImgUrl": "/api/img/vc++big.jpg",
        "bookConcern": null,
        "publishDate": null,
        "brief": null
    },
    {
        "id": 2,
        "title": "Java 编程思想 ",
        "author": "Bruce Eckel",
        "price": 108.0,
        "discount": 0.5,
        "imgUrl": "/api/img/javathink.jpg",
        "bigImgUrl": "/api/img/javathinkbig.jpg",
        "bookConcern": null,
        "publishDate": null,
        "brief": null
    }
]
```

实际上，热门推荐组件用不到全部信息，只是服务端的数据接口返回的数据就是如此，那么从这些数据中选择有用的数据使用即可。

一般电商网站的商品有定价和实际销售价格，在前端展示商品的时候需要同时显示这两种价格。从这里返回的数据来看，服务端只提供了商品的定价和折扣，并没有实际销售价格，那么实际销售价格就需要我们自己来处理。这在实际开发中也很常见，不能期望服务端的开发人员专门为你（当然你是老板除外）的需求提供一个接口，也许还有其他前端也要用到该接口。

实际价格是用定价与折扣相乘得到的，由于实际价格在多处要用到，因此编写一个单独的函数来计算实际价格。此外，还要考虑价格显示的问题，我们知道，价格只是显示到分就可以了，而在计算过程中，由于是浮点数，可能会出现小数点后两位之后的数据，所以要进行处理。除此之外，价格一般还会加上货币符号，如国内会加上人民币符号¥。为此，再编写一个函数，专门负责价格的格式化问题。

我们将这两个函数放到单独的 JS 文件中，在 src 目录下新建 utils 文件夹，在该文件夹下新建 util.js 文件。代码如例 17-10 所示。

例 17-10　util.js

```
const digitsRE = /(\d{3})(?=\d)/g

export function factPrice(value, discount){
```

```
    value = parseFloat(value);
    discount = parseFloat(discount);
    if(!discount) return value
    return value * discount;
}

export function currency (value, currency, decimals) {
    value = parseFloat(value)
    if (!isFinite(value) || (!value && value !== 0)) return ''
    currency = currency != null ? currency : '￥'
    decimals = decimals != null ? decimals : 2
    var stringified = Math.abs(value).toFixed(decimals)
    var _int = decimals
      ? stringified.slice(0, -1 - decimals)
      : stringified
    var i = _int.length % 3
    var head = i > 0
      ? (_int.slice(0, i) + (_int.length > 3 ? ',' : ''))
      : ''
    var _float = decimals
      ? stringified.slice(-1 - decimals)
      : ''
    var sign = value < 0 ? '-' : ''
    return sign + currency + head +
      _int.slice(i).replace(digitsRE, '$1,') +
      _float
}
```

为了方便在各个组件内使用这两个函数，我们在 App 组件内通过 provide 选项向所有后代组件提供这两个函数。编辑 App.vue，修改后的代码如下所示：

```
<script>
import Header from '@/components/Header.vue'
import Menus from '@/components/Menus.vue'
import {factPrice, currency} from './utils/util.js'
export default {
  components: {
    Header,
    Menus,
  },
  provide(){
    return {
      factPrice,
      currency
    }
  }
}
</script>
```

新增的代码以粗体显示。

之后记得在组件内使用 inject 选项注入这两个函数，即例 17-9 中以下这句代码：

```
inject: ['factPrice', 'currency'],
```

了解这两个函数后，相信读者对例 17-9 的代码也就清楚了。

📋 提示：

utils 目录下存放一些有用的工具函数库 JS 文件。

HomeBooksHot 组件的渲染效果如图 17-8 所示。

17.3.6　新书上市组件

新书上市组件用于显示刚上市的商品，用户如果对某一商品感兴趣，可以单击该商品链接，进入商品详情页面。

在 components 目录下新建 BooksNew.vue，由于该组件会被复用，所以这里没有使用主页的前缀 Home。BooksNew 组件的代码如例 17-11 所示。

图 17-8　HomeBooksHot 组件的渲染效果

例 17-11　BooksNew.vue

```html
<template>
  <div class="booksNew">
    <h3> 新书上市 </h3>
    <div class=book v-for="book in books" :key="book.id">
      <figure>
        <router-link :to="'/book/' + book.id">
        <img :src="book.imgUrl">
        <figcaption>
            {{ book.title }}
        </figcaption>
        </router-link>
      </figure>
      <p>
        {{ currency(factPrice(book.price, book.discount)) }}
        <span>{{ currency(book.price) }}</span>
      </p>
    </div>
  </div>
</template>

<script>
export default {
  name:'',
  props:[''],
  data () {
```

```
      return {
        books: [],
      };
    },
    inject: ['factPrice', 'currency'],
    created(){
      this.axios.get("/book/new")
      .then(response => {
        if(response.status == 200){
          this.loading = false;
          this.books = response.data;
        }
      })
      .catch(error => console.log(error));
    }
  }
</script>
```

在 created 生命周期钩子中向服务端请求新书的数据。服务端提供的该数据接口如下：
http://111.229.37.167/api/book/new。

返回的数据形式同 /book/hot。

BooksNew 组件的渲染效果如图 17-9 所示。

新书上市

VC++深入详解（第3版）
¥159.60 ¥168.00

Java编程思想
¥54.00 ¥108.00

C Primer Plus 第6版
¥44.50 ¥89.00

Servlet/JSP深入详解
¥125.10 ¥139.00

深入浅出MFC（第2版）
¥40.00 ¥80.00

图 17-9   BooksNew 组件的渲染效果

17.3.7   首页组件

首页的各个组成部分编写完成后，就可以开始集成这几个部分。首页作为页面级组件，放到 views 目录下。在 views 目录下新建 Home.vue，代码如例 17-12 所示。

例 17-12   Home.vue

```
<template>
  <div class="home">
    <HomeCategory/>
    <HomeScrollPic/>
    <HomeBooksHot/>
```

```
    <BooksNew/>
  </div>
</template>

<script>
import HomeCategory from '@/components/HomeCategory.vue'
import HomeScrollPic from '@/components/HomeScrollPic.vue'
import HomeBooksHot from '@/components/HomeBooksHot.vue'
import BooksNew from '@/components/BooksNew.vue'
export default {
  name: 'home',
  components: {
    HomeCategory,
    HomeScrollPic,
    HomeBooksHot,
    BooksNew
  }
}
</script>
```

Home 组件比较简单，只是用于拼接各个子组件。

Home 组件的渲染效果如图 17-10 所示。

图 17-10　Home 组件的渲染效果

17.4　商品列表

商品列表页面以列表形式显示所有商品，我们将商品列表和商品列表项分别定义为单独的组件，商品列表组件作为父组件在其内部循环渲染商品列表项子组件。

17.4.1　商品列表项组件

在 components 目录下新建 BookListItem.vue，代码如例 17-13 所示。

例 17-13　BookListItem.vue

```vue
<template>
  <div class="bookListItem">
    <div>
      <img :src="item.bigImgUrl">
    </div>
    <p class="title">
      <router-link
①        :to="{name: 'book', params: {id: item.id}}"
②        target="_blank">
        {{ item.title }}
      </router-link>
    </p>
    <p>
      <span class="factPrice">
        {{ currency(factPrice(item.price, item.discount)) }}
      </span>
      <span>
        定价: <i class="price">{{ currency(item.price) }}</i>
      </span>
    </p>
    <p>
      <span>{{ item.author }}</span> /
      <span>{{ item.publishDate }}</span> /
      <span>{{ item.bookConcern }}</span>
    </p>
    <p>
      {{ item.brief }}
    </p>
    <p>
      <button class="addCartButton" @click=addCartItem(item)>
        加入购物车
      </button>
    </p>
  </div>
</template>

<script>
  import { mapActions } from 'vuex'
  export default {
    name: 'BookListItem',
    props: {
```

```
③    item: {
        type: Object,
        default: () => {}
    }
  },
  methods: {
    ...mapActions('cart', {
      // 将 this.addCart() 映射为 this.$store.commit('cart/addProductToCart')
      addCart: 'addProductToCart'
    }),
    factPrice(price, discount){
      return price * discount;
    },
    addCartItem(item){
      let quantity = 1;
      let newItem = {
        ...item,
④        price: this.factPrice(item.price, item.discount),
⑤        quantity
      };
      this.addCart(newItem);
⑥      this.$router.push("/cart");
    }
  }
}
</script>
```

说明：

① <router-link> 的 to 属性使用了表达式，因此要用 v-bind 指令（这里使用的是简写语法）进行绑定。params 和 path 字段不能同时存在，如果使用了 path 字段，那么 params 将被忽略，所以这里使用命名路由。当然，也可以采用前面例子中拼接路径字符串的方式。

② <router-link> 默认渲染为 <a> 标签，所有路由的跳转都是在当前浏览器窗口中完成的，但有时希望在新的浏览器窗口中打开目标页面，那么可以使用 target="_blank"。但要注意，如果使用 v-slot API 定制 <router-link>，将其渲染为其他标签，那么就不能使用 <a> 标签的 target 属性，只能编写单击事件响应代码，然后通过 window.open() 方法打开一个新的浏览器窗口。

③ BookListItem 组件需要的商品数据是由父组件通过 prop 传进来的，所以这里定义了一个 item prop。

④ 单击"加入购物车"按钮时，会调用 addCartItem() 方法将该商品加入购物车中，由于购物车中的商品不需要商品的定价，所以这里先计算出商品的实际价格。

⑤ 购物中保存的每种商品都有一个数量，通过 quantity 字段表示，在商品列表项页面中的"加入购物车"功能是一种便捷方式，商品的数量默认为 1，后面会看到商品详情页面中加入任意数量商品功能的实现。

⑥ 在添加商品到购物车中后，路由跳转到购物车页面，这也是电商网站通常采用的方式，可

以刺激用户的冲动消费。

BookListItem 组件的渲染效果如图 17-11 所示。

VC++深入详解（第3版）

¥159.60 定价：~~¥168.00~~

孙鑫／ 2019-06-01 / 电子工业出版社

《VC 深入详解（第3版）（基于Visual Studio 2017）》以Visual Studio 2017作为开发环境，将之前适用于Visual C 6.0的代码全部进行了升级，并修订了书中和代码中的一些疏漏。

加入购物车

图 17-11　BookListItem 组件的渲染效果

17.4.2　商品列表组件

商品列表组件作为商品列表项组件的父组件，负责为商品列表项组件提供商品数据，并通过 v-for 指令循环渲染商品列表项组件。

在 components 目录下新建 BookList.vue，代码如例 17-14 所示。

例 17-14　BookList.vue

```
<template>
  <div>
    <div v-for="book in list" :key="book.id">
      <BookListItem :item="book" />
    </div>
  </div>
</template>

<script>
  import BookListItem from "./BookListItem"
  export default {
    name: 'BookList',
    props: {
      list: {
        type: Array,
        default: () => []
      }
    },
    components: {
      BookListItem
    },
  }
</script>
```

BookList 组件的代码比较简单，主要就是通过 v-for 指令循环渲染 BookListItem 子组件。某些项目的实现是在列表组件中向服务端请求数据渲染列表项，但在本项目中，BookList 组件会被多个页面复用，并且请求的数据接口是不同的，因此 BookList 组件仅仅是定义了一个 list prop 用来接收父组件传递进来的商品列表数据。

BookList 组件的渲染效果如图 17-12 所示。

图 17- 12　BookList 组件的渲染效果

17.5　分类商品和搜索结果页面

单击某个分类链接，将跳转到分类商品页面，在该页面下，将以列表形式列出该分类下的所有商品信息；当在搜索框中输入某个关键字，单击"搜索"按钮后，将跳转到搜索结果页面，在该页面下，也是以列表形式列出匹配该关键字的所有商品信息。既然这两个页面都是以列表形式显示商品信息，那么可以将它们合并为一个页面组件来实现，在该页面中无非就是根据路由的路径来动态切换页面标题，以及向服务端请求不同的数据接口。

先给出这两个页面的路由配置，编辑 router 目录下的 index.js 文件。修改后的代码如例 17-15 所示。

例 17-15　router/index.js

```
...
const routes = [
  {
    path: '/',
    redirect: {
      name: 'home'
    }
  },
  {
    path: '/home',
    name: 'home',
    meta: {
      title: ' 首页 '
    },
```

```
        component: Home
    },
    {
      path: '/category/:id',
      name: 'category',
      meta: {
        title: '分类图书'
      },
      component: () => import('../views/Books.vue')
    },
    {
      path: '/search',
      name: 'search',
      meta: {
        title: '搜索结果'
      },
      component: () => import('../views/Books.vue')
    },
  }
  // 设置页面的标题
  router.afterEach((to) => {
    document.title = to.meta.title;
  })
  ...
```

在路由配置中，采用的是延迟加载路由的方式，只有在路由到该组件时才加载。关于延迟加载路由，可以参看 14.14 节。

将分类图书（/category/:id）和搜索结果（/search）的导航链接对应到同一个目标路由组件 Books 上，同时根据 14.10.1 小节介绍的知识，利用全局后置钩子来为路由跳转后的页面设置标题。

17.5.1 Loading 组件

考虑到图书列表的数据是从服务端去请求数据及网络状况的原因，图书列表的显示可能会有延迟，为此，我们决定编写一个 Loading 组件，在图书列表数据还没有渲染时，给用户一个提示，让用户稍安勿躁。

在 10.9 节的例 10-6 中，已经给出了一个使用 loading 图片实现加载提示的示例，读者可以沿用该示例实现加载提示。在这里换一种实现方式，考虑到图片本身加载也需要时间（虽然 loading 图片一般都很小），采用 CSS 实现 loading 加载的动画效果，这种实现在网上有很多，本项目从中找了一个实现，并将其封装为组件。

在 components 目录下新建 Loading.vue。代码如例 17-16 所示。

例 17-16 Loading.vue

```
<template>
  <div class="loading">
```

```
      <div class="shadow">
        <div class="loader">
          <div class="mask"></div>
        </div>
      </div>
    </div>
</template>

<script>
export default {
  name: "Loading",
};
</script>
<style scoped>
.shadow {
  position: absolute;
  top: 50%;
  left: 50%;
  border-radius: 50%;
  margin-top: -50px;
  margin-left: -50px;
  box-shadow: -2px 2px 10px 0 rgba(0, 0, 0, 0.5),
    2px -2px 10px 0 rgba(255, 255, 255, 0.5);
}

.loader {
  background: -webkit-linear-gradient(
    left,
    skyblue 50%,
    #fafafa 50%
  ); /* Foreground color, Background color */
  border-radius: 100%;
  height: 100px;  /* Height and width */
  width: 100px;   /* Height and width */
  animation: time 8s steps(500, start) infinite;
}
.mask {
  border-radius: 100% 0 0 100% / 50% 0 0 50%;
  height: 100%;
  left: 0;
  position: absolute;
  top: 0;
  width: 50%;
  animation: mask 8s steps(250, start) infinite;
  transform-origin: 100% 50%;
}
@keyframes time {
  100% {
```

```
      transform: rotate(360deg);
    }
  }
  @keyframes mask {
    0% {
      background: #fafafa; /* Background color */
      transform: rotate(0deg);
    }
    50% {
      background: #fafafa; /* Background color */
      transform: rotate(-180deg);
    }
    50.01% {
      background: skyBlue; /* Foreground color */
      transform: rotate(0deg);
    }
    100% {
      background: skyBlue; /* Foreground color */
      transform: rotate(-180deg);
    }
  }
</style>
```

　　主要代码就是 CSS 的样式规则，我们没必要去深究具体的实现细节，当然想研究 CSS 如何实现该种动画效果就另当别论了。

　　Loading 组件的渲染效果如图 17-13 所示。

17.5.2　Books 组件

　　有了 Loading 组件，接下来就可以开始编写 Books 组件了。在 views 目录下新建 Books.vue，代码如例 17-17 所示。

图 17-13　Loading 组件的渲染效果

例 17-17　Books.vue

```
<template>
  <div>
①  <Loading v-if="loading" />
    <h3 v-else>{{ title }}</h3>
⑥  <BookList :list = "books"  v-if="books.length"/>
    <h1>{{ message }}</h1>
  </div>
</template>

<script>
  import BookList from "@/components/BookList"
  import Loading from '@/components/Loading.vue'
  export default {
```

```
          name: 'Books',
          data () {
            return {
              title: '',
              books: [],
              message: '',
①             loading: true
            };
          },

④       beforeRouteEnter(to, from, next){
            next(vm => {
              vm.title = to.meta.title;
              let url = vm.setRequestUrl(to.fullPath);
              vm.getBooks(url);
            });
          },
⑤       beforeRouteUpdate(to){
            let url = this.setRequestUrl(to.fullPath);
            this.getBooks(url);
            return true;
          },

          components: {
            BookList,
            Loading
          },

          methods: {
            getBooks(url){
              this.message = '';
              this.axios.get(url)
                .then(response => {
                  if(response.status == 200){
①                   this.loading = false;
                    this.books = response.data;
                    if(this.books.length === 0){
③                     if(this.$route.name === "category")
                        this.message = " 当前分类下没有图书！ "
                      else
                        this.message = " 没有搜索到匹配的图书！ "
                    }
                  }
                })
                .catch(error => alert(error));
          },
          // 动态设置服务端数据接口的请求 URL
```

```
②      setRequestUrl(path){
          let url = path;
③        if(path.indexOf("/category") != -1){
            url = "/book" + url;
          }
          return url;
        }
      }
    }
</script>
```

说明：

① 为了控制 Loading 组件的显示与删除，定义一个数据属性 loading，其值默认为 true，然后使用 v-if 指令进行条件判断。当成功接收到服务端发回的数据时，将数据属性 loading 设置为 false，这样 v-if 指令就会删除 Loading 组件。

② 因为分类商品和搜索结果使用的是同一个组件，但是向服务端请求的数据接口是不同的，分类商品请求的数据接口是 /book/category/6，而搜索请求的数据接口是 /search?wd=keyword，为此定义了 setRequestUrl 方法动态设置请求的接口 URL。

③ 判断目标路由有多种方式，可以在导航守卫中通过 to.path 或 to.fullPath 判断，也可以使用 this.$route.path 和 this.$route.fullPath 判断，如果在路由配置中使用了命名路由，还可以使用 this.$route.name 判断，如本例所示。

④ 在组件内导航守卫 beforeRouteEnter() 中请求初次渲染的数据，当然也可以利用 created 生命周期钩子完成相同的功能。

⑤ 由于搜索框是独立的，用户可能会多次进行搜索行为，所以使用组件内守卫 beforeRoute-Update()，在组件被复用的时候再次请求数据。

⑥ Booklist 组件所需要的数据是通过 list prop 传进去的，由于父子组件生命周期的调用时机问题，可能会出现子组件已经 mounted，而父组件的数据才传过去，导致子组件不能正常渲染，为此可以添加一个 v-if 指令，使用列表数据的长度作为条件判断，确保子组件能正常接收到数据并渲染。在本项目使用的 Vue.js 版本和采用的实现方式下，不添加 v-if 指令也能正常工作，如果读者以后遇到子组件的列表数据不能正常渲染，可以试试这种解决方案。

Books 组件的渲染效果与 Booklist 组件渲染的效果是类似的，只是多了一个标题，以及在没有请求到数据时给出的一个提示信息。

17.6　新书页面

当单击菜单栏中的"新书"菜单时，将跳转到新书页面。这里直接复用了 BooksNew 组件（参看 17.3.6 小节），只是在路由配置中为新书页面添加了一项路由配置。代码如下所示：

```
const routes = [
  ...
```

```
{
  path: '/newBooks',
  name: 'newBooks',
  meta: {
    title: '新书上市'
  },
  component: () => import('../components/BooksNew.vue')
}
...
]
```

渲染效果参见图 17-9。

17.7　图书详情页面

不管从何处单击图书链接，都将跳转到图书详情页面。图书详情页面中有两个子组件，其中一个是实现图书数量加减的组件，如图 17-14 所示；另一个是用动态组件实现的标签页组件，用于在图书介绍、图书评价和图书问答三者之间进行切换，如图 17-15 所示。

图 17-14　加减组件　　　　　　　　图 17-15　标签页组件

17.7.1　加减按钮组件

加减按钮组件由 3 部分组成：一个输入框和两个加减按钮。当然，至于采用什么页面元素实现加减按钮就无所谓了，本项目中采用的是 <a> 标签实现加减按钮。

在 components 目录下新建 AddSubtractButton.vue，代码如例 17-18 所示。

例 17-18　AddSubtractButton.vue

```
<template>
  <div class="addSubtractButton">
    <input v-model="quantity" type="number">
    <div>
      <a class="add" href="javascript:;" @click="handleAdd">+</a>
      <a class="sub" @click="handleSubtract"
        :class="{disabled: quantity === 0, actived: quantity > 0}"
        href="javascript:;" >
        -
      </a>
    </div>
  </div>
```

```
</template>

<script>
  export default {
    name:'AddSubtractButton',
    data(){
      return {
        quantity: 0
      }
    },
    methods: {
      handleAdd(){
        this.quantity++;
        this.$emit("update-quantity", this.quantity);
      },
      handleSubtract(){
        this.quantity--;
        this.$emit("update-quantity", this.quantity);
      }
    }
  }
</script>
```

用户可直接在输入框中输入购买数量，也可以通过加减按钮增减数量，当数量为 0 时，通过 CSS 样式控制减按钮不可用。加减组件通过自定义事件 updateQuantity 向父组件传递数据。

另外要注意的是，提交的自定义事件必须采用 kebab-case 风格命名。

17.7.2 标签页组件

本项目中的标签页组件是根据 10.7 节介绍的动态组件知识编写的，并进行了封装。该标签页组件有 3 个子组件，分别是图书介绍、图书评价和图书问答。下面分别介绍标签页组件及其子组件。

1. 标签页组件

在 components 目录下新建 BookTabComponent.vue，代码如例 17-19 所示。

例 17-19　BookTabComponent.vue

```
<template>
  <div class="tabComponent">
    <button
      v-for="tab in tabs"
      :key="tab.title"
      :class="['tab-button', { active: currentTab === tab.title }]"
      @click="currentTab = tab.title">
      {{ tab.displayName }}
```

```
      </button>

        <keep-alive>
①       <component :is="currentTabComponent":content="content" class="tab"></component>
        </keep-alive>
      </div>
</template>

<script>
  import BookIntroduction from './BookIntroduction'
  import BookCommentList from './BookCommentList'
  import BookQA from './BookQA'

  export default {
    name:'TabComponent',
    props: {
①     content: {
        type: String,
        default: ''
      }
    },
    data () {
      return {
        currentTab: 'introduction',
        tabs: [
          {title: 'introduction', displayName: '图书介绍'},
          {title: 'comment', displayName: '图书评价'},
          {title: 'qa', displayName: '图书问答'}
        ]
      };
    },

    components: {
      BookIntroduction,
②     BookComment: BookCommentList,
      BookQa : BookQA
    },

    computed: {
      currentTabComponent: function () {
        return 'book-' + this.currentTab
      }
    }
  }
</script>
```

多标签页面的实现方式已经在 10.7 节中讲述过，这里不再赘述。

2. 图书介绍组件

在 components 目录下新建 BookIntroduction.vue，代码如例 17-20 所示。

例 17-20   BookIntroduction.vue

```
<template>
  <div>
    <p>{{ content }}</p>
  </div>
</template>

<script>
  export default {
    name: 'BookIntroduction',
    props: {
      content: {
        type: String,
        default: ''
      }
    }
  }
</script>
```

组件代码很简单，只是定义了一个 content prop，用于接收父组件传进来的图书内容，并进行
显示。

3. 图书评价组件

图书评价组件负责渲染图书的评论信息，评论信息以列表方式呈现，在本项目中，将单条评论
信息封装为一个组件 BookCommentListItem，评论信息列表封装为一个组件 BookCommentList。

在 components 目录下新建 BookCommentListItem.vue，代码如例 17-21 所示。

例 17-21   BookCommentListItem.vue

```
<template>
  <div class="bookCommentListItem">
    <div>
      <span>{{ item.username }}</span>
      <span>{{ formatTime(item.commentDate) }}</span>
    </div>
    <div>{{ item.content }}</div>
  </div>
</template>

<script>
  export default {
    name: 'BookCommentListItem',
    props: {
      item: {
```

```
        type: Object,
        default: () => {}
      }
    },
    inject: ['formatTime'],
  }
</script>
```

该组件比较简单，只是接收父组件传进来的 item prop，并进行相应渲染。唯一需要注意的是，在渲染评论日期时，调用了一个 formatTime() 函数。这是因为服务端传过来的日期时间数据有时并不是我们平常使用的格式。例如，Java 服务端程序传过来的日期和时间中间会有一个 T 字符。代码如下所示：

```
2019-10-03T09:15:09
```

很显然，直接将该日期时间渲染到页面，用户体验不好。为此，在 utils\util.js 文件中又编写了一个函数，负责日期时间的格式化。该函数的实现代码如下所示：

```
export function formatTime(value){
  return value.toLocaleString().replace(/T/g, ' ').replace(/\.[\d]{3}Z/, '');
}
```

同样在 App.vue 中使用 provide 选项向后代组件提供该函数，代码如下所示：

```
<script>
import Header from '@/components/Header.vue'
import Menus from '@/components/Menus.vue'
import {factPrice, currency, formatTime} from './utils/util.js'
export default {
  components: {
    Header,
    Menus,
  },
  provide(){
    return {
      factPrice,
      currency,
      formatTime
    }
  }
}
</script>
```

粗体显示的代码是新增的代码。

接下来，在 components 目录下新建 BookCommentList.vue，代码如例 17-22 所示。

例 17-22   BookCommentList.vue

```
<template>
  <div>
    <h3>{{ message }}</h3>
    <BookCommentListItem
      v-for="comment in comments"
      :item="comment"
      :key="comment.id" />
  </div>
</template>

<script>
  import BookCommentListItem from './BookCommentListItem'

  export default {
    name: 'BookCommentList',
    data () {
      return {
        comments: [],
        message: '',
      };
    },

    components: {
      BookCommentListItem,
    },

    created(){
      this.message = '';
      let url = this.$route.path + "/comment";
      this.axios.get(url)
          .then(response => {
            if(response.status == 200){

              this.comments = response.data;
              if(this.comments.length === 0){
                this.message = " 当前没有任何评论！ "
              }
            }
          })
          .catch(error => alert(error));
    },
  }
</script>
```

BookCommentList 组件在 created 生命周期钩子中向服务端请求数据。数据接口如下：
http://111.229.37.167/api/book/:id/comment。
返回的数据形式如下：

```
[
    {
        "id": 1,
        "content":" 本书是 VC 深入详解第三版，内容基于 VS2017，从基础学起，最后自己会编程。",
        "commentDate": "2019-11-12T00:14:30",
        "username": " 张三 ",
        "book": null
    },
    {
        "id": 2,
        "content": " 书收到了，快递非常快，书的质量也好，也是最便宜的，谢谢你们 ",
        "commentDate": "2019-10-03T09:15:09",
        "username": " 李四 ",
        "book": null
    },
    {
        "id": 3,
        "content": " 确实不错，好书 ",
        "commentDate": "2019-09-14T18:16:10",
        "username": " 王五 ",
        "book": null
    }
]
```

接收到数据后，使用 v-for 指令循环渲染 BookCommentListItem 组件。

读者可能会考虑是否要给该组件添加组件复用时再次请求评论数据的功能，其实这是没必要的。当用户在浏览评论信息时切换了标签页再回到评论标签页时，多一两条评论信息并不会影响用户的购买需求，而且并不是每个购买图书的用户都会发表评论。也就是说，图书评论的频次实际上是很低的。所以在 created 生命周期钩子中请求一次数据足以满足我们的应用需求。

4. 图书问答组件

图书问答组件其实就是一个摆设，并没有实际的功能。该组件的名字为 BookQA，就显示了一句话：图书问答。这里就不浪费篇幅介绍它的代码了。

说明：

① BookIntroduction 组件定义了一个 content prop，用来接收图书的内容，而图书的内容数据是在 17.7.3 小节介绍的 Book 组件中得到的，BookTabComponent 将作为 Book 组件的子组件来使用，因此为 BookTabComponent 组件也定义了一个 content prop，在接收到 Book 组件的图书内容数据后，依次向下级组件传递。当然，可以采用其他方式实现向后代组件传数据的功能。如利用依赖注入，或者利用 Vuex 的状态管理来实现。此外，读者可能担心切换到其他标签页时，其所对应的组件没有 content prop 会不会出错，在第 10 章中介绍过，如果子组件返回单个根节点，且没有定义 prop，那么父组件在该组件上设置的属性会被添加到子组件的根元素上，浏览器对于不识别的属性，并不会提示错误，所以不用担心。实际上，很早之前就有一些前端框架和库通过在 HTML 元素上添加自定义属性来扩展页面的功能。

② 在《Vue.js 从入门到实战》一书中提到过，图书的评论数据只有在切换到评论标签页时

才会显示，而且有些用户在购买图书时并不查看评论信息，所以采用异步加载的方式按需加载 BookCommentList 组件会更合适一些，不过在 Vue 3.0 中，这里如果采用异步加载组件会报错，这应该是 Vue 3.0 内部的一个 Bug。

17.7.3 Book 组件

Book 组件作为页面级组件，放在 views 目录下，在该目录下新建 Book.vue。代码如例 17-23 所示。

例 17-23 Book.vue

```
<template>
  <div class="book">
    <img :src="book.bigImgUrl" />
    <div>
      <div class="bookInfo">
        <h3>{{ book.title }}</h3>
        <p>{{ book.slogan }}</p>
        <p>
          <span>作者: {{ book.author }}</span>
          <span>出版社: {{ book.bookConcern }}</span>
          <span>出版日期: {{ book.publishDate }}</span>
        </p>
        <p>
          <span class="factPrice">
            {{ currency(factPrice(book.price,book.discount)) }}
          </span>
          <span class="discount">
①           [{{ formatDiscount(book.discount) }}]
          </span>
          <span>[定价 <i class="price">{{ currency(book.price) }}</i>]</span>
        </p>
      </div>
      <div class="addCart">
        <AddSubtractButton :quantity="quantity" @updateQuantity="handleUpdate"/>
        <button class="addCartButton" @click="addCart(book)">加入购物车 </button>
      </div>
    </div>
②   <BookTabComponent :content="book.detail"/>
  </div>
</template>

<script>
  import AddSubtractButton from '@/components/AddSubtractButton'
  import BookTabComponent from '@/components/BookTabComponent'
  import { mapActions } from 'vuex'
  export default {
    name: 'Book',
```

```
    data () {
      return {
        book: {},
        quantity: 0
      }
    },
    components: {
      AddSubtractButton,
      BookTabComponent
    },

    created(){
      this.axios.get(this.$route.fullPath)
        .then(response => {
          if(response.status == 200){
            this.book = response.data;
          }
        }).catch(error => alert(error));
    },
    methods: {
      // 子组件 AddSubtractButton 的自定义事件 updateQuantity 的处理函数
      handleUpdate(value){
        this.quantity = value;
      },
      addCart(book){
        let quantity = this.quantity;

        if(quantity === 0){
          quantity = 1;
        }
        let newItem={...book,price:this.factPrice(book.price, book.discount)};
        this.addProductToCart({...newItem, quantity});
        this.$router.push('/cart');
      },
      ...mapActions('cart', [
      // 将 this.addProductToCart 映射为 this.$store.dispatch('cart/addProductToCart')
        'addProductToCart'
      ]),
      // 格式化折扣数据
①     formatDiscount(value){
        if(value){
          let strDigits = value.toString().substring(2);
          strDigits += "折";
          return strDigits;
        }
        else
          return value;
      }
    }
  }
</script>
```

说明：

① 我们接收到的折扣数据格式形如 0.95，在显示时，直接显示 0.95 折，显然不合适，为此我们编写了一个方法，将 0.95 这种形式格式化为 95 折。

② 前面提到过 BookIntroduction 组件有一个 content prop，用于接收图书的详细介绍数据，这里得到图书数据后，将图书的介绍数据通过 BookTabComponent 组件向下传递。

Book 组件在 created 生命周期钩子中请求服务端的图书数据。数据接口如下：
http://111.229.37.167/api/book/:id。

返回的数据格式如下：

```
{
    "id": 1,
    "title": " VC++ 深入详解（第 3 版）",
    "author": " 孙鑫 ",
    "price": 168.0,
    "discount": 0.95,
    "imgUrl": "/api/img/vc++.jpg",
    "bigImgUrl": "/api/img/vc++big.jpg",
    "bookConcern": " 电子工业出版社 ",
    "publishDate": "2019-06-01",
    "brief": "...",
    "inventory": 1000,
    "detail": "...",
    "newness": true,
    "hot": true,
    "specialOffer": false,
    "slogan": "...",
    "category": {
        ...
    }
}
```

Book 组件的渲染效果如图 17-16 所示。

图 17-16　Book 组件的渲染效果

17.8　购 物 车

在一个电商网站中，购物车在很多页面都需要用到，因此非常适合放在 Vuex 的 store 中进行集中管理。在本项目中，我们采用模块化的方式管理应用中不同的状态。

17.8.1　购物车状态管理配置

在项目的 store 目录下新建 modules 文件夹，在该文件夹下新建 cart.js。代码如例 17-24 所示。

例 17-24　cart.js

```javascript
const state = {
  items: []
}
//mutations
const mutations = {
  // 添加商品到购物车中
  pushProductToCart(state, { id, imgUrl, title, price, quantity}) {
    if(! quantity)
      quantity = 1;
    state.items.push({ id, imgUrl, title, price, quantity });
  },

  // 增加商品数量
  incrementItemQuantity(state, { id, quantity }) {
    let cartItem = state.items.find(item => item.id == id);
    cartItem.quantity += quantity;
  },
  // 用于清空购物车
  setCartItems(state, { items }) {
    state.items = items
  },

  // 删除购物车中的商品
  deleteCartItem(state, id){
    let index = state.items.findIndex(item => item.id === id);
    if(index > -1)
      state.items.splice(index, 1);
  }
}

//getters
const getters = {
  // 计算购物车中所有商品的总价
  cartTotalPrice: (state) => {
    return state.items.reduce((total, product) => {
      return total + product.price * product.quantity
```

```
      }, 0)
    },
    // 计算购物车中单项商品的价格
    cartItemPrice: (state) => (id) => {
      if (state.items.length > 0) {
        const cartItem = state.items.find(item => item.id === id);
        if (cartItem) {
          return cartItem.price * cartItem.quantity;
        }
      }
    },
    // 获取购物车中商品的数量
    itemsCount: (state) => {
      return state.items.length;
    }
}

//actions
const actions = {
  // 增加任意数量的商品到购物车
  addProductToCart({ state, commit },
    { id, imgUrl, title, price, inventory, quantity }) {
    if (inventory > 0) {
      const cartItem = state.items.find(item => item.id == id);
      if (!cartItem) {
        commit('pushProductToCart', { id, imgUrl, title, price, quantity })
      } else {
        commit('incrementItemQuantity', { id, quantity })
      }
    }
  }
}

export default {
  namespaced: true,
  state,
  mutations,
  getters,
  actions
}
```

items 数组用于保存购物车中所有商品信息的状态属性。

接下来，编辑 store 目录下的 index.js 文件，导入 cart 模块。代码如例 17-25 所示。

例 17-25   store/index.js

```
import { createStore } from 'vuex'
import cart from './modules/cart'
```

```
import createPersistedState from "vuex-persistedstate"

Vue.use(Vuex)

export default new Vuex.Store({
  modules: {
    cart
  },
  plugins: [createPersistedState()]
})
```

粗体显示的代码是新增的代码。

在刷新浏览器窗口时，store 中存储的状态信息会被重置，这样就会导致加入购物车中的商品信息丢失。所以一般会选择一种浏览器端持久存储方案解决这个问题，比较常用且简单的方案就是 localStorage，保存在 store 中的状态信息也要同步加入 localStorage，在刷新浏览器窗口前，或者用户重新访问网站时，从 localStorage 中读取状态信息保存到 store 中。在整个应用期间，需要考虑各种情况下 store 与 localStorage 数据同步的问题，这比较麻烦。为此，我们可以使用一个第三方的插件解决 store 与 localStorage 数据同步的问题，即例 17-25 中所用的 vuex-persistedstate 插件。

首先安装 vuex-persistedstate 插件，在 Visual Studio Code 的终端窗口中执行以下命令进行安装。

```
npm install  vuex-persistedstate -S
```

vuex-persistedstate 插件的使用非常简单，从例 17-25 中可以看到，只需要两句代码就可以实现 store 的持久化存储，这会将整个 store 的状态以 vuex 为键名存储到 localStorage 中。

如果只想持久化存储 store 中的部分状态信息，那么可以在调用 createPersistedState() 方法时传递一个选项对象，在该选项对象的 reducer() 函数中返回要存储的数据。例如：

```
plugins: [createPersistedState({
  reducer(data) {
    return {
      // 设置只存储 cart 模块中的状态
      cart: data.cart,
      // 或者设置只存储 cart 模块中的 items 数据
      //products: data.cart.items
    }
  }
})]
```

reducer() 函数的 data 参数是完整的 state 对象。

如果想改变底层使用的存储机制，如使用 sessionStorage，那么可以在选项对象中通过 storage 指定。代码如下所示：

```
plugins: [createPersistedState({
  storage: window.sessionStorage,
  ...
})]
```

vuex-persistedstate 更多的用法请参看下面的网址：
https://github.com/robinvdvleuten/vuex-persistedstate。
配置好 Vuex 的状态管理后，就可以开始编写购物车组件了。

17.8.2　购物车组件

在 views 目录下新建 ShoppingCart.vue，代码如例 17-26 所示。

例 17-26　ShoppingCart.vue

```html
<template>
  <div class="shoppingCart">
    <table>
      <tr>
        <th></th>
        <th> 商品名称 </th>
        <th> 单价 </th>
        <th> 数量 </th>
        <th> 金额 </th>
        <th> 操作 </th>
      </tr>
      <tr v-for="book in books" :key="book.id">
        <td><img :src="book.imgUrl"></td>
        <td>
         <router-link:to="{name:'book', params:{id: book.id}}" target="_blank">
           {{ book.title }}
          </router-link>
        </td>
        <td>{{ currency(book.price) }}</td>
        <td>
        <button @click="handleSubtract(book)">-</button>
           {{ book.quantity }}
          <button @click="handleAdd(book.id)">+</button>
        </td>
        <td>{{ currency(cartItemPrice(book.id)) }}</td>
        <td>
          <button @click="deleteCartItem(book.id)"> 删除 </button>
        </td>
      </tr>
    </table>
    <p>
      <span><button class="checkout" @click="checkout">结算 </button></span>
      <span> 总价：{{ currency(cartTotalPrice) }}</span>
    </p>
  </div>
</template>
```

```
<script>
import { mapGetters, mapState, mapMutations } from 'vuex'
export default {
  name: "ShoppingCart",
  inject: ['currency'],
  computed: {
    ...mapState('cart', {
      books: 'items'
    }),
    ...mapGetters('cart', [
      'cartItemPrice',
      'cartTotalPrice'
    ])
  },

  methods: {
    itemPrice(price, count){
      return price * count;
    },
    ...mapMutations('cart', [
      'deleteCartItem',
      'incrementItemQuantity',
      'setCartItems'
    ]),
    handleAdd(id){
      this.incrementItemQuantity({id: id, quantity: 1});
    },

    handleSubtract(book){
      let quantity = book.quantity -1;

      if(quantity <= 0){
          this.deleteCartItem(book.id);
      }
      else
        this.incrementItemQuantity({id: book.id, quantity: -1});
    },
    checkout(){
      this.$router.push("/check");
    }
  }
};
</script>
```

ShoppingCart 组件的渲染效果如图 17-17 所示。

图 17-17　ShoppingCart 组件的渲染效果

ShoppingCart 组件提供了两种方式删除购物车中的某项商品：（1）单击"删除"按钮，将直接删除购物车中的该项商品；（2）用户单击数量下的减号按钮时，如果判断数量减 1 后为 0，则删除该项商品。

17.9　结 算 页 面

在购物车页面中单击"结算"按钮，则进入结算页面，结算页面再一次列出购物车中的所有商品，不同的是，在结算页面不能再对商品进行修改。

在 views 目录下新建 Checkout.vue，代码如例 17-27 所示。

例 17-27　Checkout.vue

```
<template>
  <div class="shoppingCart">
    <h1 v-if="success">{{ msg }}</h1>
    <table>
      <caption>商品结算</caption>
      <tr>
        <th></th>
        <th>商品名称</th>
        <th>单价</th>
        <th>数量</th>
        <th>金额</th>
      </tr>
      <tr v-for="book in books" :key="book.id">
        <td><img :src="book.imgUrl"></td>
        <td>
          <router-link:to="{name:'book', params:{id: book.id}}" target="_blank">
            {{ book.title }}
          </router-link>
        </td>
        <td>{{ currency(book.price) }}</td>
        <td>
          {{ book.quantity }}
        </td>
        <td>{{ currency(cartItemPrice(book.id)) }}</td>
```

```
      </tr>
    </table>
    <p>
      <span><button class="pay" @click="pay"> 付款 </button></span>
      <span> 总价: {{ currency(cartTotalPrice) }}</span>
    </p>
  </div>
</template>

<script>
import { mapGetters, mapState, mapMutations } from 'vuex'
export default {
  name: "Checkout",
  data() {
    return {
      success: false,
      msg: ' 付款成功! '
    };
  },,

  computed: {
    ...mapState('cart', {
      books: 'items'
    }),
    ...mapGetters('cart', [
      'cartItemPrice',
      'cartTotalPrice'
    ])
  },

  methods: {
    itemPrice(price, count){
        return price * count;
    },
    ...mapMutations('cart', [
      'setCartItems'
    ]),

    pay(){
      this.setCartItems({ items: [] });
      this.success = true;
    }
  }
};
</script>
```

　　在线支付涉及各个支付平台或银联的调用接口，所以本项目的购物流程到这一步就结束了，当用户单击"付款"按钮时，只是简单地清空购物车，稍后提示用户"付款成功"。

17.10   用户管理

在实际场景中，当用户提交购物订单准备结算时，系统会判断用户是否已经登录，如果没有登录，会提示用户先进行登录，本节实现用户注册和用户登录组件。

17.10.1   用户状态管理配置

用户登录后的状态需要保存，不仅可以用于向用户显示欢迎信息，还可以用于对受保护的资源进行权限验证。同样，用户的状态存储也使用 Vuex 管理。

在 store/modules 目录下新建 user.js，代码如例 17-28 所示。

例 17-28   user.js

```
const state = {
  user: null
}
//mutations
const mutations = {
  saveUser(state, {username, id}){
    state.user = {username, id}
  },
  deleteUser(state){
    state.user = null;
  }
}

export default {
  namespaced: true,
  state,
  mutations,
}
```

对于前端，存储用户名和用户 ID 已经足矣，像用户中心等功能的实现，是需要重新向服务端去请求数据的。

编辑 store/index.js 文件，导入 user 模块，并在 modules 选项下进行注册。代码如例 17-29 所示。

例 17-29   store/index.js

```
import { createStore } from 'vuex'

import cart from './modules/cart'
import user from './modules/user'
import createPersistedState from "vuex-persistedstate"

export default createStore({
  modules: {
```

```
    cart,
    user
  },
  plugins: [createPersistedState()]
})
```

粗体显示的代码是新增的代码。

17.10.2　用户注册组件

当用户单击 Header 组件中的"注册"链接时，将跳转到用户注册页面。
在 components 目录下新建 UserRegister.vue，代码如例 17-30 所示。

例 17-30　UserRegister.vue

```
<template>
  <div class="register">
    <form>
      <div class="lable">
        <label class="error">{{ message }}</label>
        <input name="username"
          type="text"
①         v-model.trim="username"
          placeholder=" 请输入用户名 " />
        <input
          type="password"
          v-model.trim="password"
          placeholder=" 请输入密码 " />
        <input
          type="password"
          v-model.trim="password2"
          placeholder=" 请输入确认密码 " />
        <input
          type="tel"
          v-model.trim="mobile"
          placeholder=" 请输入手机号 " />
      </div>
      <div class="submit">
        <input type="submit" @click.prevent="register" value=" 注册 " />
      </div>
    </form>
  </div>
</template>

<script>
import { mapMutations } from 'vuex';
export default {
```

```
        name: "UserRegister",
        data() {
          return {
            username: "",
            password: "",
            password2: "",
            mobile: "",
            message: ''
          };
        },

        watch: {
①         username(newVal) {
            // 取消上一次请求
            if (newVal) {
①             this.cancelRequest();
              this.axios
                .get("/user/" + newVal, {
①                 cancelToken: new this.axios.CancelToken(
                    cancel => this.cancel = cancel
                  )
                })
                .then(response => {
                  if (response.data.code == 200) {
                    let isExist = response.data.data;
                    if (isExist) {
                      this.message = " 该用户名已经存在 ";
                    }else{
                      this.message = "";
                    }
                  }
                })
                .catch(error => {
①                 if (this.axios.isCancel(error)) {
                    // 如果是请求被取消产生的错误，则输出取消请求的原因
                    console.log(" 请求取消: ", error.message);
                  } else {
                    // 处理错误
                    console.log(error);
                  }
                });
            }
          }
        },
        methods: {
          register() {
            this.message = '';
            if(!this.checkForm())
```

```
          return;
        this.axios.post("/user/register",
          {username:this.username, password: this.password, mobile: this.mobile})
          .then(response => {
            if(response.data.code === 200){
              this.saveUser(response.data.data);
              this.username = '';
              this.password = '';
              this.password2 = '';
              this.mobile = '';
              this.$router.push("/");
            }else if(response.data.code === 500){
              this.message = "用户注册失败";
            }
          })
          .catch(error => {
            alert(error.message)
          })
      },
①     cancelRequest() {
        if (typeof this.cancel === "function") {
          this.cancel("终止请求");
        }
      },
      checkForm(){
        if(!this.username || !this.password || !this.password2 || !this.mobile){
          this.$msgBox.show({title: "所有字段不能为空"});
          return false;
        }
        if(this.password !== this.password2){
          this.$msgBox.show({title: "密码和确认密码必须相同"});
          return false;
        }
        return true;
      },
      ...mapMutations('user', [
        'saveUser'
      ])
    },
  };
</script>
```

　　说明：①处在这里实现了一个功能，当用户输入用户名时，实时去服务端检测该用户名是否已经存在，如果存在，则提示用户，这是通过 Vue 的监听器来实现的。不过由于 v-model 指令内部实现机制的原因（对于文本输入框，默认绑定的是 input 事件），如果用户快速输入或快速用退格键删除用户名时，监听器将触发多次，由此导致频繁地向服务端发起请求。为了解决这个问题，可以利用 axios 的 cancel token 取消重复的请求。使用 axios 发起请求时，可以传递一个配置对象，在配置对象中使用 cancelToken 选项，通过传递一个 executor() 函数到 CancelToken 的构造函数中来创建 cancel token。

```
this.axios.get("/user/" + newVal, {
  cancelToken: new this.axios.CancelToken(function executor(c) {
    //executor() 函数接收一个 cancel() 函数作为参数
    this.cancel = c;
  )
})
```

使用箭头函数可以简化上述代码，如下所示。

```
this.axios.get("/user/" + newVal, {
  cancelToken: new this.axios.CancelToken(
    c => this.cancel = c
  )
})
```

将 cancel() 函数保存为组件实例的方法，之后如果要取消请求，调用 this.cancel() 即可。cancel() 函数可以接收一个可选的消息字符串参数，用于给出取消请求的原因。同一个 cancel token 可以取消多个请求。在发生错误时，可以在 catch() 方法中使用 this.axios.isCancel(error) 判断该错误是否是由取消请求而引发的。

当然，这里也可以通过修改 v-model 的监听事件为 change 解决快速输入和删除导致的重复请求问题，只需要给 v-model 指令添加 .lazy 修饰符即可。

用户名是否已注册的判断，请求的服务端数据接口如下：

http://111.229.37.167/api/user/{ 用户名 }。

返回的数据结构形式如下：

```
{
    "code": 200,
    "data": true      // 如果要注册的用户名不存在，则返回 false
}
```

用户注册请求的服务端数据接口如下：

http://111.229.37.167/api/user/register。

需要采用 Post() 方法向该接口发起请求，提交的数据是一个 JSON 格式的对象，该对象要包含 username、password 和 mobile 三个字段。

返回的数据结构形式如下：

```
{
    "code":200,
    "data":{
        "id":18,
        "username":" 小鱼儿 ",
        "password":"1234",
        "mobile":"139012348888"
    }
}
```

实际开发时，服务端不用把密码返回给前端，如果前端需要用到密码，则可以采用加密形式传输。

例 17-30 剩余的代码并不复杂，这里不再详述。UserRegister 组件渲染的效果如图 17-18 所示。

当用户注册成功后，将用户名和 ID 保存到 store 中，并跳转到根路径下，即网站的首页。然后 Header 组件会自动渲染出用户名，显示欢迎信息，如图 17-19 所示。

图 17-18　UserRegister 组件的渲染效果　　　图 17-19　Header 组件渲染用户欢迎信息

17.10.3　用户登录组件

当用户单击 Header 组件中的"登录"链接时，将跳转到用户登录页面。

在 components 目录下新建 UserLogin.vue，代码如例 17-31 所示。

例 17-31　UserLogin.vue

```html
<template>
  <div class="login">
    <div class="error">{{ message }}</div>
    <form>
      <div class="lable">
        <input
          name="username"
          type="text"
          v-model.trim="username"
          placeholder=" 请输入用户名 "
        />
        <input
          type="password"
          v-model.trim="password"
          placeholder=" 请输入密码 "
        />
      </div>
      <div class="submit">
        <input type="submit" @click.prevent="login" value=" 登录 " />
      </div>
    </form>
  </div>
```

```
</template>

<script>
import { mapMutations } from 'vuex';
export default {
  name: "UserLogin",
  data() {
    return {
      username: '',
      password: '',
      message: ''
    };
  },
  methods: {
    login(){
      this.message = '';
      if(!this.checkForm())
        return;
      this.axios.post("/user/login",
        {username: this.username, password: this.password})
        .then(response => {
          if(response.data.code === 200){
            this.saveUser(response.data.data);
            this.username = '';
            this.password = '';
            // 如果存在查询参数
            if(this.$route.query.redirect){
              const redirect = this.$route.query.redirect;
              // 跳转至进入登录页前的路由
              this.$router.replace(redirect);
            }else{
              // 否则跳转至首页
              this.$router.replace('/');
            }
          }else if(response.data.code === 500){
            this.message = "用户登录失败";
          }else if(response.data.code === 400){
            this.message = "用户名或密码错误";
          }
        })
        .catch(error => {
          alert(error.message)
        })
    },
    ...mapMutations('user', [
      'saveUser'
    ]),
    checkForm(){
```

```
      if(!this.username || !this.password){
        this.$msgBox.show({title: "用户名和密码不能为空"});
        return false;
      }
      return true;
    }
  }
};
</script>
```

用户登录组件并不复杂，值得一提的就是在用户登录后需要跳转到进入登录页面前的路由，这会让用户的体验更好，实现方式已经在 14.10.1 小节中介绍过了，本项目也是利用 beforeEach() 注册的全局前置守卫保存用户登录前的路由路径，可以参看 17.11 节。

用户登录请求的数据接口如下：

http://111.229.37.167/api/user/login。

同样是以 Post() 方法发起请求，提交的数据是一个 JSON 格式的对象，该对象要包含 username 和 password 两个字段。

返回的数据格式与用户注册返回的数据格式相同。

UserLogin 组件渲染的效果如图 17-20 所示。

图 17-20　UserLogin 组件的渲染效果

17.11　路 由 配 置

下面给出本项目的路由配置，其中包含了页面标题的设置，以及对结算页面的路由要求用户已登录的判断。代码如例 17-32 所示。

例 17-32　router/index.js

```
import { createRouter, createWebHistory } from 'vue-router'
import Home from '@/views/Home'
import store from '@/store'

const routes = [
  {
    path: '/',
```

```
      redirect: {
        name: 'home'
      }
    },
    {
      path: '/home',
      name: 'home',
      meta: {
        title: '首页'
      },
      component: Home
    },
    {
      path: '/newBooks',
      name: 'newBooks',
      meta: {
        title: '新书上市'
      },
      component: () => import('../components/BooksNew.vue')
    },
    {
      path: '/category/:id',
      name: 'category',
      meta: {
        title: '图书分类'
      },
      component: () => import('../views/Books.vue')
    },
    {
      path: '/search',
      name: 'search',
      meta: {
        title: '搜索结果'
      },
      component: () => import('../views/Books.vue')
    },
    {
      path: '/book/:id',
      name: 'book',
      meta: {
        title: '图书'
      },
      component: () => import('../views/Book.vue')
    },
    {
      path: '/cart',
      name: 'cart',
      meta: {
```

```
      title: '购物车'
    },
    component: () => import('../views/ShoppingCart.vue')
  },
  {
    path: '/register',
    name: 'register',
    meta: {
      title: '注册'
    },
    component: () => import('../components/UserRegister.vue')
  },
  {
    path: '/login',
    name: 'login',
    meta: {
      title: '登录'
    },
    component: () => import('../components/UserLogin.vue')
  },
  {
    path: '/check',
    name: 'check',
    meta: {
      title: '结算',
      requiresAuth: true
    },
    component: () => import('../views/Checkout.vue')
  }
]

const router = createRouter({
  history: createWebHistory(process.env.BASE_URL),
  routes
})

router.beforeEach(to => {
  // 判断该路由是否需要登录权限
  if (to.matched.some(record => record.meta.requiresAuth))
  {
    // 路由需要验证, 判断用户是否已经登录
    if(store.state.user.user){
      return true;
    }
    else{
      return {
        path: '/login',
        query: {redirect: to.fullPath}
```

```
        };
      }
    }
  else
    return true;
})

// 设置页面的标题
router.afterEach((to) => {
  document.title = to.meta.title;
})

export default router
```

17.12　分 页 组 件

完善一下商品列表的显示，如果商品数量较多，就需要分页显示。分页功能可以使用 element-plus 组件库中的分页组件来实现。element-plus 是一套支持 Vue 3.0 的组件库，提供的组件涵盖了绝大部分页面 UI 的需求。关于该组件库的详细介绍可以参看下面的网址：

https://element-plus.gitee.io/#/zh-CN/component/installation。

在本项目中只是使用了它的分页组件 Pagination。

首先是安装 element-plus 的 npm 包。在 Visual Studio Code 的终端窗口中执行下面的命令：

```
npm install element-plus -S
```

编辑 main.js，引入整个 element-plus 组件和所需的样式，由于 element-plus 组件内部默认使用英语，而本项目需要使用中文，因此还需要引入中文的语言包。代码如下所示：

```
import ElementPlus from 'element-plus';
import 'element-plus/lib/theme-chalk/index.css';
import locale from 'element-plus/lib/locale/lang/zh-cn'

createApp(App).use(store).use(router).use(VueAxios, axios).use(ElementPlus,
{ locale }).mount('#app')
```

如果想按需引入，如本项目中只用到了分页组件，不想引入整个 element-plus 组件库，则需要借助 babel-plugin-component 插件。首先，在终端窗口中执行下面的命令安装 babel-plugin-component。

```
npm install babel-plugin-component -D
```

然后编辑项目目录下的 babel.config.js 文件，添加以下内容：

```
module.exports = {
  presets: [
    '@vue/cli-plugin-babel/preset'
```

```
  ],
  "plugins": [
    [
      "component",
      {
        "libraryName": "element-plus",
        "styleLibraryName": "theme-chalk"
      }
    ]
  ]
}
```

粗体显示的是新增的代码。

接下来，在 main.js 文件中就可以按需引入分页组件 ElPagination。代码如下所示：

```
import { ElPagination } from 'element-plus'
import 'element-plus/lib/theme-chalk/index.css'
import lang from 'element-plus/lib/locale/lang/zh-cn'
import locale from 'element-plus/lib/locale'

// 使用中文语言
locale.use(lang)

createApp(App).use(store).use(router).use(VueAxios, axios).use(ElPagination,
{ locale }).mount('#app')
```

作为分页实现，至少需要 3 个属性控制分页的显示和跳转，即每页显示的条数、总条数和当前页数。有了每页显示的条数和总条数就可以计算出需要分多少页，有了当前页数就可以记录用户要跳转的分页。

编辑 views 目录下的 Books.vue，添加 3 个数据属性。代码如下所示：

```
data () {
  return {
    ...
    total: 5,
    pageNum: 1,
    pageSize: 2
  }
}
```

这 3 个数据属性分别代表总条数、当前页数、每页显示的条数。由于服务端数据较少，为了能够看到分页组件的效果，这里将每页显示的条数初始值设为 2。

接下来在 Books 组件中使用 ElPagination 组件实现分页功能，代码如下所示：

```
<template>
  <div>
    <Loading v-if="loading" />
```

```
    <h3 v-else>{{ title }}</h3>
    <BookList :list = "books"/>
    <h1>{{ message }}</h1>
    <el-pagination
      :hide-on-single-page="true"          // 当只有一页时隐藏分页
      @size-change="handleSizeChange"      // 当 pageSize 改变时触发
      :page-sizes="[2, 10, 20, 40]"        // 设置每页显示条数的选项
      @current-change="handleCurrentChange" // 当前页发生改变触发
      :current-page="pageNum"              // 当前页数
      :page-size="pageSize"                // 每页显示条数
      layout="total, sizes, prev, pager, next, jumper" // 设置组件布局
      :total="total">                      // 总条目数
    </el-pagination>
  </div>
</template>
```

el-pagination 组件的渲染效果如图 17-21 所示。

图 17-21   el-pagination 组件渲染的效果

读者对照图 17-21 看上述代码能更好地理解 el-pagination 组件各个属性的用法。

接下来就是编写当前页数改变和每页显示条数改变的事件响应函数代码，以及修正向服务端发起请求获取数据的接口，因为服务端对于分页数据的返回提供了不同的接口。修改代码如下：

```
<script>
  ...
  export default {
    data () {
      ...
    },

    beforeRouteEnter(to, from, next){
      next(vm => {
        vm.title = to.meta.title;
        let url = vm.setRequestUrl(to.fullPath);
        vm.getBooks(url, vm.pageNum, vm.pageSize);
      });
    },
    beforeRouteUpdate(to){
```

```
        let url = this.setRequestUrl(to.fullPath);
        this.getBooks(url, this.pageNum, this.pageSize);
        return true;
    },

    components: {
        ...
    },

    methods: {
        getBooks(url, pageNum, pageSize){
            this.message = '';
            //get 请求增加两个参数 pageNum 和 pageSize
            this.axios.get(url, {params: {pageNum, pageSize}})
                .then(response => {
                    if(response.data.code == 200){
                        this.loading = false;
                        this.books = response.data.data;
                        this.total = response.data.total;
                        if(this.books.length === 0){
                            if(this.$route.name === "category")
                                this.message = " 当前分类下没有图书！ "
                            else
                                this.message = " 没有搜索到匹配的图书！ "
                        }
                    }
                })
                .catch(error => alert(error));
        },
        // 动态设置服务端数据接口的请求 URL
        setRequestUrl(path){
            let url = path;
            if(path.indexOf("/category") != -1){
                url = "/book" + url + "/page";
            }
            return url;
        },
        // 当修改了每页显示的条数时，重新请求数据
        handleSizeChange(selectedSize) {
            this.pageSize = selectedSize;
            let url = this.setRequestUrl(this.$route.fullPath);
            this.getBooks(url, this.pageNum, this.pageSize);
        },
        // 当用户切换而选择了某一页时，重新请求数据
        handleCurrentChange(currentPage) {
            this.pageNum = currentPage
            let url = this.setRequestUrl(this.$route.fullPath);
            this.getBooks(url, this.pageNum, this.pageSize)
```

```
        },
      }
    }
</script>
```

新增的代码以粗体显示。至此，实现分页功能，读者也可以试着给图书的评论数据添加分页功能。

17.13　会话跟踪

传统 Web 项目的会话跟踪是采用服务端的 Session 实现的。当客户初次访问资源时，Web 服务器为该客户创建一个 Session 对象，并分配一个唯一的 Session ID，将其作为 Cookie（或者作为 URL 的一部分，利用 URL 重写机制）发送给浏览器，浏览器在内存中保存这个会话 Cookie。当客户再次发送 HTTP 请求时，浏览器将 Cookie 随请求一起发送，服务端程序从请求对象中读取 Session ID，然后根据 Session ID 找到对应的 Session 对象，从而得到客户的状态信息。

传统 Web 项目的前端和后端是在一起的，所以会话跟踪实现起来很简单。当采用前后端分离的开发方式时，前后端分别部署在不同的服务器上。由于是跨域访问，前端向后端发起的每次请求都是一个新的请求，在这种情况下，如果还想采用 Session 跟踪会话，就需要在前端和后端都做一些配置。

对于前端而言，配置很简单，只需要在 main.js 文件中添加下面这句代码即可。

```
axios.defaults.withCredentials = true
```

这会让前端的每次请求带上用于跟踪用户会话的 Cookie 报头。

服务端也比较简单，只需要在响应报头中带上 Access-Control-Allow-Origin 和 Access-Control-Allow-Credentials 这两个报头。前者必须指定明确的访问源（即前端项目部署的服务器域名或 IP），不能使用星号（*）；后者设置为 true 即可。代码如下所示：

```
response.setHeader("Access-Control-Allow-Origin", "http://localhost:8080");
response.setHeader("Access-Control-Allow-Credentials", "true");
```

服务端可以通过拦截器的方式来统一设置这两个响应报头。

目前还有一种流行的跟踪用户会话的方式就是使用一个自定义的 token，服务端根据某种算法生成唯一的 token，必要时可以采用公私钥的方式来加密 token，然后将这个 token 放到响应报头中发送到前端，前端在每次请求时在请求报头中带上这个 token，以便服务端可以获取该 token 进行权限验证以及管理用户的状态。在前端可以利用 axios 的拦截器（参见 15.8 节）进行 token 的统一处理，包括结合 Vuex 进行 token 的状态管理。

17.14　项目调试

在项目开发过程中，不可避免地会遇到一些 Bug，即使再有经验的开发人员也无法完全通过代码走读的方式来解决全部 Bug，这就需要对程序进行调试，设置断点跟踪代码的执行，最终找到问题所在并解决它。

前端程序的调试不如某些高级语言（如 C++、Java 等）的集成开发环境提供的调试那么容易，但利用一些扩展插件也能实现在编辑器环境和浏览器环境中进行调试。本节将介绍如何在 Visual Studio Code 环境中和浏览器中调试。

17.14.1　在 Visual Studio Code 中调试

在 Visual Studio Code 开发环境左侧的活动栏中单击"扩展"图标按钮，如图 17-22 所示。

图 17-22　安装扩展插件

在搜索框中输入 debugger，在出现的插件中选中 Debugger for Chrome 或 Debugger for Firefox，根据自己计算机上已安装的浏览器来选择对应的插件。

接下来，修改 Webpack 的配置以构建 source map，这是为了让调试器能够将压缩文件中的代码映射回原始文件中的位置，这可以确保即使在 Webpack 优化了应用中的资源后也可以调试应用程序。

编辑项目根目录下的 vue.config.js 文件，添加下面的代码：

```
module.exports = {
  configureWebpack: {
    devtool: 'source-map'
  },
    ...
}
```

单击左侧活动栏中的"运行"图标按钮，然后单击上方的齿轮图标，选择 Chrome 环境（如果刚才安装的是 Debugger for Firefox，那么这一步就选择 Firefox 环境），如图 17-23 所示。

图 17-23   配置 launch.json

选中 Chrome 后，会生成一个 launch.json 文件。编辑这个文件，代码如下所示：

```
{
  "version": "0.2.0",
  "configurations": [
    {
      "type": "chrome",
      "request": "launch",
      "name": "vuejs: chrome",
      "url": "http://localhost:8080",
      "webRoot": "${workspaceFolder}/src",
      "breakOnLoad": true,
      "sourceMapPathOverrides": {
        "webpack:///./src/*": "${webRoot}/*"
      }
    }
  ]
}
```

粗体显示的代码是修改和新增的代码。

Firefox 环境下的配置代码如下所示：

```
{
  "version": "0.2.0",
  "configurations": [
    {
      "type": "firefox",
      "request": "launch",
      "name": "vuejs: firefox",
      "url": "http://localhost:8080",
      "webRoot": "${workspaceFolder}/src",
      "pathMappings": [{ "url": "webpack:///src/", "path": "${webRoot}/" }]
    }
  ]
}
```

配置好调试环境后，就可以开始调试程序。打开一个组件，如 BookCommentList 组件，在 data 上添加一个断点，如图 17-24 所示。

在终端窗口中运行项目，然后单击左侧活动栏上的"运行"图标按钮，切换到调试视图，选择 vuejs: chrome 或 vuejs: firefox 配置，按 F5 键或单击左侧的绿色运行按钮，开始调试，如图 17-25 所示。

图 17-24　添加断点　　　　　　　　　　　图 17-25　准备调试

开启一个浏览器窗口访问我们的项目，在图书详情页中查看图书评论，这将跳转到 Visual Studio Code 中设置的断点处，如图 17-26 所示。

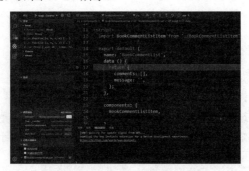

图 17-26　调试界面

可以使用上方的调试工具栏单步执行，跟踪代码的执行情况，查看数据是否正确。

17.14.2　在浏览器中调试

在浏览器中调试 Vue 程序是利用 2.3 节介绍的 vue-devtools 工具完成的。首先确保该扩展程序已经安装并启用，在浏览器窗口中按 F12 键调出开发者工具窗口，选择 Vue 选项，如图 17-27 所示。

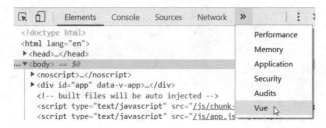

图 17-27　在浏览器开发者工具窗口中调出 Vue 视图

Vue 调试视图如图 17-28 所示。在该视图中可以查看组件的嵌套关系、Vuex 中的状态变化、触发的事件及路由的切换过程等。

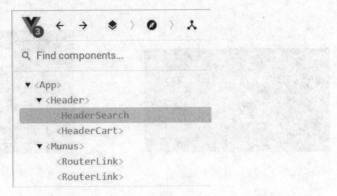

图 17-28　Vue 调试视图

17.15　小　　结

本章以一个电商网站项目为例，介绍了 Vue.js 这个优秀的前端框架如何在实际项目开发中应用。虽然本章项目是以图书为例，但也适用于其他类型的商品。

本章项目已经尽可能多地融入了前面章节的知识，以及一些实际项目开发中的技巧，但一个项目不可能涵盖所有 Vue.js 的知识点，也不可能体现出所有项目可能遇到的各种问题的解决方案，这就需要读者在以后的开发中逐步去掌握。

本章项目并不是一个可直接应用于生产环境的项目，还存在着一些功能上的欠缺（如管理后台的实现），以及细节上处理的不足，但作为学习使用已经足够了。

第 18 章　部署 Vue.js 项目到生产环境

项目开发完毕并测试无问题后，就要准备构建发布版本，部署到生产环境。

18.1　构建发布版本

在构建发布版本前，注意将项目代码中用于调试的 alert 语句和 console.log 语句删除或注释，在生产环境下，这对用户体验不好。在项目开发过程中，最好统一使用 console.log，这样即使忘了删除，至少调试信息不会出现在页面中。

如果项目中很多地方使用了 console.log 语句或 alert 语句，一一删除比较麻烦，那么可以在构建发布版本时统一删除。Vue CLI 在构建发布版本打包时，使用了 terser-webpack-plugin 插件进行优化，该插件只有在构建发布版本打包的时候才会调用。该插件有一个配置文件 terserOptions.js，我们只需要在该配置文件中配置一下删除 console.log 语句和 alert 语句即可。

terserOptions.js 文件在项目的 node_modules\@vue\cli-service\lib\config 目录下。编辑该文件，添加下面的代码：

```
module.exports = options => ({
  terserOptions: {
    compress: {
      ...
      warnings: false,
      drop_console: true,
      drop_debugger: true,
      pure_funcs: ['console.log', 'alert']
    },
    ...
  },
  ...
})
```

粗体显示的代码是新增的代码。

接下来在项目目录下执行下面的命令构建发布版本。

```
npm run build
```

构建完成后，会在项目根目录下生成一个 disk 文件夹，其下就是项目的发布版本。bookstore 项目打包后的目录结构如图 18-1 所示。

在 js 文件夹下，除了一些 JS 文件（由于项目采用了异步加载路由组件，所以会产生多个 JS 文件），还有一些 map 文件。项目打包

图 18-1　bookstore 项目打包后的目录结构

后，代码都是经过压缩的，如果运行时出现错误，则输出的错误信息无法准确定位是哪里的代码出现了问题，有了 map 文件就可以像未压缩的代码一样，准确地输出是哪一行哪一列出现了错误。在 17.13.1 小节中也提到过 map 文件的作用。

在生产环境下，这些 map 文件并没有什么作用，因为不能指望终端用户去调试代码，查找 Bug。如果想要在打包时去掉这些 map 文件，则可以编辑 vue.config.js 文件，添加下面的代码：

```
module.exports = {
  ...,
  productionSourceMap: process.env.NODE_ENV === 'production' ? false : true
}
```

再次构建发布版本，你会发现 js 目录下的 map 文件没有了。

18.2 部　　署

构建好发布版本后，下一步要做的事情就是将项目部署到一个 Web 服务器上，根据项目应用的场景会选择不同的服务器。这里以 nginx 为例，介绍如何部署及部署时的注意事项。

nginx 是一个高性能的 HTTP 和反向代理 Web 服务器，同时提供了 IMAP/POP3/SMTP 服务。首先下载 nginx，下载网址是 http://nginx.org/en/download.html。

下载后是一个压缩包，解压缩后，执行目录下的 nginx.exe 启动服务器，nginx 默认监听 80 端口，打开浏览器，在地址栏中输入 http://localhost/，出现如图 18-2 所示的页面，即代表 nginx 服务器运行正常。

图 18-2 nginx 服务器的首页

该页面是 nginx 目录下 html 文件夹下的 index.html，有经验的读者就会想到把项目的构建版本直接复制到 html 目录下是否就可以完成部署了呢？确实如此，这也是最简单的部署方式。

不过需要注意的是，复制的内容不包括 disk 文件夹本身。复制完毕后，打开浏览器，试着访问 http://localhost/，会发现无法请求到数据，这是因为还没有为 nginx 配置反向代理，因此请求不到服务端的数据。读者可能有疑问，之前开发项目时不是已经配置过反向代理了吗？注意，那只是在开发环境下的配置，只适用于脚手架项目内置的 Node 服务器。

在 nginx 目录中，找到 conf 目录下的 nginx.conf 文件，该文件是 nginx 的默认配置文件。编辑该文件，输入下面的内容：

```
location /api/ {
   # 设置被代理服务器的地址，这里配置的是后端数据接口的 URL
   proxy_pass http://111.229.37.167/api/;

   # 以下配置关闭重定向，让服务端看到用户的 IP，而不是 nginx 服务器的 IP
   # proxy_set_header 指令更改 nginx 服务器接收到的客户端请求头信息
   # 然后将新的请求头信息发送给被代理的服务器
   proxy_redirect off;
   proxy_set_header X-Forwarded-For $proxy_add_x_forwarded_for;
   proxy_set_header Host $http_host;
   proxy_set_header X-Real-IP $remote_addr;
   proxy_set_header X-Nginx-Proxy true;
}
```

　　打开命令提示符窗口，在 nginx 目录下执行 nginx-s reload 重启服务器，再次访问 http://localhost/，会发现可以正常接收到数据了。但是刷新页面时，就会出现 404 错误，这就是 history 模式引起的问题。在 14.7 节中已经介绍过 history 模式会引发的问题，要解决这个 404 错误，需要在服务器上做一些配置，让 URL 匹配不到任何资源时，返回 index.html。不同的 Web 服务器配置方式不一样，Vue Router 官网给出了一些常用的服务器配置，其中就包括 nginx。

　　再次编辑 conf/nginx.conf 文件，添加下面的内容：

```
location / {
   root    html;
   index   index.html index.htm;
   try_files $uri $uri/ /index.html;
}
```

　　粗体显示的代码是新增的代码。

　　再次执行 nginx -s reload 重启服务器，访问 http://localhost/，此时一切正常。

18.3　小　　结

　　本章详细介绍了如何构建发布版本，并以 nginx 服务器为例，介绍了如何将打包后的项目部署到 Web 服务器上。由于打包后的前端项目都是一些静态文件，所以部署到任何 Web 服务器上都是非常简单的，如果是前端和后端分离的项目，那么还需要配置一下反向代理。此外，就是要解决路由使用了 history 模式所引发的 404 问题，这两点都需要根据选择的 Web 服务器做相应的配置。

第 19 章　全新的 Web 开发构建工具——Vite

Vite 是 Vue 的作者尤雨溪开发的 Web 开发构建工具，它是一个基于浏览器原生 ES 模块导入的开发服务器，在开发环境下，利用浏览器解析 import，在服务器端按需编译返回，完全跳过了打包这个概念，服务器随启随用。同时，Vite 不仅对 Vue 文件提供了支持，还支持热更新，而且热更新的速度不会随着模块增多而变慢。在生产环境下使用 Rollup 打包。

Vite 具有以下特点：

- 快速的冷启动；
- 即时热模块更新（hot module replacement，HMR）；
- 真正按需编译。

Vite 是在推出 Vue 3.0 时开发的，目前仅支持 Vue 3.x，这意味着与 Vue 3.0 不兼容的库也不能与 Vite 一起使用。

19.1　使用 Vite

与 Vue CLI 类似，Vite 也提供用 npm 或 yarn 命令生成项目结构的方式。选择一个目录，打开命令提示符窗口，依次执行下面的命令构建脚手架项目，并启动项目。

```
npm init vite-app <project-name>
cd <project-name>
npm install
npm run dev
```

如果使用 yarn，则依次执行下面的命令。

```
yarn create vite-app <project-name>
cd <project-name>
yarn
yarn dev
```

例如，创建的项目名为 hello。执行完最后一个命令的结果如图 19-1 所示。

由于 Vite 使用了浏览器原生的 ES 模块导入功能，但 IE11 并不支持 ES 的模块导入，因此基于 Vite 开发项目，浏览器不能使用 IE11，其他主流的浏览器均支持 ES 模块的模块功能。

打开 Chrome 浏览器，访问 http://localhost:3000/。hello 项目的默认页面如图 19-2 所示。

图 19-1　启动项目

图 19-2　hello 项目的默认页面

使用 Vite 生成的项目的目录结构如图 19-3 所示。

可以发现，Vite 生成的脚手架项目的目录结构与 Vue CLI 生成的项目目录结构很类似，确实是这样的，而且开发方式也基本相同。不过 Vite 项目的默认配置文件是 vite.config.js，而不是 vue.config.js。

package.json 文件的内容如下所示：

```
{
  "name": "hello",
  "version": "0.0.0",
  "scripts": {
    "dev": "vite",
    "build": "vite build"
  },
  "dependencies": {
    "vue": "^3.0.2"
  },
  "devDependencies": {
    "vite": "^1.0.0-rc.8",
    "@vue/compiler-sfc": "^3.0.2"
  }
}
```

图 19-3　hello 项目的目录结构

如果要构建生产环境下应用的发布版本，则只需要在终端窗口中执行下面的命令即可。

```
npm run build
```

虽然 Vite 的作者已经在背后做了很多工作，让我们能够沿用基于 Vue CLI 建立的脚手架项目的开发习惯，但仍然会有一些细微的差别，详细的介绍请参看 Vite 源码库的 GitHub 网址：https://github.com/vitejs/vite。

19.2 与 Vue CLI 的不同

Vite 与 Vue CLI 的主要区别在于，对于 Vite 在开发过程中没有捆绑。源代码中的 ES Import 语法直接提供给浏览器，浏览器通过原生的 <script module> 支持解析这些语法，并为每次导入发起 HTTP 请求。dev 服务器拦截请求，并在必要时执行代码转换。例如，导入到 *.vue 文件的内容在发送回浏览器之前被即时编译。

这种方法有以下优点：

- 因为没有打包工作要做，所以服务器冷启动非常快；
- 代码是按需编译的，因此只有在当前页面上实际导入的代码才会编译，不必等到整个应用程序打包后才开始开发，这对于有几十个页面的应用程序来说是一个很大的不同；
- 热模块更新（HMR）的性能与模块总数解耦，这使得无论应用程序有多大，HMR 都能保持快速。

整个页面的重新加载可能比基于绑定包的设置稍慢，因为本机 ES 导入会导致具有深度导入链的网络瀑布。但是，由于这是本地开发，所以与实际编译时间相比，差异是很小的。由于已编译的文件缓存在内存中，因此在页面重新加载时没有编译开销。

简单来说，使用 Vite 开发 Vue 3.0 项目可以减少不必要的等待项目重启或模块更新的时间，加快开发进度。在生成环境下，我们依然是需要对项目进行打包的，以避免频繁的网络请求，Vite 也提供了一个 vite build 命令来实现这一点，在终端窗口中执行 npm run build，实际执行的就是 vite build 命令。

19.3 小　　结

本章简要介绍了 Vite 的用法，以及为何要使用 Vite。在写作本书时，Vite 还处于 beta 版，相信本书出版后，Vite 1.0 也应该正式发布了，读者可以关注一下 Vite 的最新进展。